全国中级注册安全工程师职业资格考试精品教材

安全生产专业实务

建筑施工安全

全国中级注册安全工程师职业资格考试用书编写组 组编

哈尔滨工程大学出版社
Harbin Engineering University Press

内容简介

本书主要是根据考试大纲要求，以核心考点为基础，结合经典习题对建筑施工安全相关法规和标准进行专业的讲解，并从实践出发，把控考试趋势。本书通过对历年真题考点分布进行分析，总结性解读了核心考点；并精心筛选了具有代表性的典型习题进一步加强和巩固考生对相应知识考点的掌握，为考生点明考试的命题趋势和备考重点；使考生能在较短的时间内科学、有效地掌握建筑施工安全生产专业知识并综合运用安全生产法律、法规、标准、政策、理论和方法，分析和解决安全生产实际问题。

图书在版编目(CIP)数据

安全生产专业实务. 建筑施工安全 / 全国中级注册安全工程师职业资格考试用书编写组组编. — 哈尔滨 : 哈尔滨工程大学出版社, 2024.3(2026.1 重印)
全国中级注册安全工程师职业资格考试精品教材
ISBN 978-7-5661-4305-1

Ⅰ. ①安… Ⅱ. ①全… Ⅲ. ①建筑施工－安全技术－资格考试－自学参考资料 Ⅳ. ①X93②TU714

中国国家版本馆 CIP 数据核字(2024)第 050420 号

安全生产专业实务——建筑施工安全
ANQUAN SHENGCHAN ZHUANYE SHIWU——JIANZHU SHIGONG ANQUAN

选题策划 张林峰
责任编辑 张 彦
封面设计 天 一

出版发行 哈尔滨工程大学出版社
社　　址 哈尔滨市南岗区南通大街 145 号
邮政编码 150001
电　　话 0451-82519989
经　　销 新华书店
印　　刷 河南锦华印务有限公司
开　　本 787 mm×1 092 mm 1/16
印　　张 16.5
字　　数 422 千字
版　　次 2024 年 3 月第 1 版
印　　次 2026 年 1 月第 4 次印刷
书　　号 ISBN 978-7-5661-4305-1
定　　价 70.00 元
http://www.hrbeupress.com
E-mail:heupress@hrbeu.edu.cn

前言

安全生产是与人民群众生命财产安全息息相关的大事，是经济社会协调、健康发展的标志。《注册安全工程师分类管理办法》指出，相关企业必须配备相应数量和级别的安全工程师。为了贯彻落实习近平新时代中国特色社会主义思想，适应我国经济社会安全发展需要，提高安全生产专业技术人员素质，根据2019年1月25日应急管理部与人力资源和社会保障部发布的《注册安全工程师职业资格制度规定》和《注册安全工程师职业资格考试实施办法》，以及2021年12月2日人力资源和社会保障部公布的2021年版《国家职业资格目录》，注册安全工程师纳入国家职业资格目录，属于专业技术人员职业资格准入类。注册安全工程师级别设置为：高级、中级、初级。由此可知，注册安全工程师的地位已进一步提升，重视安全生产已成为政府和社会各领域的基本共识。

中级注册安全工程师职业资格考试是应相关政策要求，客观评价中级安全生产专业技术人员的知识水平和业务能力的考试。中级注册安全工程师职业资格考试设安全生产法律法规、安全生产管理、安全生产技术基础、安全生产专业实务四个科目。其中，安全生产法律法规、安全生产管理、安全生产技术基础为公共科目，安全生产专业实务为专业科目。安全生产专业实务科目分为：煤矿安全、金属非金属矿山安全、化工安全、金属冶炼安全、建筑施工安全、道路运输安全和其他安全（不包括消防安全），考生在报名时可根据实际工作需要选择其一。

为满足广大考生应试复习的需要，帮助考生在短时间内科学、有效地掌握中级注册安全工程师考试的相关知识，全国中级注册安全工程师职业资格考试用书编写组的专家们认真研读现行考试要求，并结合现行法律法规及行业规范，倾力打造了本系列图书。

本系列图书具有以下特点：

（1）紧扣考试大纲，突出重点难点。本系列图书紧扣现行考试大纲，将现行国家规范、标准的内容进行提炼，删繁就简，总结出重难点和常考点，帮助考生归纳精华知识点，使其在短时间内消化吸收，提高备考效率。

（2）多种形式复习，强化知识记忆。在讲解知识点时，本系列图书配以丰富的图示、表格等，使各知识点清晰明了，简明扼要。在安全生产专业实务科目中，单独设置“案例分析”模块，并通过“提示”“链接”“记忆技巧”等方式使考生轻松理解、掌握知识点。

（3）把握试题难易，注重强化练习。依据历年真题中知识点的考查分布，在内文中穿插“典型例题”，帮助考生在巩固知识点的同时进一步提升自己的应试能力。

此外，我们特向购买本系列图书的考生提供三大特色服务，考生可在学习本系列图书的同时通过观看视频、线上做题（天一网校 APP）、获取实时备考资讯等方式，实现线上、线下有效备考。

因图书出版具有特定的时效性，为保障考生利益以及做好后续产品维护，编写组将持续关注新颁布或修订的考试大纲、相关法律法规、标准规范等，如有调整将实时更新相应电子版文件至天一网校，并向购买本系列图书的考生免费提供。具体获取途径如下：注册登录 www. tianyiwangxiao. com→选择首页中的“资料”→选择“建筑工程”下的“注册安全工程师”，可获取图书增值服务。

本系列图书如有不足之处，恳请广大读者予以指正。

如有与本系列图书相关的问题或建议，欢迎您致电 4006597013 或者通过 1400594158（QQ）与我们联系，我们将以更加优质、便捷的方式为您提供多方位、多层次的服务。

扫描二维码
获取天一网校APP

全国中级注册安全工程师职业资格考试用书编写组

目录

第一章 建筑施工安全基础

考情解读

考·纲·要·求

掌握建筑施工安全生产特点，施工过程中危险、有害因素辨识方法，建筑施工生产安全事故类型和预防措施。运用工程施工组织设计和危险性较大的分部分项工程专项施工方案，规范施工安全生产。

命·题·分·析

本章知识点主要以选择题的形式进行考查（每年基本考查1~2道），个别知识点会在案例分析题中涉及，是整个安全技术的基础，需要全面掌握。本章内容包括建筑施工安全生产特点，建筑施工过程中危险、有害因素辨识方法，建筑施工生产安全事故类型和预防措施，建筑施工组织设计，建筑施工企业安全生产管理相关内容。

历年真题考查过建筑施工危险等级划分以及施工组织设计的编制和审批等。

因此，需重点掌握和记忆建筑施工特点、管理层次、危险等级划分、危险因素辨识方法以及施工组织设计的编制和审批等。

考点解读

考点一 建筑施工安全生产特点

建筑工程安全生产的特点主要体现在以下几个方面：

（1）建筑施工大多数在露天的环境中进行，所进行的活动必然受到施工现场的地理条件和气象条件的影响。恶劣的气候环境很容易导致施工人员生理或者心理的疲劳，注意力不集中，造成事故。

（2）建筑工程是一个庞大的人机工程，这一系统的安全性不仅仅取决于施工人员的行为，还取决于各种施工机具、材料以及建筑产品（统称为物）的状态。建设工程中的人、物以及施工环境中存在的导致事故的风险因素非常多，如果不及时发现并且排除，将很容易导致安全事故。

（3）建设项目的施工具有单一性的特点。不同的建设项目所面临的事故风险的大小和种类都是不同的。建筑业从业人员每一天所面对的都是一个几乎全新的物理工作环境。在完成一个建筑产品之后，又转移到下一个新项目的施工。项目施工过程中层出不穷的各种事故风险是导致建筑事故频发的重要原因。

（4）工程项目施工还具有分散性的特点。建筑业的主要制造者——现场施工人员，在从事工程项目的施工过程中，分散于施工现场的各个部位，当他们面对各种具体的生产问题时一般依靠自己的经验和知识进行判断、做出决定，从而增加了建筑业生产过程中工作人员采取不安全行为而导致事故的风险。

(5)工程建设中往往有多方参与，管理层次比较多，管理关系复杂。仅施工现场就涉及业主、总承包商、分承包商、供应商和监理工程师等各方。各种错综复杂的人的不安全行为，物的不安全状态以及环境的不安全因素往往互相作用，构成安全事故的直接原因。

(6)目前我国建筑业仍属于劳动密集型产业，技术含量相对偏低，建筑业管理人员和工人的文化素质都较一般生产行业差。尤其是大量的没有经过全面职业培训和严格安全教育的农民工，其数量占到施工一线人数的80%。这些农民工由于缺乏必要的专业技术知识和安全意识，加上现场缺乏科学严格的管理措施，使其很容易成为建筑安全事故的肇事者和受害者。

(7)建筑业作为一个传统的产业部门，工期、质量和成本的管理往往是项目生产人员关注的主要对象。许多建筑业从业人员认为建筑安全事故完全是由一些偶然因素引起的，因而是不可避免的，无法控制的，没有从科学的角度深入认识事故发生的根本原因并采取积极的预防措施，造成了建设项目安全管理不力、发生事故的可能性增加等问题。

考点二　建筑施工过程中危险、有害因素辨识方法

(一)危险等级划分

《建筑施工安全技术统一规范》规定，根据发生生产安全事故可能产生的后果，应将建筑施工危险等级划分为Ⅰ、Ⅱ、Ⅲ级；建筑施工安全技术量化分析中，建筑施工危险等级系数的取值如表1-1所示。

表1-1　建筑施工危险等级系数

危险等级	事故后果	危险等级系数
Ⅰ	很严重	1.10
Ⅱ	严重	1.05
Ⅲ	不严重	1.00

在建筑施工过程中，应结合工程施工特点和所处环境，根据建筑施工危险等级实施分级管理，并应综合采用相应的安全技术。

提示

建筑施工危险等级系数在往年真题中考查过，需重点掌握危险等级对应的危险等级系数。关于具体工程危险等级划分表可扫描右侧二维码进行学习。

码上看内容

(二)危险、有害因素辨识方法

方法是辨识危险、有害因素的工具，选用哪种方法要根据分析对象的性质、特点、寿命的不同阶段和分析人员的知识、经验和习惯来定。常用的危险、有害因素分析方法大致可分为直观经验分析方法和系统安全分析方法两大类。

链接

危险、有害因素辨识方法中的经验判断法、现场交谈询问法、查阅事故案例法均属于直观经验分析法;安全检查表法、提示法、工作任务和工艺过程分析法均属于系统安全分析法。

(三)危险、有害因素跟踪监控措施

(1)编制危险源清单有助于辨识危险源,及时采取措施,减少事故的发生。该清单在项目初始阶段进行编制。清单的内容一般包括危险源名称、性质、风险评价和可能的影响后果,需采取的对策或措施。

(2)属于重大危险源的,应当进行登记,并建立重大危险源安全管理档案。重大危险源安全管理档案应当包括以下内容:

①重大危险源安全评估报告。

②重大危险源安全管理制度。

③重大危险源安全管理与监控实施方案。

④重大危险源监控检查表。

⑤重大危险源应急救援预案和演练方案。

⑥重大危险源报表。

(3)施工单位应对存在重大危险源的分部分项工程,编制专项施工方案,履行审核、审批手续,进行技术交底、组织验收。施工重大危险源防治专项施工方案一般包括工程概况、编制依据、施工计划、施工工艺技术、施工安全保证措施、劳动力计划、计算书及相关图纸等内容。

(4)对重大危险源的作业实施旁站监理。重大危险源旁站监理的主要工作内容包括:

①检查核实施旁站监理的重大危险源是否有施工方案并经过审批。

②检查施工单位管理人员到位情况。

③检查作业人员持证上岗情况。

④监督作业人员严格按专项施工方案及有关规范、规定操作。

⑤检查施工作业对周围环境的影响。

⑥发现问题及时做出处理决定,或及时报告专监、总监。

⑦旁站监理过程中,发现作业人员不按专项施工方案操作,应立即制止,要求及时纠正。若发现异常情况或情况危急,应要求立即停止施工,督促采取措施控制事态的发展,并及时报告建设单位。

⑧针对安全旁站监理工作内容,认真做好安全旁站监理记录和监理日记。

(5)施工单位在施工前,应在施工现场建立重大危险源公示制度,公示施工中不同阶段、不同时段的重大危险源,设置危险源的警戒线和警示标记,醒目位置挂设“重大危险源公示牌”,公示牌内容应注明危险源、施工部位、防护措施、施工期限、举报电话和责任人等内容。对存在重大危险源的分项分部工程编制专项施工方案,建立重大危险源安全管理档案和台账。专项施工方案除应包括相应的安全技术措施外,还应按规定提供专家论证审查意见(超过一定规模的)、监控措施、应急预案以及紧急救护等内容。

(6)对于重大危险源应采取有效措施,进行跟踪管理,定期进行检测、评估,采取相应的监控措施实时监控,使重大危险源持续处于受控状态。

(7)存在施工重大危险源的建设工程项目,应编制专项应急预案,明确应急保障措施,准备应急资源,落实应急管理责任。

(8)施工单位应告知从业人员和相关人员在紧急情况下应当采取的应急措施,并按照国家有关规定将本单位重大危险源及有关安全措施、应急措施报有关地方人民政府负责安全生产监督管理的部门和有关部门备案。

考点三　建筑施工生产安全事故类型和预防措施

(一)事故类型分类

建筑施工生产安全事故按不同的分类方式有不同的类型,具体分类如下:

(1)按事故的原因及性质分类。从建筑活动的特点及事故的原因和性质来看,建筑施工生产安全事故可以分为四类,即生产事故、质量事故、技术事故和环境事故。

(2)按事故类别分类。按事故类别分,可以分为二十类(也是《企业职工伤亡事故分类标准》的规定),即**物体打击、车辆伤害、机械伤害、起重伤害、触电、淹溺、灼烫、火灾、高处坠落、坍塌、冒顶片帮、透水、放炮、火药爆炸、瓦斯爆炸、锅炉爆炸、容器爆炸、其他爆炸、中毒和窒息、其他伤害**。

(3)按事故严重程度分类。可以分为轻伤事故、重伤事故和死亡事故三类。

提示

《企业职工伤亡事故分类标准》规定的二十类事故在真题考试中大多以案例题的形式进行考查,偶尔以选择题的形式进行考查,考查频率较高,但考查方式较简单。重点理解每个事故的起因物。

(二)事故主要类型

施工现场常见的事故类型有:高处坠落、物体打击、起重伤害、机械伤害和坍塌等。这五种事故常见的事故情况如表1-2所示。

表1-2　常见的事故情况

事故类型	定义	事故情况
高处坠落	是指高处作业中发生坠落造成的伤亡事故,不包括触电坠落事故。适用于脚手架、平台、陡壁施工等高于地面的坠落,也适用于山地面踏空失足坠入洞、坑、沟、升降口、漏斗等情况	(1)高处作业没系好安全绳摔落。 (2)高处作业无防护栏杆。 (3)恐高没站稳。 (4)高处被风刮下来。 (5)高处发生晕眩、中暑等摔下来
物体打击	是指物体在重力或其他外力的作用下产生运动,打击人体,造成人身伤亡事故,不包括因机械设备、车辆、起重机械、坍塌等引发的物体打击	(1)高空作业时,工具、材料等从高处掉下来。 (2)人为抛掷物品。 (3)设备带病运行,物件飞出。 (4)压力容器爆炸,物件飞出。 (5)操作发生意外时,设备、工具、零配件弹出等

（续表）

事故类型	定义	事故情况
起重伤害	是指各种起重作业（包括起重机安装、检修、试验）中发生的挤压、坠落（吊具、吊重）、物体打击和触电	(1)重物没绑好，掉下来砸人。 (2)吊物脱钩。 (3)吊臂折断。 (4)吊车倾覆。 (5)人员站在吊车上摔下来。 (6)吊车配重块旋转挤压。 (7)吊索将人卷入
机械伤害	是指机械设备运动（静止）部件、工具、加工件直接与人体接触引起的夹击、碰撞、剪切、卷入、绞、碾、割、刺等伤害，不包括车辆、起重机械引起的机械伤害	(1)外露的皮带、齿轮等将衣物带人绞入。 (2)运动的零部件击打。 (3)压伤。 (4)挤伤
坍塌	是指物体在外力或重力作用下，超过自身的强度极限或因结构稳定性破坏而造成的事故，如挖沟时的土石塌方、脚手架坍塌、堆置物倒塌等，不适用于矿山冒顶片帮和车辆、起重机械、爆破引起的坍塌	(1)房屋倒塌。 (2)道路塌陷。 (3)墙体倒塌。 (4)脚手架坍塌

链接

按照总体事故发生的类型，高处坠落事故位于建筑施工生产安全事故的首位，其他事故依次为物体打击、坍塌、起重伤害、机械伤害。

按照造成群死群伤事故发生的类型，坍塌事故造成的死亡人数位于首位，其他事故依次为起重伤害、机械伤害、高处坠落、中毒和窒息、火灾爆炸等。

（三）事故发生原因

建筑施工生产安全事故按照事故发生的原因，可以从**人的因素、物的因素、环境因素和管理因素**四个方面进行辨识。

人的因素是指在生产活动中，来自人员自身或人为性质的危险和有害因素。包括心理、生理性危险和有害因素（如负荷超限、体力负荷超限等），行为性危险和有害因素（如指挥错误、违章指挥、违章作业、操作错误、监护失误等）。

物的因素是指机械、设备、设施、材料等方面存在的危险和有害因素。包括物理性危险和有害因素（如设备、设施、工具、附件缺陷，防护缺陷，电危害，噪声等），化学性危险和有害因素（如理化危险、健康危险等），生物性危险和有害因素（如致病微生物、传染病媒介物等）。

环境因素是指生产作业环境中的危险和有害因素。包括室内作业场所环境不良（如室内地面滑、室内作业场所狭窄等），室外作业场地环境不良（如恶劣气候与环境、作业场地和交通设施湿滑等），地下（含水下）作业环境不良（如地下作业面空气不足、地下火等），其他作业环境不良（如强迫体位、综合性作业环境不良等）。

管理因素是指管理和管理责任缺失所导致的危险和有害因素。包括职业安全卫生管理机构设置和人员配备不健全,职业安全卫生责任制不完善或未落实,职业安全卫生管理制度不完善或未落实,职业安全卫生投入不足,应急管理缺陷等。

链接

事故发生原因还可以从直接原因和间接原因两方面辨识。在分析事故时,应从直接原因入手,逐步深入间接原因,从而掌握事故的全部原因。再分清主次,进行责任分析。

(1)属于直接原因的有:

①机械、物质或环境的不安全状态。例如,防护、保险、信号等装置缺乏或有缺陷;设备、设施、工具、附件有缺陷;防护服、手套、护目镜及面罩、呼吸器官护具、听力护具、安全带、安全帽、安全鞋等个人防护用品用具缺少或有缺陷;生产(施工)场地环境不良。

②人的不安全行为。例如,操作错误、忽视安全、忽视警告。

(2)属于间接原因的有:

①技术和设计上有缺陷,工业构件、建筑物、机械设备、仪器仪表、工艺过程、操作方法、维修检验等的设计、施工和材料使用存在问题。

②教育培训不够、未经培训、缺乏或不懂安全操作技术知识。

③劳动组织不合理。

④对现场工作缺乏检查或指导错误。

⑤没有安全操作规程或不健全。

⑥没有或不认真实施事故防范措施,对事故隐患整改不力。

(四)预防措施

预防和控制建筑施工事故特别是群死群伤事故一直是建筑施工安全生产工作的重点和难点。

考点四　建筑施工组织设计

《建筑施工组织设计规范》对建筑施工组织设计有以下相关规定。

(一)术语

施工组织设计是指以施工项目为对象编制的,用以指导施工的技术、经济和管理的综合性文件。

施工组织总设计是指以若干单位工程组成的群体工程或特大型项目为主要对象编制的施工组织设计,对整个项目的施工过程起统筹规划、重点控制的作用。

单位工程施工组织设计是指以单位(子单位)工程为主要对象编制的施工组织设计,对单位(子单位)工程的施工过程起指导和制约的作用。

施工方案是指以分部(分项)工程或专项工程为主要对象编制的施工技术与组织方案,用以具体指导其施工过程。

(二)基本规定

建筑施工组织设计的基本规定如表1-3所示。

表 1-3　建筑施工组织设计的基本规定

要点	内容
分类	施工组织设计按编制对象,可分为施工组织总设计、单位工程施工组织设计和施工方案
编制原则	施工组织设计的编制必须遵循工程建设程序,并应符合下列原则: (1)符合施工合同或招标文件中有关工程进度、质量、安全、环境保护、造价等方面的要求。 (2)积极开发、使用新技术和新工艺,推广应用新材料和新设备。 (3)坚持科学的施工程序和合理的施工顺序,采用流水施工和网络计划等方法,科学配置资源,合理布置现场,采取季节性施工措施,实现均衡施工,达到合理的经济技术指标。 (4)采取技术和管理措施,推广建筑节能和绿色施工。 (5)与质量、环境和职业健康安全三个管理体系有效结合
编制依据	施工组织设计应以下列内容作为编制依据: (1)与工程建设有关的法律、法规和文件。 (2)国家现行有关标准和技术经济指标。 (3)工程所在地区行政主管部门的批准文件,建设单位对施工的要求。 (4)工程施工合同或招标投标文件。 (5)工程设计文件。 (6)工程施工范围内的现场条件,工程地质及水文地质、气象等自然条件。 (7)与工程有关的资源供应情况。 (8)施工企业的生产能力、机具设备状况、技术水平等
内容	施工组织设计应包括编制依据、工程概况、施工部署、施工进度计划、施工准备与资源配置计划、主要施工方法、施工现场平面布置及主要管理计划等基本内容
编制和审批	施工组织设计的编制和审批应符合下列规定: (1)施工组织设计应由项目负责人主持编制,可根据需要分阶段编制和审批。 (2)施工组织总设计应由总承包单位技术负责人审批;单位工程施工组织设计应由施工单位技术负责人或技术负责人授权的技术人员审批;施工方案应由项目技术负责人审批;重点、难点分部(分项)工程和专项工程施工方案应由施工单位技术部门组织相关专家评审,施工单位技术负责人批准。 (3)由专业承包单位施工的分部(分项)工程或专项工程的施工方案,应由专业承包单位技术负责人或技术负责人授权的技术人员审批;有总承包单位时,应由总承包单位项目技术负责人核准备案。 (4)规模较大的分部(分项)工程和专项工程的施工方案应按单位工程施工组织设计进行编制和审批
动态管理	施工组织设计应实行动态管理,并符合下列规定: (1)项目施工过程中,发生以下情况之一时,施工组织设计应及时进行修改或补充:工程设计有重大修改;有关法律、法规、规范和标准实施、修订和废止;主要施工方法有重大调整;主要施工资源配置有重大调整;施工环境有重大改变。 (2)经修改或补充的施工组织设计应重新审批后实施。 (3)项目施工前,应进行施工组织设计逐级交底;项目施工过程中,应对施工组织设计的执行情况进行检查、分析并适时调整
其他	施工组织设计应在工程竣工验收后归档

链接

建筑施工组织设计还可以按照编制阶段的不同，分为投标阶段施工组织设计和实施阶段施工组织设计。

考点五　建筑施工企业安全生产管理相关内容

建筑施工企业必须建立和健全安全生产组织体系，明确各管理层、职能部门、岗位的安全生产责任。建立安全管理体系的目的是要根据安全方针、安全目标、安全计划的规定和安排，使它有效地运转起来，发挥作用，保证安全生产。

由于安全生产在施工企业处于特殊的重要地位，安全与生产矛盾处理难度大，各管理层安全生产的第一责任人应为本管理层具有决策控制权的负责人。

建筑施工企业的主要负责人对本企业安全生产工作全面负责，应当建立健全企业安全生产管理体系，设置安全生产管理机构，配备专职安全生产管理人员，保证安全生产投入，督促检查本企业安全生产工作，及时消除安全事故隐患，落实安全生产责任。

工程项目部应建立健全安全生产责任体系，安全生产责任体系应符合下列要求：

(1)**项目经理应为工程项目安全生产第一责任人，应负责分解落实安全生产责任，实施考核奖惩，实现项目安全管理目标。**

(2)工程项目总承包单位、专业承包和劳务分包单位的项目经理、技术负责人和专职安全生产管理人员，应组成安全管理组织，并应协调、管理现场安全生产；项目经理应按规定到岗带班指挥生产。

(3)总承包单位、专业承包和劳务分包单位应按规定配备项目专职安全生产管理人员，负责施工现场各自管理范围内的安全生产日常管理。

(4)工程项目部其他管理人员应承担本岗位管理范围内的安全生产职责。

(5)分包单位应服从总承包单位管理，并应落实总承包项目部的安全生产要求。

(6)施工作业班组应在作业过程中执行安全生产要求。

(7)作业人员应严格遵守安全操作规程，并应做到不伤害自己、不伤害他人和不被他人伤害。

链接

安全生产管理体系中的重点：企业内部安全生产管理的组织形式与各层次的管理职责和责任人。建立安全生产管理体系的内容之一是明确企业内部安全生产管理的组织形式及各层次的管理职责和责任人。

安全管理主要关注的内容应包括安全生产责任制、施工组织设计及专项施工方案、安全技术交底、安全检查、安全教育、应急救援、分包单位安全管理、特种作业人员持证上岗、生产安全事故处理、安全标志等。

其中，安全生产责任制的建立应符合以下要求。

(1)工程项目部应建立以项目经理为第一责任人的各级管理人员安全生产责任制。

(2)安全生产责任制应经责任人签字确认。

(3)工程项目部应制定各工种安全技术操作规程。

(4)工程项目部应按规定配备专职安全生产管理人员。

(5)对实行经济承包的工程项目,承包合同中应有安全生产考核指标。

(6)工程项目部应制定安全生产资金保障制度。

(7)按照安全生产资金保障制度,编制安全资金使用计划,并应按计划实施。

(8)工程项目部应制定以伤亡事故控制、现场安全达标、文明施工为主要内容的安全生产管理目标。

(9)按照安全生产管理目标和项目管理人员的安全生产责任制,进行安全生产责任目标分解。

(10)应建立对安全生产责任制和责任目标的考核制度。

(11)按照考核制度,对项目管理人员定期进行考核。

链接

建筑施工企业取得安全生产许可证,应当具备下列安全生产条件:

(1)建立、健全安全生产责任制,制定完备的安全生产规章制度和操作规程。

(2)保证本单位安全生产条件所需资金的投入。

(3)设置安全生产管理机构,按照国家有关规定配备专职安全生产管理人员。

(4)主要负责人、项目负责人、专职安全生产管理人员经住房城乡建设主管部门或者其他有关部门考核合格。

(5)特种作业人员经有关业务主管部门考核合格,取得特种作业操作资格证书。

(6)管理人员和作业人员每年至少进行一次安全生产教育培训并考核合格。

(7)依法参加工伤保险,依法为施工现场从事危险作业的人员办理意外伤害保险,为从业人员交纳保险费。

(8)施工现场的办公、生活区及作业场所和安全防护用具、机械设备、施工机具及配件符合有关安全生产法律、法规、标准和规程的要求。

(9)有职业危害防治措施,并为作业人员配备符合国家标准或者行业标准的安全防护用具和安全防护服装。

(10)有对危险性较大的分部分项工程及施工现场易发生重大事故的部位、环节的预防、监控措施和应急预案。

(11)有生产安全事故应急救援预案、应急救援组织或者应急救援人员,配备必要的应急救援器材、设备。

(12)法律、法规规定的其他条件。

同步自测

单项选择题(每题的备选项中,只有1个最符合题意)

1. 根据《建筑施工安全技术统一规范》中规定,关于建筑施工危险等级说法,正确的是(　　)。

A. 根据发生生产安全事故的概率,建筑施工危险等级划分为Ⅰ、Ⅱ、Ⅲ级

B. 建筑施工危险等级为Ⅲ级时,事故后果为“很严重”

C. 事故后果为“严重”的危险等级系数为“1.05”

D. 事故后果为“不严重”的危险等级系数为“0.95”

2. 施工组织设计不包括(　　)。

A. 施工方案　　B. 施工组织总设计

C. 分部(分项)工程施工组织设计　　D. 单位工程施工组织设计

3. 下列不属于施工组织设计编制的依据是(　　)。

A. 工程施工合同或招标投标文件　　B. 工程设计文件

C. 与工程有关的资源供应情况　　D. 现场水电供应条件

4. 单位工程施工组织设计应由(　　)进行审批。

A. 项目经理　　B. 项目技术负责人

C. 项目总工程师　　D. 施工单位技术负责人

5. 某施工总承包单位通过招投标承揽了一座写字楼的施工建造任务,并及时组建了项目部,由(　　)负责分解落实安全生产责任,实施考核奖惩,实现项目安全管理目标。

A. 项目总工程师　　B. 项目经理

C. 专职安全人员　　D. 施工企业负责人

答案详解 

单项选择题

1. C。【解析】《建筑施工安全技术统一规范》规定,根据发生生产安全事故可能产生的后果,应将建筑施工危险等级划分为Ⅰ、Ⅱ、Ⅲ级;建筑施工安全技术量化分析中,建筑施工危险等级系数的取值应符合下表规定。

危险等级	事故后果	危险等级系数
Ⅰ	很严重	1.10
Ⅱ	严重	1.05
Ⅲ	不严重	1.00

2. C。【解析】《建筑施工组织设计规范》规定,施工组织设计按编制对象,可分为施工组织总设计、单位工程施工组织设计和施工方案。

3. D。【解析】《建筑施工组织设计规范》规定,施工组织设计的编制依据包括:(1)与工程建设有关的法律、法规和文件。(2)国家现行有关标准和技术经济指标。(3)工程所在地区行政主管部门的批准文件,建设单位对施工的要求。(4)工程施工合同或招标投标文件。(5)工程设计文件。(6)工程施工范围内的现场条件,工程地质及水文地质、气象等自然条件。(7)与工程有关的资源供应情况。(8)施工企业的生产能力、机具设备状况、技术水平等。

4. D。【解析】施工组织总设计应由总承包单位技术负责人审批;单位工程施工组织设计应由施工单位技术负责人或技术负责人授权的技术人员审批;施工方案应由项目技术负责人审批;重点、难点分部(分项)工程和专项工程施工方案应由施工单位技术部门组织相关专家评审,施工单位技术负责人批准。

5. B。【解析】项目经理应为工程项目安全生产第一责任人,应负责分解落实安全生产责任,实施考核奖惩,实现项目安全管理目标。

第二章　建筑施工机械安全

考情解读 

考·纲·要·求

掌握建筑施工机械的主要安全装置和作业方法，以及特种设备、起重机械的验收、管理程序和作业人员的安全管理要求。运用建筑施工机械安全技术和相关标准，分析建筑施工机械在施工过程中存在的危险、有害因素，制定相应安全技术措施。

命·题·分·析

本章知识点在选择题和案例分析题中均有考查。其中，选择题每年基本考查2～3道，案例分析题至少考查1道。本章内容主要包括：建筑起重机械、土石方机械、运输机械、混凝土机械、建筑起重机械安全管理、特种设备及作业人员。

历年真题考查过塔式起重机的顶升（加节）规定和自检与验收、施工升降机的使用和拆卸等规定。

因此，需重点掌握和记忆建筑施工起重机械的基本构造、安全防护装置及安装使用，土石方机械的使用要求。对机械的安全管理要有一定的了解。另外，案例分析也需重点掌握，特种设备定义以及特种作业人员均在案例分析题中考查过。

考点解读

考点一　建筑起重机械

起重机是指用吊钩或其他取物装置吊挂重物，在空间进行升降与运移等循环性作业的机械。建筑起重机械包括履带起重机，汽车式起重机，轮胎式起重机，塔式起重机，桅杆式起重机，门式、桥式起重机与电动葫芦，卷扬机，物料提升机，施工升降机等。

（一）履带式起重机

1. 履带式起重机概述

履带式起重机是在行走的履带底盘上装有起重装置的起重机械，是自行式、全回转的一种起重机。

履带式起重机按传动方式不同可分为机械式、液压式和电动式三种。常用液压式，电动式不适用于需要经常转移作业场地的建筑施工。

履带式起重机由动力装置、工作机构以及动臂，转台、底盘等组成。

履带式起重机安全装置包括起重量指示器（角度盘，也叫重量限位器）、过卷扬限制器（也称超高限位器）、力矩限制器、防臂杆后仰装置和防背杆支架等。

2. 履带式起重机的使用要求

《建筑机械使用安全技术规程》规定，起重机械应在平坦坚实的地面上作业、行走和停放。作业时，坡度不得大于3°，起重机械应与沟渠、基坑保持安全距离。

作业时，起重臂的最大仰角不得超过使用说明书的规定。当无资料可查时，不得超过 78°。

起重机械变幅应缓慢平稳，在起重臂未停稳前不得变换挡位。

起重机械工作时，在行走、起升、回转及变幅四种动作中，应只允许不超过两种动作的复合操作。当负荷超过该工况额定负荷的 90% 及以上时，应慢速升降重物，严禁超过两种动作的复合操作和下降起重臂。

采用双机抬吊作业时，应选用起重性能相似的起重机进行。抬吊时应统一指挥，动作应配合协调，载荷应分配合理，起吊重量不得超过两台起重机在该工况下允许起重量总和的 75%，单机的起吊载荷不得超过允许载荷的 80%。在吊装过程中，两台起重机的吊钩滑轮组应保持垂直状态。

起重机械行走时，转弯不应过急，当转弯半径过小时，应分次转弯。

起重机械上、下坡道时应无载行走，上坡时应将起重臂仰角适当放小，下坡时应将起重臂仰角适当放大。下坡严禁空挡滑行。在坡道上严禁带载回转。

作业结束后，起重臂应转至顺风方向，并应降至 40° ~ 60°之间，吊钩应提升到接近顶端的位置，关停内燃机，并应将各操纵杆放在空挡位置，各制动器应加保险固定，操作室和机棚应关门加锁。

起重机械自行转移时，应卸去配重，拆短起重臂，主动轮应在后面，机身、起重臂、吊钩等必须处于制动位置，并应加保险固定。

提示

关于履带式起重机在往年考试真题中考查频率极低，只作了解，重点掌握履带式起重机的使用要求即可。

(二)汽车式起重机

1. 汽车式起重机概述

汽车起重机是指起重作业部分安装在通用或专用的汽车底盘上，具有载重汽车行驶性能的流动式起重机。

汽车起重机产品主要分成底盘部分和起重机部分。其中，底盘可分为专用底盘和通用底盘两大类，其作用是保证起重机具有行驶功能，能使起重机实现快速的远距离转移。

2. 汽车式起重机的基本构造

汽车式起重机的基本构造包括吊臂及其伸缩机构、支腿及其伸缩机构、起升机构、变幅机构、回转机构、安全装置等。

(1)吊臂及其伸缩机构。吊臂由主臂、副臂及臂尖滑轮组成。主臂是自根部与转台相铰接的铰点至头部装设的主起升定滑轮组轴心线之间的起重臂。主臂由一节基本臂和多节伸缩臂组成，基本臂的根部通过安装销与转台铰接，基本臂中部下端与变幅油缸铰接，并通过变幅油缸的伸缩来实现主臂的仰角变化，第一级伸缩臂套接在基本臂内，其他各级伸缩臂依次套接后一级伸缩臂内。主臂的截面有六边形、八边形、十二边形、U 形及椭圆形等薄壁箱形结构。伸缩机构由两个伸缩油缸及伸缩钢丝绳等组成。主臂的伸缩是通过伸缩油缸和钢丝绳来实现的，通过Ⅰ缸的动作，可使第二节主臂伸缩，同时带动后面多节臂伸缩。通过Ⅱ缸的动作，可使后面多节主臂同步伸缩。伸缩机构应能可靠地支撑各伸出臂段，应在伸缩液压缸上安装一套保持装置（如平衡阀），以防止液压系统意外失效（如管路破裂）时起重臂不受控制地回缩。副臂是铰接在主臂头部以延长吊臂长度的一节或多节结构件。副臂既可布置在主臂侧面，也可布在主臂腹部。

（2）支腿及其伸缩机构。汽车起重机为了增加中大幅度时的起重能力（由稳定性决定的），都设计有可移动的支腿以增加起重时的稳定力矩。支腿的形式常见有"H"型、"蛙"型、"辐射式"、"摆腿式"四种。目前汽车起重机全部采用"H"型，其主要特点是受力明确，跨距可以做得很大，起重机易于调平。

（3）起升机构。起升机构可由缠绕钢丝绳的卷筒或者液压油缸构成。起升机构应配置卷筒旋转指示器或监视装置，并将其设置在操作者易于观察的位置。每个起升机构应设置常闭式制动器，制动器应装在与传动机构刚性连接的负载轴上并能承受不小于1.5倍的最大工作扭矩。在紧急状态下减速不应导致结构、钢丝绳、卷筒及其他机构的损害。起升机构的卷筒应有足够的容绳量。当吊钩处于工作位置最低点时，钢丝绳尾端为楔形固定装置的，卷筒上缠绕的钢丝绳不应少于3圈，钢丝绳尾端为压板螺栓固定装置的，卷筒上缠绕的钢丝绳不应少于5圈。起升机构应设置常闭式制动器。常闭式制动器应能承受不小于1.5倍的工作扭矩。起升机构在紧急状态下减速不应导致结构、钢丝绳、卷筒及其他机构的损害。

（4）变幅机构。用来改变吊钩和重物幅度的机构称为变幅机构。变幅机构应能可靠地支撑臂架，并能在操作者控制下使臂架在任何位置均平稳地停止；在操作人员未进行操作时，应能支承住臂架以及额定载荷。采用液压变幅机构时，同步动作的两个液压缸之间连接装置的设计应能避免其中一个液压缸可能出现过载。采用钢丝绳变幅机构时，起重机禁止重力下放，应有防臂架后倾的检测与限位装置和卷筒机械锁止装置。

（5）回转机构。回转机构应工作平稳，并应具有可控自由滑转性能。回转机构应设置制动器。制动器应能承受不小于1.25倍的极限扭矩，并保证回转机构在所有允许的回转位置都能平稳地停止。

（6）安全装置。安全装置主要有：

①限制器。起重机应装有起升高度限位器，当吊钩上升到极限位置时，起升高度限位器应能可靠声响报警并停止吊钩起升，使起升机构只能做下降操作。

②水平仪。水平仪的作用是检测起重机打支腿作业时车架的水平程度。起重作业时，车架的倾斜不允许超过1°。

③平衡阀。平衡阀的作用是使起重机变幅的落臂、吊臂的缩臂、起升的落钩作业动作平稳、匀速，同时还有锁定作用，能使油缸可靠地停在回缩过程中的任一位置，使重物可靠地停在空中任一位置。

3. 汽车式起重机的使用要求

《建筑机械使用安全技术规程》规定，起重机械工作的场地应保持平坦坚实，符合起重时的受力要求；起重机械应与沟渠、基坑保持安全距离。

起重机械启动前应重点检查下列项目，并应符合相应要求：

（1）各安全保护装置和指示仪表应齐全完好。

（2）钢丝绳及连接部位应符合规定。

（3）燃油、润滑油、液压油及冷却水应添加充足。

(4)各连接件不得松动。

(5)轮胎气压应符合规定。

(6)起重臂应可靠搁置在支架上。

起重机械启动前,应将各操纵杆放在空挡位置,手制动器应锁死,应按有关规定启动内燃机。应在怠速运转3~5 min后进行中高速运转,并应检查各仪表指示值,确认运转正常后接合液压泵,液压达到规定值,油温超过30 ℃时,方可作业。

作业前,应全部伸出支腿,调整机体使回转支撑面的倾斜度在无载荷时不大于1/1 000(水准居中)。支腿的定位销必须插上。底盘为弹性悬挂的起重机,插支腿前应先收紧稳定器。

汽车式起重机起吊作业时,汽车驾驶室内不得有人,重物不得超越汽车驾驶室上方,且不得在车的前方起吊。

当重物在空中需停留较长时间时,应将起升卷筒制动锁住,操作人员不得离开操作室。

起吊重物达到额定起重量的90%以上时,严禁向下变幅,同时严禁进行两种及以上的操作动作。

(三)轮胎式起重机

轮胎式起重机是指将起重作业部分安装在专用轮胎式底盘上,具有在平坦的地面上不用支腿吊重及带载行驶的功能的流动式起重机。

轮胎式起重机上部构造与履带式起重机基本相同,为了保证安装作业时机身的稳定性,起重机设有四个可伸缩的支腿。在平坦地面上可不用支腿进行小起重量吊装及吊物低速行驶。它由上车和下车两部分组成。上车为起重作业部分,设有动臂、起升机构、变幅机构、平衡重和转台等;下车为支承和行走部分。上、下车之间用回转支承连接。吊重时一般需放下支腿,增大支承面,并将机身调平,以保证起重机的稳定。

提示

在《建筑机械使用安全技术规程》中,轮胎起重机的使用要求和汽车式起重机使用要求相同,故参考上文即可。

(四)塔式起重机

1. 塔式起重机概述

该部分内容主要依据《塔式起重机》对塔式起重机的概念、分类、标识和技术要求进行讲解。

(1)塔式起重机的概念。

塔式起重机(如图2-1所示)是指臂架安装在垂直塔身顶部的回转式臂架型起重机。在建筑工程中应用广泛,主要承担垂直运输和水平运输,特别适用于高层建筑的施工。

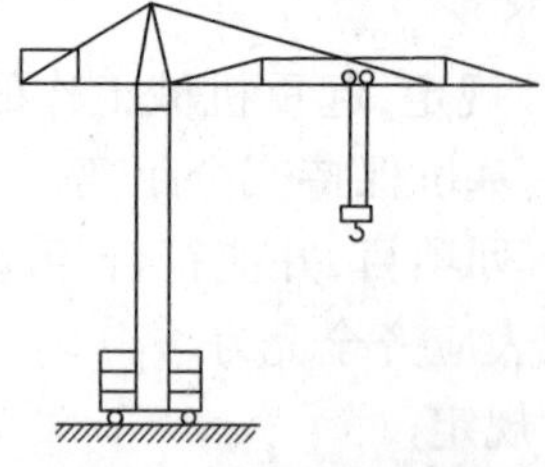

图2-1 塔式起重机

（2）塔式起重机的分类。

塔式起重机的分类如表2-1所示。

表2-1 塔式起重机的分类

分类	内容
按组装方式	分为自行架设塔机和组装式塔机： ①自行架设塔机按基础特征分为轨道运行式塔机和固定式塔机；按上部结构特征分为水平臂小车变幅塔机、倾斜臂小车变幅塔机、动臂变幅塔机；按转场运输方式分为车载式塔机和拖行式塔机。 ②组装式塔机按基础特征分为轨道运行式塔机和固定式塔机，固定式塔机又分为固定底架压重塔机和固定基础塔机；按上部结构特征分为水平臂（含平头式）小车变幅塔机、倾斜臂小车变幅塔机、动臂变幅塔机、伸缩臂小车变幅塔机和折臂小车变幅塔机，动臂变幅塔机按臂架结构形式分为定长臂动臂变幅塔机与铰接臂动臂变幅塔机；按中部结构特征分为爬升式塔机和定置式塔机，爬升式塔机按爬升特征分为内爬式塔机和外爬式塔机
按回转部位	分为上回转塔机和下回转塔机

（3）塔式起重机的标识。

制造商应在产品技术资料、样本和产品显著部位标识产品型号，型号中至少应包含塔机的额定起重力矩，单位为吨米（t·m）。

额定起重力矩按表2-2规定。需注意：最大臂长小于基本臂时，额定力矩为基本臂最大幅度与相应额定起重量的乘积。

表2-2 额定起重力矩

<table>
<tr><th>额定起重力矩/（t·m）</th><th>基本臂最大幅度/m</th><th>相应额定起重量/t</th></tr>
<tr><td>16</td><td>16</td><td rowspan="3">1</td></tr>
<tr><td>20</td><td>20</td></tr>
<tr><td>25</td><td rowspan="2">25</td></tr>
<tr><td>31.5</td><td>1.26</td></tr>
<tr><td>40</td><td rowspan="2">30</td><td>1.34</td></tr>
<tr><td>50</td><td>1.67</td></tr>
<tr><td>63</td><td rowspan="2">35</td><td>1.8</td></tr>
<tr><td>80</td><td>2.29</td></tr>
<tr><td>100</td><td rowspan="2">40</td><td>2.5</td></tr>
<tr><td>125</td><td>3.13</td></tr>
<tr><td>160</td><td rowspan="3">45</td><td>3.56</td></tr>
<tr><td>200</td><td>4.4</td></tr>
<tr><td>250</td><td>5.6</td></tr>
</table>

（续表）

额定起重力矩/(t·m)	基本臂最大幅度/m	相应额定起重量/t
315	50	6.3
400		8
500		10
630	55	11.46
>630		按照实际起重量计算

提示

最大额定起重力矩也称公称起重力矩，是指起重臂为基本臂长时最大幅度与相应额定起重量重力的乘积值，是塔式起重机的主要参数。而塔式起重机的必要参数包括最大起重量、起升速度、起升高度、小车变幅速度、整机运行速度、回转速度、下降速度、设计质量等。

(4)塔式起重机的技术要求。

塔机的设计准则和计算方法应符合机械基本原理及相关规定，新产品定型前应按规定进行结构测试验证。

未做特殊申明时，塔式起重机应能在以下条件下正常使用：工作环境温度 -20 ~ +40 ℃，相对湿度不大于90%（不凝露）；安装架设时塔机顶部 3 s 时距平均瞬时风速不大于 12 m/s，工作状态时不大于 20 m/s，非工作状态时风压按规范规定；无易燃和/或易爆气体、粉尘等非危险场所；海拔高度 1 000 m 以下；工作电源符合规范规定；塔机基础符合产品使用说明书中的规定；使用工作级别不高于产品使用说明书的规定。

对额定起重力矩大于或等于 63 t·m 的塔机，最大臂长组合时最大幅度处额定起重量应不小于 1 000 kg。

塔式起重机在空载、额定载荷、110% 额定载荷、125% 静载、连续作业试验中应满足：控制装置操作灵活、动作准确；各机构运转平稳、制动可靠；紧固件连接无松动、销轴定位可靠；结构、焊缝及关键零部件无损伤；机构无泄漏、渗油面积不大于 1 500 mm^2：机构温升、噪声在限定范围内。

2. 塔式起重机的基本构造

塔式起重机的基本构造包括以下四个部分：金属结构、工作机构、驱动控制系统和安全防护装置。

(1)塔式起重机的金属结构。

金属结构主要有底架、撑杆、塔身、顶升套架、上下回转支承、塔顶（撑杆）、司机室、平衡臂、吊臂、前后拉杆、小车架等。金属结构是塔式起重机的骨架，承受着起重机自重以及作业时的各种外载荷，是塔式起重机的主要组成部分，其质量通常占整机质量的一半以上。

(2)塔式起重机的工作机构。

塔式起重机有四个工作机构：起升机构、变幅（小车牵引）机构、回转机构和行走机构（顶升机构），其工作机构要点如表 2-3 所示。

动力驱动的起升机构应能使载荷以可控制的速度上升或下降,不应有单独靠重力下降的运动;动力驱动的动臂变幅机构应能使臂架和载荷以可控制的速度变幅,不应有单独靠重力下降的运动。

小车变幅机构应能使变幅小车带载在水平或倾斜的臂架上运行,小车变幅机构应能使小车带着载荷沿塔机臂架结构以可控制的速度双向运动(无论臂架斜度如何),小车变幅机构不应有单独靠重力作用的运动。如塔机安装有运行机构,则运行机构应能使塔机在直线轨道或特制的曲线轨道上运行。运行机构至少应在两个支脚上提供驱动力,车轮直径和数量应满足各支脚承载要求。

回转机构应能使臂架和载荷在正常工作风力作用下可控回转;宜采用集电器供电,不使用集电器时,应设置限位器限制臂架两个方向的旋转角度;电缆应安装固定在不会被损坏的位置。

表 2-3　塔式起重机的工作机构要点

工作机构	内容
起升机构	①**起升机构由驱动装置(电动机)、传动装置(联轴器、齿轮、轴及轴承等)、工作装置(卷筒、钢丝绳、滑轮、吊钩等)组成**,另外为了保证工作时的安全可靠,还有制动装置(制动器)。 ②电动机通过传动轴、制动器、齿轮、驱动卷筒旋转,钢丝绳的一端固定到卷筒上,另一端穿过滑轮固定到机架(或起重臂)上,定滑轮及动滑轮组成一个滑轮组,用以减少钢丝绳上的拉力并降低吊钩的运动速度;吊钩通过夹套与滑轮相连,用以起吊重物;制动器可使被吊起的重物随时减速或停止,以适应安装需要和保证安全
变幅(小车牵引)机构	①变幅机构按其变幅方式分类可分为两种:运行小车式(简称小车式)变幅机构和吊臂俯仰摆动式(简称动臂式)变幅机构。 ②小车式变幅机构是利用小车沿吊臂水平移动来实现变幅的。工作时牵引钢丝绳的一端缠绕固定在卷筒上,另一端固定在小车上,变幅时靠绳的一松一放来保证小车正常工作。该变幅方式安装就位准确、变幅速度快、幅度利用率大,目前应用较广。 ③动臂式变幅机构是利用吊臂俯仰摆动来实现变幅的。该变幅方式在建筑群的施工中不容易产生死角,拆装比较方便,但幅度利用率低
回转机构	回转机构由回转支承装置和回转驱动装置两部分组成。回转支承装置将整个回转部分(包括吊臂、司机室、平衡臂、起升机构等)支撑在固定部分上并承受起重机回转部分作用于它的垂直力、水平力和倾覆力矩。回转机构通过回转支承可使回转部分在左、右方向上做360°全回转。由于安装了回转限位开关,塔式起重机左、右回转运动一般限定为三圈
行走机构(顶升机构)	目前,塔式起重机顶升机构主要有液压顶升式、齿轮齿条顶升式,应用较多的是液压顶升式。液压顶升机构是用于塔式起重机塔身升高或降低的液压动力系统。通过电动机驱动液压泵,将电能转化成液压能,再经过控制阀驱动液压缸转变为机械能驱动负载,使下支座以上部分与塔身标准节脱开,来完成塔身的升高或降低

链接

卷筒是塔式起重机起升机构的一个重要零部件。电动机工作时，卷筒将缠绕在其上的钢丝绳卷进或放出，通过滑轮组使悬挂于吊钩上的物品起升或下降。卷筒设置了钢丝绳防脱槽装置；卷筒上钢丝绳尾部采用楔形接头固接；卷筒两侧边缘超出最外层钢丝绳的高度是钢丝绳直径的3倍；卷筒钢丝绳在放出最大工作长度后，卷筒上的钢丝绳保留3圈。

钢丝绳的用途很广，在很多机械中或吊装时都会使用。钢丝绳应当报废的情况有：钢丝绳的可见断丝达到规定基准时，应当报废；钢丝绳直径减小达到规定基准时，应当报废；钢丝绳出现整股断裂时，应当报废；钢丝绳腐蚀达到一定基准时，应当报废；钢丝绳出现畸形和损伤情况之一或更甚时，应当报废。其中，畸形和损伤情况包括波浪形、笼状畸形、绳芯或绳股突出或扭曲、钢丝的环状突出、绳径局部增大、局部扁平、扭结、折弯、热和电弧引起的损伤。另外，对于钢丝绳直径达到规定基准时，应当报废的情况如下：纤维芯单层股钢丝绳的直径均匀减小量≥10%时，判定为报废；钢芯单层股钢丝绳或平行捻密实钢丝绳的直径均匀减小量≥7.5%时，判定为报废；阻旋转钢丝绳的直径均匀减小量≥5%时，判定为报废。

(3)塔式起重机的驱动控制系统。

塔式起重机的各个工作机构的电动机的启动、止动、换向以及变速等运动都是通过控制系统来实现的。控制系统通常由控制电路和联动操作台组成。控制电路的主控箱一般位于塔式起重机平衡臂前部，回转及起升电阻箱设在主控制箱旁边，驾驶室控制箱设于驾驶室内。

(4)塔式起重机的安全防护装置。

塔式起重机安全防护装置的作用是防止塔式起重机司机误操作及违章操作而引起塔机的恶性事故，故安全防护装置的可靠性直接关系到塔式起重机的使用安全。塔式起重机安全防护装置有起重量限制器、起重力矩限制器、行程限位装置、小车断绳保护装置、小车断轴保护装置、钢丝绳防脱装置、风速仪、夹轨器、缓冲器、止挡装置、清轨板等。其主要安全防护装置的技术要求如表2-4所示。

表2-4　安全防护装置的技术要求

要点	内容
起重量限制器	塔机应安装起重量限制器。如设有起重量显示装置，则其数值误差不应大于实际值的±5%。**当起重量大于相应挡位的额定值并小于该额定值的110%时，应切断上升方向的电源，但机构可做下降方向的运动**
起重力矩限制器	塔机应安装起重力矩限制器。如设有起重力矩显示装置，则其数值误差不应大于实际值的±5%。**当起重力矩大于相应工况下的额定值并小于该额定值的110%时，应切断上升和幅度增大方向的电源，但机构可做下降和减小幅度方向的运动**。力矩限制器控制定码变幅的触点或控制定幅变码的触点应分别设置，且能分别调整。对小车变幅的塔机，其最大变幅速度超过40 m/min，在小车向外运行，且起重力矩达到额定值的80%时，变幅速度应自动转换为不大于40 m/min的速度运行

（续表）

要点	内容
行程限位装置	①行走限位装置:轨道式塔机行走机构应在每个运行方向设置行程限位开关。在轨道上应安装限位开关碰铁,其安装位置应充分考虑塔机的制动行程,保证塔机在与止挡装置或与同一轨道上其他塔机相距大于 1 m 处能完全停住,此时电缆还应有足够的富余长度。 ②幅度限位装置:用以使小车在到达臂架头部或臂架根端之前停车,防止小车越位事故的发生。动臂变幅的塔机应设置臂架低位置和臂架高位置的幅度限位开关,以及防止臂架反弹后翻的装置。 ③起升高度限位器:塔机应安装吊钩上极限位置的起升高度限位器。吊钩下极限位置的限位器,可根据用户要求设置。 ④回转限位器:回转部分不设集电器的塔机,应安装回转限位器。塔机回转部分在非工作状态下应能自由旋转;对有自锁作用的回转机构,应安装安全极限力矩联轴器
小车断绳保护装置	小车变幅的塔机,变幅的双向均应设置断绳保护装置
小车断轴保护装置	小车变幅的塔机,应设置变幅小车断轴保护装置,即使轮轴断裂,小车也不会掉落
钢丝绳防脱装置	①滑轮、起升卷筒及动臂变幅卷筒均应设有钢丝绳防脱装置,该装置与滑轮或卷筒侧板最外缘的间隙不应超过钢丝绳直径的 20%。 ②吊钩应设有防钢丝绳脱钩的装置
风速仪	①起重臂根部铰点高度大于 50 m 的塔机,应配备风速仪。当风速大于工作极限风速时,应能发出停止作业的警报。 ②风速仪应设在塔机顶部的不挡风处
夹轨器	轨道式塔机应安装夹轨器,使塔机在非工作状态下不能在轨道上移动
缓冲器、止挡装置	①塔机行走和小车变幅的轨道行程末端均需设置止挡装置。缓冲器安装在止挡装置或塔机(变幅小车)上,当塔机(变幅小车)与止挡装置撞击时,缓冲器应使塔机(变幅小车)较平稳地停车而不产生猛烈的冲击。 ②缓冲器的设计应符合规范规定
清轨板	轨道式塔机的台车架上应安装排障清轨板,清轨板与轨道之间的间隙不应大于 5 mm
顶升横梁防脱功能	自升式塔机应具有防止塔身在正常加节、降节作业时,顶升横梁从塔身支承中自行脱出的功能

提示

塔式起重机安全防护装置的技术要求在往年真题中考查过,需重点掌握起重量限制器、起重力矩限制器、行程限位装置等的技术要求。

3. 塔式起重机的安装、使用、拆卸要求

该部分内容主要依据《建筑施工塔式起重机安装、使用、拆卸安全技术规程》对塔式起重机的安装、使用、拆卸要求进行讲解。

(1)基本规定。

塔式起重机安装、拆卸单位必须具有从事塔式起重机安装、拆卸业务的资质,应具备

安全管理保证体系,有健全的安全管理制度。

塔式起重机的基本规定如表 2-5 所示。

表 2-5 塔式起重机的基本规定

要点	内容
安装、拆卸作业配备人员	塔式起重机安装、拆卸作业应配备下列人员: ①持有安全生产考核合格证书的项目负责人和安全负责人、机械管理人员。 ②具有建筑施工特种作业操作资格证书的建筑起重机械安装拆卸工、起重司机、起重信号工、司索工等特种作业操作人员
具备证明资料	塔式起重机应具有特种设备制造许可证、产品合格证、制造监督检验证明,并已在县级以上地方建设主管部门备案登记
专项施工方案内容	塔式起重机安装前应编制专项施工方案,并应包括的内容:工程概况;安装位置平面和立面图;所选用的塔式起重机型号及性能技术参数;基础和附着装置的设置;爬升工况及附着节点详图;安装顺序和安全质量要求;主要安装部件的重量和吊点位置;安装辅助设备的型号、性能及布置位置;电源的设置;施工人员配置;吊索具和专用工具的配备;安装工艺程序;安全装置的调试;重大危险源和安全技术措施;应急预案等
拆卸专项方案内容	塔式起重机拆卸专项方案应包括的内容:工程概况;塔式起重机位置的平面和立面图;拆卸顺序;部件的重量和吊点位置;拆卸辅助设备的型号、性能及布置位置;电源的设置;施工人员配置;吊索具和专用工具的配备;重大危险源和安全技术措施;应急预案等

关于塔式起重机专项施工方案编制的其他要求,下面以典型例题的形式进行讲解。

典型例题

【案例题】C 公司承建某会展中心建设工程,工程开工前,C 公司与塔式起重机租赁单位 D 公司签订了 8 台塔式起重机的租赁合同及安全管理协议,C 公司与具有起重设备安装工程专业承包一级资质的 E 公司签订了塔式起重机安装合同及安全管理协议。

D 公司编制了塔式起重机安装专项方案,经 C 公司安全负责人审核和总监理工程师审查合格。

针对工程中存在多台塔式起重机交叉作业的情况,E 公司编制了塔式起重机防碰撞专项施工方案。

【问题】指出本工程塔式起重机安装和防碰撞专项施工方案编制、审批过程及 E 公司塔式起重机安装后自检工作中存在的错误,并说明正确做法。

【答案】本工程塔式起重机安装和防碰撞专项施工方案编制、审批过程中存在的错误及正确做法如下:

错误一:D 公司编制了塔式起重机安装专项方案。正确做法:应由 C 公司编制塔式起重机安装专项方案;E 公司也可以组织编制专项施工方案。

错误二:专项方案经 C 公司安全负责人审核和总监理工程师审查合格。正确做法:专项施工方案由 C 公司编制时,应当由 C 公司技术负责人审核签字、加盖单位公章,并由总监理工程师审查签字、加盖执业印章后方可实施。由 E 公司编制时,应由 C 公司、E 公司技术负责人共同审核签字并加盖单位公章。

错误三:E 公司编制了塔式起重机防碰撞专项施工方案。正确做法:应由 C 公司编制塔式起重机防碰撞专项施工方案。

(2)塔式起重机的安装。

塔式起重机安装前,必须经维修保养,并进行全面检查,确认合格后方可进行。

当塔式起重机附着设计时,附着装置的设置和自由端高度等应符合使用说明书的规定。

安装前应根据专项施工方案,对塔式起重机基础的下列项目进行检查,确认合格后方可实施:基础的位置、标高、尺寸;基础的隐蔽工程验收记录和混凝土强度报告等相关资料;安装辅助设备的基础、地基承载力、预埋件等;基础的排水措施。

安装作业,应根据专项施工方案要求实施。安装作业人员应分工明确、职责清楚。安装前应对安装作业人员进行安全技术交底。

安装辅助设备就位后,应对其机械性能和安全性能进行检验,合格后方可作业。

安装所使用的钢丝绳、卡环、吊钩和辅助支架等起重机具均应符合规定,并应经检查合格后方可使用。

安装作业中应统一指挥,明确指挥信号。当视线受阻、距离过远时,应采用对讲机或多级指挥。

自升式塔式起重机的顶升加节应符合下列规定:

①顶升系统必须完好。

②结构件必须完好。

③顶升前,塔式起重机下支座与顶升套架应可靠连接。

④顶升前,应确保顶升横梁搁置正确。

⑤顶升前,应将塔式起重机配平;顶升过程中,应确保塔式起重机的平衡。

⑥顶升加节的顺序,应符合使用说明书的规定。

⑦顶升过程中,不应进行起升、回转、变幅等操作。

⑧顶升结束后,应将标准节与回转下支座可靠连接。

⑨塔式起重机加节后需进行附着的,应按照先装附着装置、后顶升加节的顺序进行,附着装置的位置和支撑点的强度应符合要求。

提示

塔式起重机的顶升加节规定在往年真题中考查过,需重点掌握上述九条内容。

塔式起重机的独立高度、悬臂高度应符合使用说明书的要求。

雨雪、浓雾天气严禁进行安装作业。安装时,塔式起重机最大高度处的风速应符合使用说明书的要求,且风速不得超过12 m/s。

塔式起重机不宜在夜间进行安装作业;当需在夜间进行塔式起重机安装和拆卸作业时,应保证提供足够的照明。

当遇特殊情况安装作业不能连续进行时,必须将已安装的部位固定牢靠并达到安全状态,经检查确认无隐患后,方可停止作业。

塔式起重机的安全装置必须齐全,并应按程序进行调试,直至合格。

连接件及其防松防脱件严禁用其他代用品代用。连接件及其防松防脱件应使用力矩扳手或专用工具紧固连接螺栓。

安装完毕后,应及时清理施工现场的辅助用具和杂物。在空载、风速不大于3 m/s状态下,独立状态塔身(或附着状态下最高附着点以上塔身)轴心线的侧向垂直度允许偏差不应大于 4/1 000，**最高附着点以下塔身轴心线的垂直度允许偏差不应大于 2/1 000**。

安装单位应对安装质量进行自检，并应按规定填写自检报告书。自检内容包括：资料检查项目、基础检查项目、机械检查项目、钢丝绳检查项目。

安装单位自检合格后，应委托有相应资质的检验检测机构进行检测。检验检测机构应出具检测报告书。

安装质量的自检报告书和检测报告书应存入设备档案。

经自检、检测合格后，应由总承包单位组织出租、安装、使用、监理等单位进行验收，并应按规定填写验收表，合格后方可使用。

塔式起重机停用 6 个月以上的，在复工前，应按规定重新进行验收，合格后方可使用。

关于塔式起重机安装后验收的内容，下面以典型例题的形式进行讲解。

典型例题

【案例题】C 公司承建某会展中心建设工程，2021 年 4 月 1 日，1#塔式起重机安装作业前，C 公司项目技术负责人对现场管理人员进行了方案交底，项目部现场管理人员对现场作业人员进行了安全技术交底；安装作业中，C 公司项目部专职安全生产管理人员进行现场安全监督，监理工程师进行现场巡视；安装完毕后，E 公司现场安装组组长组织作业人员对 1#塔式起重机进行了自检，结论为合格。C 公司项目部按照塔式起重机的验收程序，委托第三方检验机构进行检验，并组织了资料审核和联合验收，验收合格后即投入使用。

【问题】1. 指出本工程 E 公司塔式起重机安装后自检工作中存在的错误，并说明正确做法。

2. 说明 C 公司项目部塔式起重机验收程序中资料审核及联合验收的具体要求。

【答案】1. 错误：安装完毕后，E 公司现场安装组组长组织作业人员对 1#塔式起重机进行了自检。正确做法：安装完毕后，E 公司应及时组织单位的技术人员、安全人员、安装组长对塔式起重机进行验收，并应按规定填写自检报告书。

2. C 公司项目部塔式起重机验收程序中资料审核及联合验收的具体要求如下：

(1) 施工单位应审核相关资料原件，在审核通过后，将加盖单位公章的复印件留存，并报送给监理单位审核。当监理单位审核完成后，施工单位组织设备验收。

(2) 施工单位组织设备供应单位、安装单位、使用单位、监理单位对塔式起重机进行联合验收。实行施工总承包的，由施工总承包单位组织联合验收。

【解析】除了掌握上述验收内容外，还需要掌握：塔式起重机安装完成后，应当在验收合格之日起 30 日内，向有关部门办理起重机械使用登记，方可投入使用。

(3) 塔式起重机的使用。

塔式起重机起重司机、起重信号工、司索工等操作人员应取得特种作业人员资格证书，严禁无证上岗。

塔式起重机使用前，应对起重司机、起重信号工、司索工等作业人员进行安全技术交底。

塔式起重机的力矩限制器、重量限制器、变幅限位器、行走限位器、高度限位器等安全保护装置不得随意调整和拆除，严禁用限位装置代替操纵机构。

塔式起重机回转、变幅、行走、起吊动作前应示意警示。起吊时应统一指挥，明确指挥信号;当指挥信号不清楚时,不得起吊。

塔式起重机起吊前,当吊物与地面或其他物件之间存在吸附力或摩擦力而未采取处理措施时,不得起吊。

塔式起重机起吊前,应对安全装置进行检查,确认合格后方可起吊;安全装置失灵时,不得起吊。

塔式起重机起吊前,应按规范要求对吊具与索具进行检查,确认合格后方可起吊;当吊具与索具不符合相关规定的,不得用于起吊作业。

作业中遇突发故障,应采取措施将吊物降落到安全地点,严禁吊物长时间悬挂在空中。

遇有风速在 12 m/s 及以上的大风或大雨、大雪、大雾等恶劣天气时,应停止作业。雨雪过后,应先经过试吊,确认制动器灵敏可靠后方可进行作业。夜间施工应有足够照明,照明的安装应符合现行行业标准《施工现场临时用电安全技术规范》的要求。

塔式起重机不得起吊重力超过额定载荷的吊物,且不得起吊重力不明的吊物。

在吊物载荷达到额定载荷的 90% 时,应先将吊物吊离地面 200 ~ 500 mm 后,检查机械状况、制动性能、物件绑扎情况等,确认无误后方可起吊。对有晃动的物件,必须拴拉溜绳使之稳固。

物件起吊时应绑扎牢固,不得在吊物上堆放或悬挂其他物件;零星材料起吊时,必须用吊笼或钢丝绳绑扎牢固。当吊物上站人时不得起吊。

标有绑扎位置或记号的物件,应按标明位置绑扎。钢丝绳与物件的夹角宜为 45° ~ 60°,且不得小于 30°。吊索与吊物棱角之间应有防护措施;未采取防护措施的,不得起吊。

作业完毕后,应松开回转制动器,各部件应置于非工作状态,控制开关应置于零位,并应切断总电源。

提示

塔式起重机的电源需单独设置,不能与其他用电设备共用一台开关箱。

行走式塔式起重机停止作业时,应锁紧夹轨器。

当塔式起重机使用高度超过 30 m 时,应配置障碍灯,起重臂根部铰点高度超过 50 m 时应配备风速仪。

严禁在塔式起重机塔身上附加广告牌或其他标语牌。

每班作业应做好例行保养,并应做好记录。记录的主要内容应包括结构件外观、安全装置、传动机构、连接件、制动器、索具、夹具、吊钩、滑轮、钢丝绳、液位、油位、油压、电源、电压等。

实行多班作业的设备,应执行交接班制度,认真填写交接班记录,接班司机经检查确认无误后,方可开机作业。

塔式起重机应实施各级保养。转场时,应做转场保养,并应有记录。

塔式起重机的主要部件和安全装置等应进行经常性检查,每月不得少于 1 次,并应有记录;当发现有安全隐患时,应及时进行整改。

当塔式起重机使用周期超过 1 年时,应按规定进行一次全面检查,合格后方可继续使用。

当使用过程中塔式起重机发生故障时,应及时维修,维修期间应停止作业。

多台起重机同时工作时,其起重量的计算和判断,下面以典型例题的形式进行讲解。

典型例题

【案例题】在主楼屋面钢框架结构施工中，主钢梁的构造为等截面钢梁，重量14.4 t，施工单位根据主钢梁的重量和吊装要求，编制了塔式起重机抬吊专项施工方案，明确双机抬吊时单机负荷率不大于80%，钢梁总重量不大于两台塔式起重机额定起重量之和的75%。现场1号塔式起重机最大回转半径（最大工作幅度）为50 m，在此回转半径时额定起重量为12 t；2号塔式起重机最大回转半径（最大工作幅度）为55 m，在此回转半径时额定起重量为10.80 t。钢梁采用两点吊装，钢梁上部设置两组吊耳，吊耳距钢梁两端距离相同，吊装时两台塔式起重机的工作幅度均不大于最大回转半径。

【问题】根据专项施工方案复核塔式起重机双机抬吊的吊装能力（吊索具重量可忽略），并判断是否满足要求。

【答案】两台塔式起重机吊点距相同，分配的荷载各为钢梁重量的一半，即14.4/2 =7.2(t)。1号机50 m时的允许荷载为12 ×0.8 =9.6(t) >7.2(t)，2号机55 m时的允许荷载为10.8 ×0.8 =8.64(t) >7.2(t)；两台最大起重量总和为12 + 10.8 =22.8(t)。因实际吊装能力满足钢梁总重量不大于两台塔式起重机额定起重量之和的75%，即22.8 ×0.75 =17.1(t) >14.4(t)，故塔式起重机双机抬吊的吊装能力满足要求。

【解析】任意两台塔式起重机之间的最小架设距离应符合以下规定：低位塔式起重机的起重臂端部与另一台塔式起重机的塔身之间的距离不得小于2 m；高位塔式起重机的最低位置的部件（或吊钩升至最高点或平衡重的最低部位）与低位塔式起重机中处于最高位置部件之间的垂直距离不得小于2 m。

链接

除了上述内容外，还需掌握塔式起重机使用的下列内容：

①应由信号司索工负责摘除吊钩。起吊构件下方严禁人员进入。

②钢梁安装时严禁抛接工具。

（4）塔式起重机的拆卸。

塔式起重机拆卸作业宜连续进行；当遇特殊情况拆卸作业不能继续时，应采取措施保证塔式起重机处于安全状态。

当用于拆卸作业的辅助起重设备设置在建筑物上时，应明确设置位置、锚固方法，并应对辅助起重设备的安全性及建筑物的承载能力等进行验算。

拆卸前应检查主要结构件、连接件、电气系统、起升机构、回转机构、变幅机构、顶升机构等项目。发现隐患应采取措施，解决后方可进行拆卸作业。

拆卸作业应符合规范规定。

附着式塔式起重机应**明确附着装置的拆卸顺序和方法**。

自升式塔式起重机每次降节前，应检查顶升系统和附着装置的连接等，确认完好后方可进行作业。

拆卸时应先降节、后拆除附着装置。

拆卸完毕后，为塔式起重机拆卸作业而设置的所有设施应拆除，清理场地上作业时所用的吊索具、工具等各种零配件和杂物。

(5)吊索具的使用。

塔式起重机安装、使用、拆卸时,起重吊具、索具应符合下列要求:

①吊具与索具产品应符合现行行业标准《起重机械吊具与索具安全规程》的规定。

②吊具与索具应与吊重种类、吊运具体要求以及环境条件相适应。

③作业前应对吊具与索具进行检查,当确认完好时方可投入使用。

④吊具承载时不得超过额定起重量,吊索(含各分肢)不得超过安全工作载荷。

⑤塔式起重机吊钩的吊点,应与吊重重心在同一条铅垂线上,使吊重处于稳定平衡状态。

新购置或修复的吊具、索具,应进行检查,确认合格后,方可使用。

吊具、索具在每次使用前应进行检查,经检查确认符合要求后,方可继续使用。当发现有缺陷时,应停止使用。

吊具与索具每6个月应进行一次检查,并应做好记录。检验记录应作为继续使用、维修或报废的依据。

钢丝绳作吊索时,其安全系数不得小于6倍。

当钢丝绳的端部采用编结固接时,编结部分的长度不得小于钢丝绳直径的20倍,并不应小于300 mm,插接绳股应拉紧,凸出部分应光滑平整,且应在插接末尾留出适当长度,用金属丝扎牢,钢丝绳插接方法宜符合现行行业标准《起重机械吊具与索具安全规程》的要求。

吊钩应符合现行行业标准《起重机械吊具与索具安全规程》中的相关规定。吊钩严禁补焊,有下列情况之一的应予以报废:表面有裂纹;**挂绳处截面磨损量超过原高度的10%**;钩尾和螺纹部分等危险截面及钩筋有永久性变形;开口度比原尺寸增加15%;钩身的扭转角超过10°。

滑轮的最小绕卷直径应符合现行国家标准《塔式起重机设计规范》的相关规定。滑轮有下列情况之一的应予以报废:裂纹或轮缘破损;**轮槽不均匀磨损达3 mm**;滑轮绳槽壁厚磨损量达原壁厚的20%;铸造滑轮槽底磨损达钢丝绳原直径的30%;焊接滑轮槽底磨损达钢丝绳原直径的15%。

滑轮、卷筒均应设有钢丝绳防脱装置;吊钩应设有钢丝绳防脱钩装置。

(五)桅杆式起重机

1. 桅杆式起重机概述

桅杆起重机是指其臂架铰接在上下两端均有支承的垂直桅杆下部的回转起重机。

桅杆式起重机专项方案必须按规定程序审批,并应经专家论证后实施。施工单位必须指定安全技术人员对桅杆式起重机的安装、使用和拆卸进行现场监督和监测。

专项方案应包含下列主要内容:工程概况、施工平面布置;编制依据;施工计划;施工技术参数、工艺流程;施工安全技术措施;劳动力计划;计算书及相关图纸。

2. 桅杆式起重机的使用要求

《建筑机械使用安全技术规程》规定,桅杆式起重机的安装和拆卸应划出警戒区,清除周围的障碍物,在专人统一指挥下,应按使用说明书和装拆方案进行。

桅杆式起重机的基础应符合专项方案的要求。

缆风绳的规格、数量及地锚的拉力、埋设深度等应按照起重机性能经过计算确定,缆风绳与地面的夹角不得大于60°,缆绳与桅杆和地锚的连接应牢固。地锚不得使用膨胀螺栓、定滑轮。

缆风绳的架设应避开架空电线。在靠近电线的附近,应设置绝缘材料搭设的护线架。

桅杆式起重机安装后应进行试运转,使用前应组织验收。

提升重物时，吊钩钢丝绳应垂直，操作应平稳；当重物吊起离开支承面时，应检查并确认各机构工作正常后，继续起吊。

在起吊额定起重量的90%及以上重物前，应安排专人检查地锚的牢固程度。起吊时，缆风绳应受力均匀，主杆应保持直立状态。

作业时，桅杆式起重机的回转钢丝绳应处于拉紧状态。回转装置应有安全制动控制器。

桅杆式起重机移动时，应用满足承重要求的枕木排和滚杠垫在底座，并将起重臂收紧处于移动方向的前方。移动时，桅杆不得倾斜，缆风绳的松紧应配合一致。

缆风钢丝绳安全系数不应小于3.5。起升、锚固、吊索钢丝绳安全系数不应小于8。

提示

关于桅杆式起重机在往年考试真题中考查频率极低，只作了解即可，重点掌握桅杆式起重机的使用要求。

（六）门式、桥式起重机与电动葫芦

由于门式和桥式起重机在结构上是相似的，因此下面将一起讲解。而电动葫芦主要掌握使用要求即可。

1. 门式、桥式起重机与电动葫芦的概述

该部分内容主要依据《起重机术语　第1部分：通用术语》《起重机械分类标准》对门式、桥式起重机与电动葫芦的概念和分类进行讲解。

（1）门式起重机的概述。

门式起重机是指桥梁通过支腿支承在轨道上的起重机，如图2-2所示。

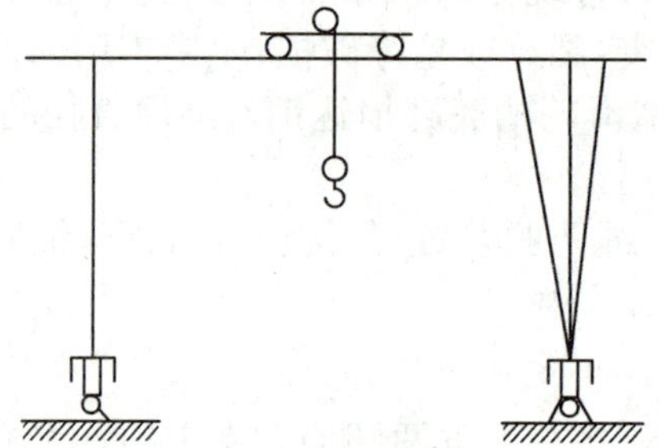

图2-2　门式起重机

门式起重机的分类方式有很多种，具体如下：

①按构造分：单主梁门式起重机、双梁门式起重机。

②按悬臂分：无悬臂门式起重机、单悬臂门式起重机、双悬臂门式起重机、铰接悬臂门式起重机、可伸缩悬臂门式起重机。

③按支承方式分：轨道式门式起重机、轮胎式门式起重机。

④按使用场合分：通用门式起重机、造船门式起重机、水电站门式起重机、集装箱门式起重机。

⑤按取物装置分：吊钩门式起重机，抓斗门式起重机，电磁门式起重机，抓斗、电磁门式起重机，抓斗、吊钩门式起重机，吊钩、抓斗、电磁门式起重机。

⑥按起重小车分：手拉葫芦门式起重机、电动葫芦门式起重机、自行小车门式起重机、牵引小车门式起重机、带固定臂架小车门式起重机、带回转臂架小车门式起重机、带回转司机室小车门式起重机。

(2)桥式起重机的概述。

桥式起重机是指桥梁通过运行装置直接支承在轨道上的起重机,如图2-3所示。

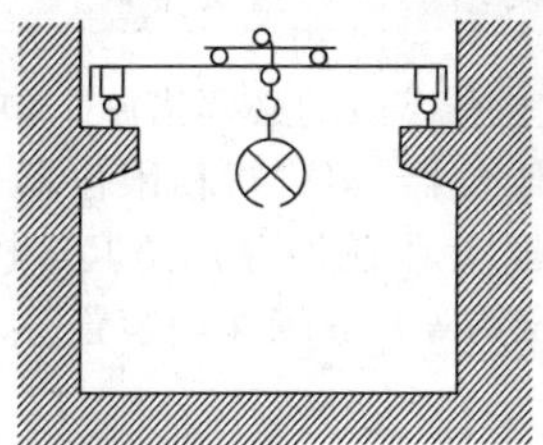

图2-3　桥式起重机

桥式起重机的分类方式有很多种,具体如下:

①按构造分:单主梁桥式起重机、双梁桥式起重机、多梁桥式起重机、挂梁桥式起重机、带回转臂架桥式起重机、双小车桥式起重机、多小车桥式起重机、带回转小车桥式起重机、带导向架桥式起重机、柔性吊挂桥式起重机、电动葫芦桥式起重机。

②按取物装置分:吊钩桥式起重机;抓斗桥式起重机;电磁桥式起重机;抓斗、电磁桥式起重机;电磁、吊钩桥式起重机;抓斗、吊钩桥式起重机;吊钩、抓斗、电磁桥式起重机;料箱－电磁桥式起重机;料箱－抓斗桥式起重机;夹钳桥式起重机;集装箱桥式起重机。

③按使用场合分:冶金起重机、堆垛起重机、防爆桥式起重机、绝缘桥式起重机。

链接

桥式起重机适用于室内或露天装载、起重搬运;门式起重机适用于室外的料场货、散货的装卸。

(3)电动葫芦的概述。

电动葫芦是一种起重设备,安装在天车、龙门吊之上。其具有体积小、自重轻、操作简单、使用方便等特点,用于工矿企业、仓储、码头等场所。

电动葫芦包括钢丝绳电动葫芦、环链电动葫芦、板链电动葫芦、防爆电动葫芦、防腐电动葫芦等。

2. 门式、桥式起重机的基本构造

门式、桥式起重机的基本构造如表2-6所示。

表2-6　门式、桥式起重机的基本构造

名称	内容
机构	(1)起升机构。吊运熔融金属的起重机,额定起重量不大于16 t时,可采用电动葫芦作为起升机构,电动葫芦除应满足相应规定外,还应满足下列要求:当额定起重量大于5 t,电动葫芦除设置一个工作制动器外,还应设置安全制动器。安全制动器设置在电动葫芦的低速级上,当工作制动器失效或传动部件破断时,能够可靠地支持住额定载荷;当额定起重量小于或等于5 t时,电动葫芦除设置一个工作制动器外,也宜在低速级上设置安全制动器,否则电动葫芦应按1.5倍额定起重量设计;选用具有高温隔热功能的电动葫芦;电动葫芦的工作级别不应低于M6。 (2)大小车运行机构:地面有线控制的起重机,大小车运行机构运行速度不应大于50 m/min。有防爆要求的起重机运行机构和小车运行机构,在起动和制动过程中应平稳,应能避免车轮打滑及产生可见的火花。车轮和轨道接触面应保持不锈蚀,接触良好,避免因锈蚀而产生火花

（续表）

名称	内容
安全防护装置	安全防护装置是防止起重机械事故的必要措施。包括限制运动行程和工作位置的装置（包括起升高度限位器、运行行程限位器等）、防起重机超载的装置（包括起重量限制器、起重力矩限制器等）、防起重机倾翻和滑移的装置（包括抗风防滑装置、防倾翻安全钩等）、联锁保护装置等，具体内容可扫描右侧二维码进行学习。码上看内容 （1）起升高度限位器：当取物装置上升到设计规定的上极限位置时，应能立即切断起升动力源。在此极限位置的上方，还应留有足够的空余高度，以适应上升制动行程的要求。在特殊情况下，如吊运熔融金属，还应装设防止越程冲顶的第二级起升高度限位器，第二级起升高度限位器应分断更高一级的动力源。需要时，还应设下降深度限位器；当取物装置下降到设计规定的下极限位置时，应能立即切断下降动力源。上述运动方向的电源切断后，仍可进行相反方向运动（第二级起升高度限位器除外）。 （2）缓冲器及端部止挡：**在轨道上运行的起重机的运行机构，起重小车的运行机构及起重机的变幅机构等均应装设缓冲器或缓冲装置**。缓冲器或缓冲装置可以安装在起重机上或轨道端部止挡装置上。**轨道端部止挡装置应牢固可靠，防止起重机脱轨**。 （3）起重量限制器：对于动力驱动的 1 t 及以上无倾覆危险的起重机械应装设起重量限制器。对于有倾覆危险的且在一定的幅度变化范围内额定起重量不变化的起重机械也应装设起重量限制器。当实际起重量超过 95% 额定起重量时，起重量限制器发出报警信号（机械式除外）。当实际起重量在 100% ~110% 的额定起重量之间时，起重量限制器起作用，此时应自动切断起升动力源，但应允许机构做下降运动。 （4）抗风防滑装置：室外工作的轨道式起重机应装设可靠的抗风防滑装置，并应满足规定的工作状态和非工作状态抗风防滑要求。工作状态下的抗风制动装置可采用制动器、轮边制动器、夹轨器、顶轨器、压轨器、别轨器等，其制动与释放动作应考虑与运行机构联锁并应能从控制室内自动进行操作。 （5）连锁保护：**进入桥式起重机和门式起重机的门，和从司机室登上桥架的舱口门，应能连锁保护；当门打开时，应断开由机构动作可能会对人员造成危险的机构的电源**

3. 门式、桥式起重机与电动葫芦的使用要求

《建筑机械使用安全技术规程》规定，起重机路基和轨道的铺设应符合使用说明书的规定，轨道接地电阻不得大于 4 Ω。

门式起重机的电缆应设有电缆卷筒，配电箱应设置在轨道中部。

在提升大件时不得用快速，并应拴拉绳防止摆动。

吊运路线不得从人员、设备上面通过；空车行走时，吊钩应离地面 2 m 以上。

吊运重物应平稳、慢速，行驶中不得突然变速或倒退。两台起重机同时作业时，应保持 5 m 以上距离。不得用一台起重机顶推另一台起重机。

作业中，人员不得从一台桥式起重机跨越到另一台桥式起重机。

电动葫芦吊重物行走时，重物离地不宜超过 1.5 m 高。工作间歇不得将重物悬挂在空中。

链接

起重机行走时，两侧驱动轮应保持同步，发现偏移应及时停止作业，调整修理后继续使用。

（七）卷扬机

1. 卷扬机概述

建筑卷扬机是指在建筑和安装工程中使用的由电动机通过传动装置驱动带有钢丝绳的卷筒来实现载荷移动的机械设备。

卷扬机按形式分为单卷筒卷扬机、双卷筒卷扬机；按速度和是否有溜放功能等特征分为快速、慢速和溜放三类。

2. 卷扬机的使用要求

《建筑机械使用安全技术规程》规定，卷扬机地基与基础应平整、坚实，场地应排水畅通，地锚应设置可靠。卷扬机应搭设防护棚。

操作人员的位置应在安全区域，视线应良好。

作业前，应检查卷扬机与地面的固定、弹性联轴器的连接应牢固，并应检查安全装置、防护设施、电气线路、接零或接地装置、制动装置和钢丝绳等并确认全部合格后再使用。

卷扬机的传动部分及外露的运动件应设防护罩。

卷扬机应在司机操作方便的地方安装能迅速切断总控制电源的紧急断电开关，并不得使用倒顺开关。

钢丝绳卷绕在卷筒上的安全圈数不得少于3圈。钢丝绳末端应固定可靠。不得用手拉钢丝绳的方法卷绕钢丝绳。

建筑施工现场不得使用摩擦式卷扬机。

卷筒上的钢丝绳应排列整齐，当重叠或斜绕时，应停机重新排列，不得在转动中用手拉脚踩钢丝绳。

作业中，操作人员不得离开卷扬机，物件或吊笼下面不得有人员停留或通过。休息时，应将物件或吊笼降至地面。

作业中如发现异响、制动失灵、制动带或轴承等温度剧烈上升等异常情况时，应立即停机检查，排除故障后再使用。

作业中停电时，应将控制手柄或按钮置于零位，并应切断电源，将物件或吊笼降至地面。

作业完毕，应将物件或吊笼降至地面，并应切断电源，锁好开关箱。

提示

关于卷扬机在往年考试真题中考查频率极低，只作了解，重点掌握卷扬机的使用要求即可。

（八）物料提升机

1. 物料提升机概述

该部分内容主要依据《建筑施工物料提升机安全技术规程》对物料提升机的概念、型号编制方法、基本参数进行讲解。

（1）物料提升机的概念。

物料提升机是指以卷扬机或曳引机为牵引动力，由底架、立柱及天梁组成架体，吊笼沿导轨升降运动，垂直输送物料的起重设备。

（2）物料提升机的型号编制方法。

物料提升机的型号由组代号、型代号、主参数代号和变型更新代号组成。标记示例：

井架式物料提升机,双笼,额定载重量为800 kg,表示为:物料提升机 WJ 80/80。其型号说明如图2-4所示。

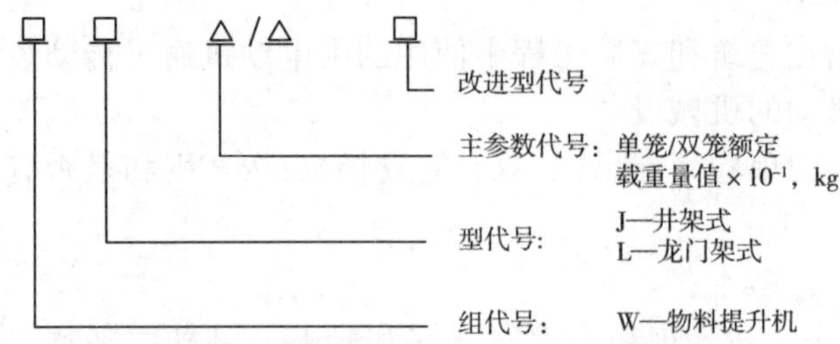

图2-4 物料提升机的型号说明图

(3)物料提升机的基本参数。

物料提升机的基本参数如表2-7所示。

表2-7 物料提升机的基本参数

额定载重量/kg	600	800	1 000	1 600	2 000
最大提升高度/m	≥30				
额定提升速度/(m·min^{-1})	≥16				
吊笼内净空高度/m	≥1.8				

2. 物料提升机的基本构造

物料提升机主要由钢结构件、动力与传动装置、安全装置与防护设施、电气装置、辅助装置组成,具体内容如表2-8所示。

表2-8 物料提升机的基本构造

要点	内容
钢结构件	钢结构件主要部件如下: (1)架体(立柱):架体是物料提升机最重要的钢结构件,是支承天梁的结构件,承载吊笼的垂直载荷,承担着载物重力,兼有运行导向和整体稳固的功能。 (2)底架:架体的底部设有底架(地梁),用于架体(立柱)与基础的连接。 (3)天梁:安装在架体顶部的横梁,支承顶端滑轮的结构件。天梁是主要受力构件,承受吊笼自重及物料重力,常用型钢制作。 (4)吊篮(笼):用作盛放运输物件,可上下运行的笼状或篮状结构件,统称为吊笼。 (5)导轨:为吊笼上下运行提供导向的部件。导轨按滑道的数量和位置,可分为单滑道、双滑道及四角滑道
动力与传动装置	动力与传动装置主要部件如下: (1)卷扬机:卷筒节径与钢丝绳直径的比值不应小于30。卷筒两端的凸缘至最外层钢丝绳的距离不应小于钢丝绳直径的两倍。卷扬机应设置防止钢丝绳脱出卷筒的保护装置。该装置与卷筒外缘的间隙不应大于3 mm,并应有足够的强度。物料提升机严禁使用摩擦式卷扬机。 (2)曳引机:曳引轮直径与钢丝绳直径的比值不应小于40,包角不宜小于150°。当曳引钢丝绳为2根及以上时,应设置曳引力自动平衡装置。 (3)滑轮:滑轮直径与钢丝绳直径的比值不应小于30。滑轮与吊笼或导轨架,应采用刚性连接,严禁采用钢丝绳等柔性连接或使用开口拉板式滑轮。

（续表）

要点	内容
动力与传动装置	(4)钢丝绳:自升平台钢丝绳直径不应小于 8 mm,安全系数不应小于 12。提升吊笼钢丝绳直径不应小于 12 mm,安全系数不应小于 8。安装吊杆钢丝绳直径不应小于 6 mm,安全系数不应小于 8。缆风绳直径不应小于 8 mm,安全系数不应小于 3.5。当钢丝绳端部固定采用绳夹时,绳夹规格应与绳径匹配,数量不应少于 3 个,间距不应小于绳径的 6 倍,绳夹夹座应安放在长绳一侧,不得正反交错设置
安全装置与防护设施	物料提升机的安全装置包括起重量限制器、断绳保护装置、安全停靠装置、上限位限位器、下限位限位器、吊笼安全门、紧急断电开关、缓冲器、通信装置等。 (1)起重量限制器:当物料提升机吊笼内载荷达到额定载重量的 90% 时,起重量限制器应发出报警信号;当吊笼内载荷达到额定载重量的 100% ~110% 时,起重量限制器应切断提升机上升主电路电源。 (2)断绳保护装置:吊笼装载额定载重量,悬挂或运行中发生断绳时,该装置必须可靠地把吊笼刹制在导轨上,最大制动滑落距离应不大于 1 m,并且不应对结构件造成永久性损坏。 (3)安全停靠装置:安全停靠装置应为刚性机构,运行至各楼层位置装卸载荷时,停靠装置应能将吊笼可靠定位。吊笼停层时,安全停层装置能可靠承担吊笼自重、额定荷载等全部工作载荷。吊笼停层后地板与停层平台的垂直偏差不应大于 50 mm。 (4)上限位限位器:当吊笼上升达到上限位高度时,上限位限位器应动作,切断吊笼上升电源。此时,吊笼的越程应不小于 3.0 m。 (5)下限位限位器:下限位限位器应能在吊笼碰到缓冲装置之前动作,当吊笼下降至下限位时,限位器应自动切断电源,使吊笼停止下降。 (6)吊笼安全门:吊笼应装设安全门。安全门宜采用联锁开启装置。 (7)紧急断电开关:紧急断电开关应为非自动复位型,任何情况下均可切断主电路停止吊笼运行。紧急断电开关应设在便于司机操作的位置。 (8)缓冲器:缓冲器应承受吊笼及对重下降时相应冲击荷载。 (9)通信装置:当司机对吊笼升降运行、停层平台观察视线不清时,必须设置通信装置,通信装置应同时具备语音和影像显示功能。 物料提升机的防护设施包括防护围栏、停层平台及平台层、进料口防护棚、卷扬机操作棚
电气装置	物料提升机选用的电气设备及电气元件应符合工作性能、工作环境等条件要求,并应有合格证书。物料提升机总电源应设短路保护及漏电保护装置;电机的主回路上,应同时装设短路、失压、过电流保护装置
辅助装置	辅助装置主要部件如下: (1)基础。物料提升机的基础应能承受最不利工作条件下的全部荷载。30 m 及以上物料提升机的基础应进行设计计算。 (2)附墙架。当导轨架的安装高度超过设计的最大独立高度时,必须安装附墙架。宜采用制造商提供的标准附墙架,当标准附墙架结构尺寸不能满足要求时,可经设计计算采用非标附墙架,并应符合下列规定:附墙架的材质应与导轨架相一致;附墙架与导轨架及建筑结构采用刚性连接,不得与脚手架连接;附墙架间距、自由端高度不应大于使用说明书的规定值;附墙架的结构形式,可按规定选用。

（续表）

要点	内容
辅助装置	(3)缆风绳。当物料提升机安装条件受到限制不能使用附墙架时,可采用缆风绳,缆风绳的设置应符合说明书的要求,并应符合下列规定: ①每一组四根缆风绳与导轨架的连接点应在同一水平高度,且应对称设置;缆风绳与导轨架的连接处应采取防止钢丝绳受剪破坏的措施。 ②缆风绳宜设在导轨架的顶部;当中间设置缆风绳时,应采取增加导轨架刚度的措施。 ③缆风绳与水平面夹角宜为45°~60°,并应采用与缆风绳等强度的花篮螺栓与地锚连接。 当物料提升机安装高度大于或等于30 m时,不得使用缆风绳。 (4)地锚。地锚应根据导轨架的安装高度及土质情况,经设计计算确定。30 m以下物料提升机可采用桩式地锚。当采用钢管(48 mm×3.5 mm)或角钢(75 mm×6 mm)时,不应少于2根;应并排设置,间距不应小于0.5 m,打入深度不应小于1.7 m;顶部应设有防止缆风绳滑脱的装置

关于动力与传动装置中的卷扬机的其他规定,下面以典型例题的形式进行讲解。

典型例题

【单选题】龙门架、井字架都用于施工中的物料垂直运输。《龙门架及井字架物料提升机安全技术规范》规定,提升机宜选用可逆式卷扬机,高架提升机严禁使用(　　)卷扬机。

A. 内置式　　B. 摩擦式

C. 行星式　　D. 溜放式

B。【解析】物料提升机严禁使用摩擦式卷扬机,所选卷扬机应符合额定起重量、提升高度、提升速度等参数要求,同时满足《建筑卷扬机》的规定,宜选用可逆式卷扬机。

3. 物料提升机的安装、拆除与验收要求

安装、拆除物料提升机的单位应具备下列条件:

(1)安装、拆除单位应具有起重机械安拆资质及安全生产许可证。

(2)安装、拆除作业人员必须经专门培训,取得特种作业资格证。

物料提升机安装、拆除前,应根据工程实际情况编制专项安装、拆除方案,且应经安装、拆除单位技术负责人审批后实施。

专项安装、拆除方案应具有针对性、可操作性,并应包括下列内容:工程概况;编制依据;安装位置及示意图;专业安装、拆除技术人员的分工及职责;辅助安装、拆除起重设备的型号、性能、参数及位置;安装、拆除的工艺程序和安全技术措施;主要安全装置的调试及试验程序。

安装作业前的准备,应符合下列规定:物料提升机安装前,安装负责人应依据专项安装方案对安装作业人员进行安全技术交底;应确认物料提升机的结构、零部件和安全装置经出厂检验,并符合要求;应确认物料提升机的基础已验收,并符合要求;应确认辅助安装起重设备及工具经检验检测,并符合要求;应明确作业警戒区,并设专人监护。

基础的位置应保证视线良好,物料提升机任意部位与建筑物或其他施工设备间的安全距离不应小于0.6 m;与外电线路的安全距离应符合现行行业标准《施工现场临时用电安全技术规范》的规定。

拆除作业前,应对物料提升机的导轨架、附墙架等部位进行检查,确认无误后方能进行拆除作业。

拆除作业应先挂吊具、后拆除附墙架或缆风绳及地脚螺栓。拆除作业中,不得抛掷构件。

拆除作业宜在白天进行,夜间作业应有良好的照明。

物料提升机安装完毕后,应由工程负责人组织安装单位、使用单位、租赁单位和监理单位等对物料提升机安装质量进行验收,并应按规范填写验收记录。

物料提升机验收合格后,应在导轨架明显处悬挂验收合格标志牌。

4. 物料提升机的使用管理

物料提升机必须由取得特种作业操作证的人员操作。

物料提升机严禁载人。

物料应在吊笼内均匀分布,不应过度偏载。

不得装载超出吊笼空间的超长物料,不得超载运行。

在任何情况下,不得使用限位开关代替控制开关运行。

物料提升机每班作业前司机应进行作业前检查,确认无误后方可作业。应检查确认下列内容:制动器可靠有效;限位器灵敏完好;停层装置动作可靠;钢丝绳磨损在允许范围内;吊笼及对重导向装置无异常;滑轮、卷筒防钢丝绳脱槽装置可靠有效;吊笼运行通道内无障碍物。

当发生防坠安全器制停吊笼的情况时,应查明制停原因,排除故障,并应检查吊笼、导轨架及钢丝绳,应确认无误并重新调整防坠安全器后运行。

物料提升机在大雨、大雾、风速13 m/s及以上大风等恶劣天气时,必须停止运行。

作业结束后,应将吊笼返回最底层停放,控制开关应扳至零位,并应切断电源,锁好开关箱。

(九)施工升降机

1. 施工升降机概述

施工升降机是指临时安装的、带有有导向的平台、吊笼或其他运载装置并可在建设施工工地各层站停靠服务的升降机械。

施工升降机按其使用功能分为人货两用升降机、货用升降机。常用的人货两用升降机按其吊笼的驱动形式分为齿轮齿条式人货两用升降机、卷筒(卷扬机)驱动的钢丝绳式人货两用升降机、曳引轮(曳引机)驱动的钢丝绳式人货两用升降机(即曳引式人货两用升降机)。货用升降机按其装载或卸载时人可否进入运载装置分为运载装置可进入的货用升降机和不可进入的倾斜式货用升降机。

2. 施工升降机的基本构造

施工升降机通常包含:吊笼/运载装置、驱动系统、控制系统、电气系统、安全装置、底架和基础、导轨架、附墙架、天轮及对重装置、吊杆、驱动装置、通往层站的通道、层站处的升降通道防护装置、升降通道防护装置(包括层门、层站入口处和不设层站的层级处的升降通道防护装置、地面防护围栏等)。

(1)吊笼是施工升降机的核心部分,用来运载人员或货物的笼形部件,以及用来运载物料的带有侧护栏的平台或斗状容器的总称。吊笼上具有前后可升降的门,一般进口为单行门,出口为双行门。吊笼与导轨架相邻一侧装有支承滚轮并支承在导轨上。

(2)导轨架是用以支撑和引导吊笼、对重等装置运行的金属构架。底部与底笼连接并通过附墙架与建筑物固定,作为吊笼上下运行的导轨架,由每节1 508 mm的标准节通过螺栓连接而成。标准节主要由钢管和型钢焊接而成,其截面一般呈矩形(正形),各标准节之间可以任意互换。

(3)附墙架是按一定间距连接导轨架与建筑物或其他固定结构,从而支撑导轨架的构件。附墙架的间隔一般为3~10 m,导轨架顶部悬臂自由高度要严格控制在允许范围内。

(4)天轮是导轨架顶部的滑轮总称,用来支承和导向配重的钢丝绳。

(5)对重装置是对吊笼起平衡作用的重物,用来平衡吊笼的重力,以减少主电机输出功率节省能源。同时改善了导轨架的受力状态,提高了升降机的运行平稳性。

(6)吊杆是施工升降机上用来装拆标准节等部件的提升装置。

(7)驱动装置包括电动机、蜗轮减速箱、齿轮、齿条、钢丝绳及配重等部件。升降机采用两套以上各自独立的驱动装置,由电动机、制动器、联轴器、减速机(蜗轮箱)和小齿轮等组成,电动机通过联轴器带动蜗杆、驱动蜗轮轴端小齿轮旋转,小齿轮与固定在导轨架上的齿轮相啮合,当电动机正反转时,小齿轮就带动吊笼做上、下运行。

(8)施工升降机主要安全装置包括防坠安全器、极限开关、上下限位开关、门限位开关、缓冲装置、吊笼门安全锁装置、对重体断松绳保护装置、防脱安全钩、超载保护装置、防断轴保护装置等。

每个吊笼上应装有渐进式防坠安全器,不允许采用瞬时式安全器。

施工升降机应设有限位开关、极限开关和防松绳开关。吊笼的单双开门及吊笼顶部的活板门上均设有安全开关,如任何一门开启或未关好,吊笼均不能运行。吊笼上装有上、下限位开关和极限开关。当吊笼行至上、下终端站时,可自动停车。若此时因故不停车超过安全距离时,极限开关动作切断总电源,使吊笼制动。钢丝绳锚点处设有断绳保护开关。每个吊笼应装有上、下限位开关;人货两用施工升降机的吊笼还应装有极限开关。施工升降机的对重钢丝绳或提升钢丝绳的绳数不少于两条且相互独立时,在钢丝绳组的一端应设置张力均衡装置,并装有由相对伸长量控制的非自动复位型的防松绳开关。当其中一条钢丝绳出现的相对伸长量超过允许值或断绳时,该开关将切断控制电路,吊笼停车。

3. 施工升降机的安装、使用、拆卸要求

该部分内容主要依据《建筑施工升降机安装、使用、拆卸安全技术规程》对施工升降机的安装、使用、拆卸要求进行讲解。

(1)基本规定。

施工升降机安装单位应具备建设行政主管部门颁发的起重设备安装工程专业承包资质和建筑施工企业安全生产许可证。

施工升降机安装、拆卸项目应配备与承担项目相适应的专业安装作业人员以及专业安装技术人员。施工升降机的安装拆卸工、电工、司机等应具有建筑施工特种作业操作资格证书。

施工升降机使用单位应与安装单位签订施工升降机安装、拆卸合同,明确双方的安全生产责任。实行施工总承包的,施工总承包单位应与安装单位签订施工升降机安装、拆卸工程安全协议书。

施工升降机应具有特种设备制造许可证、产品合格证、使用说明书、起重机械制造监督检验证书,并已在产权单位工商注册所在地县级以上建设行政主管部门备案登记。

施工升降机安装作业前,安装单位应编制施工升降机安装、拆卸工程专项施工方案,由安装单位技术负责人批准后,报送施工总承包单位或使用单位、监理单位审核,并告知工程所在地县级以上建设行政主管部门。

施工升降机安装、拆卸工程专项施工方案应根据使用说明书的要求、作业场地及周边环境的实际情况、施工升降机使用要求等编制。当安装、拆卸过程中专项施工方案发生变更时,应按程序重新对方案进行审批,未经审批不得继续进行安装、拆卸作业。

施工升降机安装、拆卸工程专项施工方案应包括的主要内容:工程概况;编制依据;作业人员组织和职责;施工升降机安装位置平面、立面图和安装作业范围平面图;施工升降机技术参数、主要零部件外形尺寸和质量;辅助起重设备的种类、型号、性能及位置安排;吊索具的配置、安装与拆卸工具及仪器;安装、拆卸步骤与方法;安全技术措施;安全应急预案。

(2)施工升降机的安装。

施工升降机的安装条件应符合下列规定:

①施工升降机地基、基础应满足使用说明书的要求。对基础设置在地下室顶板、楼面或其他下部悬空结构上的施工升降机,应对基础支撑结构进行承载力验算。施工升降机安装前应对基础进行验收,合格后方能安装。

②施工升降机安装前应对各部件进行检查。对有可见裂纹的构件应进行修复或更换,对有严重锈蚀、严重磨损、整体或局部变形的构件必须进行更换,符合产品标准的有关规定后方能进行安装。安装作业前,应对辅助起重设备与其他安装辅助用具的机械性能和安全性能进行检查,合格后方能投入作业。

③安装作业前,安装技术人员应根据施工升降机安装、拆卸工程专项施工方案和使用说明书的要求,对安装作业人员进行安全技术交底,并由安装作业人员在交底书上签字。在施工期间内,交底书应留存备查。

④施工升降机必须安装防坠安全器。防坠安全器应在一年有效标定期内使用。

链接

防坠安全器是使超速的吊笼或对重停止并保持停止状态的机械装置。安全器不应借助于电气、气动装置来动作。安全器只能在定期检验有效期内使用,安全器定期检验有效期为1年。安全器无论使用与否,在定期检验有效期届满时都应重新进行检验与标定。出厂检验视为第一次定期检验。

⑤施工升降机应安装超载保护装置。超载保护装置在载荷达到额定载重量的110%前应能中止吊笼启动,在齿轮齿条式载人施工升降机载荷达到额定载重量的90%时应能给出报警信号。

施工升降机的安装作业应符合下列规定:

①安装作业人员应按施工安全技术交底内容进行作业。

②安装单位的专业技术人员、专职安全生产管理人员应进行现场监督。

③施工升降机的安装作业范围应设置警戒线及明显的警示标志。非作业人员不得进入警戒范围。任何人不得在悬吊物下方行走或停留。

④进入现场的安装作业人员应佩戴安全防护用品,高处作业人员应系安全带,穿防滑鞋。作业人员严禁酒后作业。

⑤安装作业中应统一指挥,明确分工。危险部位安装时应采取可靠的防护措施。当指挥信号传递困难时,应使用对讲机等通信工具进行指挥。

⑥当遇大雨、大雪、大雾或风速大于13 m/s等恶劣天气时,应停止安装作业。

⑦施工升降机金属结构和电气设备金属外壳均应接地,接地电阻不应大于4 Ω。

⑧安装时应确保施工升降机运行通道内无障碍物。

⑨安装作业时必须将按钮盒或操作盒移至吊笼顶部操作。当导轨架或附墙架上有人员作业时,严禁开动施工升降机。

⑩传递工具或器材不得采用投掷的方式。

⑪在吊笼顶部作业前应确保吊笼顶部护栏齐全完好。

⑫吊笼顶上所有的零件和工具应放置平稳,不得超出安全护栏。

⑬安装作业过程中安装作业人员和工具等总载荷不得超过施工升降机的额定安装载重量。

⑭导轨架安装时,应对施工升降机导轨架的垂直度进行测量校准。施工升降机导轨架安装垂直度偏差应符合使用说明书和表2-9的规定。

表2-9 安装垂直度偏差

导轨架架设高度 h/m	$h \leqslant 70$	$70 < h \leqslant 100$	$100 < h \leqslant 150$	$150 < h \leqslant 200$	$h > 200$
垂直度偏差/mm	不大于(1/1 000)h	≤70	≤90	≤110	≤130
	对钢丝绳式施工升降机,垂直度偏差不大于(1.5/1 000)h				

⑮每次加节完毕后,应对施工升降机导轨架的垂直度进行校正,且应按规定及时重新设置行程限位和极限限位,经验收合格后方能运行。

⑯连接件和连接件之间的防松防脱件应符合使用说明书的规定,不得用其他物件代替。对有预紧力要求的连接螺栓,应使用扭力扳手或专用工具,按规定的拧紧次序将螺栓准确地紧固到规定的扭矩值。安装标准节连接螺栓时,宜螺杆在下、螺母在上。

⑰安装完毕后应拆除为施工升降机安装作业而设置的所有临时设施,清理施工场地上作业时所用的索具、工具、辅助用具、各种零配件和杂物等。

安装自检和验收应符合下列规定:

①施工升降机安装完毕且经调试后,安装单位应按规定及使用说明书的有关要求对安装质量进行自检,并应向使用单位进行安全使用说明。

②安装单位自检合格后,应经有相应资质的检验检测机构监督检验。

③检验合格后,使用单位应组织租赁单位、安装单位和监理单位等进行验收。实行施工总承包的,应由施工总承包单位组织验收。

④严禁使用未经验收或验收不合格的施工升降机。

⑤使用单位应自施工升降机安装验收合格之日起30日内,将施工升降机安装验收资料、施工升降机安全管理制度、特种作业人员名单等,向工程所在地县级以上建设行政主管部门办理使用登记备案。

⑥安装自检表、检测报告和验收记录等应纳入设备档案。

(3)施工升降机的使用。

不得使用有故障的施工升降机。严禁施工升降机使用超过有效标定期的防坠安全器。

施工升降机额定载重量、额定乘员数标牌应置于吊笼醒目位置。严禁在超过额定载重量或额定乘员数的情况下使用施工升降机。

应在施工升降机作业范围内设置明显的安全警示标志,应在集中作业区做好安全防护。

当建筑物超过 2 层时,施工升降机地面通道上方应搭设防护棚。当建筑物高度超过 24 m 时,应设置双层防护棚。

使用单位应在现场设置相应的设备管理机构或配备专职的设备管理人员,并指定专职设备管理人员、专职安全生产管理人员进行监督检查。

当遇大雨、大雪、大雾、施工升降机顶部风速大于 20 m/s 或导轨架、电缆表面结有冰层时,不得使用施工升降机。

严禁用行程限位开关作为停止运行的控制开关。

施工升降机司机严禁酒后作业。工作时间内司机不应与其他人员闲谈,不应有妨碍施工升降机运行的行为。

施工升降机每天第一次使用前,司机应将吊笼升离地面 1 ~2 m,停车试验制动器的可靠性。当发现问题,应经修复合格后方能运行。

施工升降机每 3 个月应进行 1 次 1.25 倍额定载重量的超载试验,确保制动器性能安全可靠。操作手动开关的施工升降机时,不得利用机电联锁开动或停止施工升降机。

层门门栓宜设置在靠施工升降机一侧,且层门应处于常闭状态。未经施工升降机司机许可,不得启闭层门。

散状物料运载时应装入容器、进行捆绑或使用织物袋包装,堆放时应使载荷分布均匀。

当使用搬运机械向施工升降机吊笼内搬运物料时,搬运机械不得碰撞施工升降机。卸料时,物料放置速度应缓慢。

作业结束后应将施工升降机返回最底层停放,将各控制开关拨到零位,切断电源,锁好开关箱、吊笼门和地面防护围栏门。

施工升降机使用时应设置底部防护围栏。升降机底部防护围栏应围成一周,**高度不应小于 2.0 m**,并应符合相关要求。底部防护围栏应设有围栏门。围栏门应视为全高度层门,其开口的净高度不应小于 2.0 m,并应符合相关要求。设置吊笼时,**吊笼门开口的净高度不应小于 1.8 m**,净宽度不应小于 0.6 m。

链接

施工升降机作业前应重点检查下列项目,并应符合相应要求:结构不得有变形,连接螺栓不得松动;齿条与齿轮、导向轮与导轨应接合正常;钢丝绳应固定良好,不得有异常磨损;运行范围内不得有障碍;安全保护装置应灵敏可靠。

启动前,应检查并确认供电系统、接地装置安全有效,控制开关应在零位。电源接通后,应检查并确认电压正常。应试验并确认各限位装置、吊笼、围护门等处的电气连锁装置良好可靠,电气仪表应灵敏有效。作业前应进行试运行,以测定各机构制动器的效能。另外定期对施工升降机进行坠落试验。

(4)施工升降机的拆卸。

拆卸前应对施工升降机的关键部件进行检查，当发现问题时，应在问题解决后方能进行拆卸作业。

施工升降机拆卸作业应符合拆卸工程专项施工方案的要求。

应有足够的工作面作为拆卸场地,应在拆卸场地周围设置警戒线和醒目的安全警示标志,并应派专人监护。拆卸施工升降机时,不得在拆卸作业区域内进行与拆卸无关的其他作业。

夜间不得进行施工升降机的拆卸作业。

应确保与基础相连的导轨架在最后一个附墙架拆除后,仍能保持各方向的稳定性。

施工升降机拆卸应连续作业。**当拆卸作业不能连续完成时，应根据拆卸状态采取相应的安全措施。**

吊笼未拆除之前,非拆卸作业人员不得在地面防护围栏内、施工升降机运行通道内、导轨架内以及附墙架上等区域活动。

拆卸作业时施工升降机司机不应在梯笼内操作。根据相关规定,**施工升降机安装或拆卸过程中，必须在笼顶操作，不允许在笼内操作。**

提示

施工升降机拆卸作业是施工现场安全监督管理的重点。需要注意的是,在施工升降机的安装、拆卸作业中,均需要在安装作业前编制专项施工方案。

链接

《剪叉式升降工作平台》关于剪叉式升降工作平台的相关规定如下。

剪叉式平台工作条件如下:作业地面应坚实、平整,作业过程中地面不应下陷;环境温度为 -20 ~40 ℃;环境相对湿度不应大于90%(20 ℃时);海拔不应超过1 000 m;风速不应大于12.5 m/s;电源电压的允许波动为 ±10%。

剪叉式升降工作平台的性能要求应符合下列规定:

(1)工作平台应具有在升降范围内任意位置可靠停留的性能。

(2)传动系统应平稳,不应有振动和液压泵吸空等引起的异常噪声。

(3)起升、下降速度不应大于0.4 m/s;回转速度不应大于0.7 m/s(工作平台最外边缘的水平线速度)。对于在起升状态下能行走的剪叉式平台,其行走速度不应大于0.4 m/s;降至起始高度时,其行走速度不应大于0.7 m/s。

(4)剪叉式平台置于坚实的水平面上,对于载人的剪叉式平台,距工作平台周边内300 mm处的任一位置,承受集中额定载荷;对于载物的剪叉式平台,距工作平台中心1/3的平台宽度处,承受集中额定载荷;在全行程升降30次后,受力构件不应有永久变形或裂纹。

(5)剪叉式平台置于坚实的水平面上,工作平台均匀承受1.33倍额定载荷,全行程升降30次后,受力构件不应有永久变形或裂纹。

(6)工作平台在升降过程中的自然偏摆量不应大于最大高度的0.5%。

(7)在额定载荷作用下,任意位置起升或下降制动后20 min内,工作平台下沉量不应大于5 mm。

(8)内燃机驱动的剪叉式平台,操作者耳边噪声不应大于86 dB(A),机外噪声不应大于82 dB(A)。电力驱动的剪叉式平台,操作者耳边噪声不应大于80 dB(A),机外噪声不应大于76 dB(A)。

(9)内燃机驱动的排放限值应符合规定。空载时最大平台高度误差不应大于公称值的1%。支腿纵、横向跨距误差不应大于公称值的1%。剪叉式平台的宽度、长度和高度误差不应大于公称值的1%。

剪叉式平台应进行静态稳定性测试;对于在起升状态下能行走的剪叉式平台还应进行动态稳定性测试,整机应稳定。工作平台承受额定载荷,升至最大高度后,在其周边任一点施加最大侧向力时,整机应稳定。

剪叉式升降工作平台的工作平台应符合下列要求:

(1)工作平台与水平面或底盘平面或可旋转平面的水平度不应大于5°。

(2)工作平台宽度不应小于0.45 m,工作平台台面应防滑并自排水。不能用链条,绳索当做防护栏或进入口门。

(3)工作平台应用防火材料制作。

(4)工作平台护栏高度不应小于1.1 m,并应设有中间横杆,中间横杆间距不大于0.55 m。踢脚板高度不小于0.15 m。对于在工作平台入口处的踢脚板高度可以为0.10 m。

(5)护栏结构应能承受在最不利位置和最不利方向,以0.5 m间隔施加500 N的集中载荷,护栏终端竖杆均能承受来自各方向对杆顶端的静集中载荷900 N,而不会引起护栏的永久变形。

(6)对于载人的工作平台台面上应备有工作人员栓安全带的位置。对于载物的工作平台,可以不设护栏、踢脚板和防护件。

(7)工作平台进出口处的防护件不得向外开,且能自动关闭,不能无意打开。

(8)需要人员出入的工作平台,当支承面至工作平台台面之间垂直距离超过0.4 m时,应设置梯子。梯子应与进入口对称。梯子的踏板或踏杆应防滑,其宽度至少为0.3 m,深度至少为25 mm,并应有相同的踏步间距,踏步间距应不大于0.3 m。踏板或踏杆的中心到剪叉式平台任何零部件的水平距离至少为0.15 m。并应提供扶手装置。

《高空作业车》关于高空作业车(底盘为定型道路车辆,并由车辆驾驶员操纵其移动的移动式升降工作平台)的相关规定如下。

伸展机构由单独的钢丝绳或链条实现传动时,系统应有断绳(链)安全保护装置。

对于用支腿进行调平的作业车,应设有支腿和伸展机构互锁装置。在支腿展开调平并支撑可靠之前,臂架应不能伸展;在臂架未收回到支承托架之前,下车支腿应不能收回。

作业车采用液压式支腿和伸展机构时,应设有防止液压管路发生故障时回缩的安全保护装置。

当两侧水平支腿允许部分伸出或全缩回时,安全系统应自动将臂架的动作限制在安全范围内。

臂架在伸展过程中,当任一支腿出现不受力情况时,应有声音报警或声、光报警信号。

工作平台如有不同额定载荷值时，应具有将臂架的动作限制在安全范围内的装置。

作业车应装有车架倾斜指示装置（例如倾斜开关或水平仪）。指示装置应设置防止意外更改及损坏的保护装置。

具有调平装置的作业车，车架倾斜指示器（例如水平仪）在每个调平控制点均应能清楚地看见。

无支腿可行走作业的作业车，当达到倾斜极限时，工作平台上应有声、光报警信号。

每个伸展机构的控制点均应装有急停开关，其应能及时、有效地切断所有动力系统，并应置于操作者易于操作的位置。

作业车上各动作的终点位置应设有限位装置。

最大作业高度大于30 m的作业车，工作平台上应设风速测量仪。风速测量仪应设置在工作平台迎风处，当风速超过制造商规定的要求时，应有声光报警信号，报警声不应小于90 dB(A)。

（十）架桥机

架桥机是支承在桥梁结构上、可沿纵向自行变换支承位置、用于将预制桥梁梁体（包括整孔梁体、整跨梁片、节段梁体、非整跨梁片）安装在桥墩（台）指定位置的一种专用起重机。

架桥机的电源为三相交流，额定频率为50 Hz或60 Hz，额定电压为380～460 V。在正常工作条件下，供电系统在架桥机馈电线接入处的电压波动不应超过额定值的±10%。

采用发电机组供电时，发电机组在架桥机使用环境条件下其常用功率应满足架桥机工作需要，电压波动不应超过额定值的±5%。

架桥机安装使用地点的海拔高度不应超过1 000 m（超过1 000 m时应按规定对电动机容量进行校核，超过2 000 m时应对电器件进行容量校核）。

架桥机正常使用的环境温度应在－20～＋40 ℃的范围以内，24 h内的平均温度不应超过＋35 ℃。

当架桥机周围环境温度在＋40 ℃时，其相对湿度不应超过50%。较低温度下相对湿度可以提高。

架桥机可以通过利用已架桥梁或墩（台）锚固以提高整机稳定性。架桥机过孔和架梁时整机抗倾覆稳定性应满足相关的要求。

架桥机各机构工作速度的允许偏差为额定值的±10%。

架桥机在各种正常使用工况下，各机构的起动、制动应平稳可靠。

架桥机在设计规定的纵坡、横坡或同时具有纵横坡的坡道上作业应制动可靠。

架桥机的伸缩支腿应有可靠的机械锁定。

架桥机进行静载试验时，应能承受1.25倍额定起重量的试验载荷，试验后进行目测检查，各受力金属结构件应无裂纹、无永久变形、无油漆剥落或对起重机的性能与安全有影响的损坏，各连接处也应无松动或损坏。

架桥机进行动载试验时，应能承受1.1倍额定起重量的试验载荷和1.1倍的额定承载量，试验过程中应工作正常，制动器等安全装置动作灵敏可靠，试验后进行目测检查。各受力金属结构件不应有损坏，连接处也不应出现损坏或松动。

架桥机采用的制动器应是常闭式的，制动轮(盘)应装在与传动机构刚性连接的轴上。起升机构的每一套独立的驱动装置至少应装设一个支持制动器和安全制动器。

考点二 土石方机械

土石方机械是指使用轮胎、履带或步履的自行式或拖式机械，具有工作装置或附属装置(作业器具)，或两者都有，主要用于土壤、岩石或其他物料的挖掘、装载、运输、钻孔、摊铺、压实或挖沟作业。该部分内容主要依据《建筑机械使用安全技术规程》《建筑施工土石方工程安全技术规范》对土石方机械进行讲解。

(一)一般规定

机械进入现场前，应查明行驶路线上的桥梁、涵洞的上部净空和下部承载能力，确保机械安全通过。

机械通过桥梁时，应采用低速挡慢行，在桥面上不得转向或制动。

作业中，应随时监视机械各部位的运转及仪表指示值，如发现异常，应立即停机检修。

在施工中遇下列情况之一时应立即停工：填挖区土体不稳定，土体有可能坍塌；地面涌水冒浆，机械陷车，或因雨水机械在坡道打滑；遇大雨、雷电、浓雾等恶劣天气；施工标志及防护设施被损坏；工作面安全净空不足。

雨期施工时，机械应停放在地势较高的坚实位置。

(二)挖掘机的使用要求

启动前，应将主离合器分离，各操纵杆放在空挡位置，并应发出信号，确认安全后启动设备。

启动后，应先使液压系统从低速到高速空载循环 10 ~ 20 min，不得有吸空等不正常噪声，并应检查各仪表指示值，运转正常后再接合主离合器，再进行空载运转，顺序操纵各工作机构并测试各制动器，确认正常后开始作业。

挖掘机向运土车辆装车时，应降低卸落高度，不得偏装或砸坏车厢。回转时，铲斗不得从运输车辆驾驶室顶上越过。

利用铲斗将底盘顶起进行检修时，应使用垫木将抬起的履带或轮胎垫稳，用木楔将落地履带或轮胎揳牢，然后再将液压系统卸荷，否则不得进入底盘下工作。

链接

另外，挖掘机使用时，禁止转动剧烈、用铲斗侧面刮平土堆或对工作面侧面进行冲击、进行回转时铲斗没有离开工作面，合称“四禁止”。

(三)装载机的使用要求

1. 挖掘装载机

挖掘作业前应先将装载斗翻转，使斗口朝地，并使前轮稍离开地面，踏下并锁住制动踏板，然后伸出支腿，使后轮离地并保持水平位置。

挖掘装载机在边坡卸料时，应有专人指挥，挖掘装载机轮胎距边坡缘的距离应大于 1.5 m。在装载过程中，应使用低速挡。行驶时，不应高速和急转弯。下坡时不得空挡滑行。

行驶时，支腿应完全收回，挖掘装置应固定牢靠，装载装置宜放低，铲斗和斗柄液压活塞杆应保持完全伸张位置。

2. 轮胎式装载机

轮胎式装载机作业场地和行驶道路应平坦坚实。在石块场地作业时，应在轮胎上加装保护链条。

装载机行驶前，应先鸣笛示意，铲斗宜提升离地0.5 m。装载机行驶过程中应测试制动器的可靠性。装载机搭乘人员应符合规定。装载机铲斗不得载人。

装载机高速行驶时应采用前轮驱动；低速铲装时，应采用四轮驱动。铲斗装载后升起行驶时，不得急转弯或紧急制动。

装载机转向架未锁闭时，严禁站在前后车架之间进行检修保养。

停车时，应使内燃机转速逐步降低，不得突然熄火，应防止液压油因惯性冲击而溢出油箱。

(四)推土机的使用要求

推土机在坚硬土壤或多石土壤地带作业时，应先进行爆破或用松土器翻松。在沼泽地带作业时，应更换专用湿地履带板。

不得用推土机推石灰、烟灰等粉尘物料，不得进行碾碎石块的作业。

推土机机械四周不得有障碍物，并确认安全后开动，工作时不得有人站在履带或刀片的支架上。

推土机上、下坡或超过障碍物时应采用低速挡。推土机上坡坡度不得超过25°，下坡坡度不得大于35°，横向坡度不得大于10°。在25°以上的陡坡上不得横向行驶，并不得急转弯。上坡时不得换挡，下坡不得空挡滑行。当需要在陡坡上推土时，应先进行填挖，使机身保持平衡。

在上坡途中，当内燃机突然熄灭，应立即放下铲刀，并锁住制动踏板。在推土机停稳后，将主离合器脱开，把变速杆放到空挡位置，并应用木块将履带或轮胎楔死后，重新启动内燃机。

下坡时，当推土机下行速度大于内燃机传动速度时，转向操纵的方向应与平地行走时操纵的方向相反，并不得使用制动器。

两台以上推土机在同一地区作业时，前后距离应大于8.0 m；左右距离应大于1.5 m。在狭窄道路上行驶时，未得前机同意，后机不得超越。

(五)铲运机的使用要求

1. 拖式铲运机

铲运机作业时，应先采用松土器翻松。铲运作业区内不得有树根、大石块和大量杂草等。

铲运机行驶道路应平整坚实，路面宽度应比铲运机宽度大2 m。

启动前，应检查钢丝绳、轮胎气压、铲土斗及卸土板回缩弹簧、拖把万向接头、撑架以及各部滑轮等，并确认处于正常工作状态；液压式铲运机铲斗和拖拉机连接叉座与牵引连接块应锁定，各液压管路应连接可靠。

开动前，应使铲斗离开地面，机械周围不得有障碍物。

作业中，严禁人员上下机械，传递物件，以及在铲斗内、拖把或机架上坐立。

多台铲运机联合作业时，各机之间前后距离应大于10 m(铲土时应大于5 m)，左右距离应大于2 m，并应遵守下坡让上坡、空载让重载、支线让干线的原则。

在狭窄地段运行时，未经前机同意，后机不得超越。两机交会或超车时应减速，两机左右间距应大于0.5 m。

铲运机上、下坡道时，应低速行驶，不得中途换挡，下坡时不得空挡滑行，行驶的横向坡度不得超过6°，坡宽应大于铲运机宽度2 m。

在新填筑的土堤上作业时，离堤坡边缘应大于1 m。当需在斜坡横向作业时，应先将斜坡挖填平整，使机身保持平衡。

在坡道上不得进行检修作业。在陡坡上不得转弯、倒车或停车。在坡上熄火时，应将铲斗落地、制动牢靠后再启动。下陡坡时，应将铲斗触地行驶，辅助制动。

铲土时，铲土与机身应保持直线行驶。助铲时应有助铲装置，并应正确开启斗门，不得切土过深。两机动作应协调配合，平稳接触，等速助铲。

在下陡坡铲土时，铲斗装满后，在铲斗后轮未达到缓坡地段前，不得将铲斗提离地面，应防铲斗快速下滑冲击主机。

在不平地段行驶时，应放低铲斗，不得将铲斗提升到高位。

拖拉陷车时，应有专人指挥，前后操作人员应配合协调，确认安全后起步。

作业后，应将铲运机停放在平坦地面，并应将铲斗落在地面上。液压操纵的铲运机应将液压缸缩回，将操纵杆放在中间位置，进行清洁、润滑后，锁好门窗。

非作业行驶时，铲斗应用锁紧链条挂牢在运输行驶位置上；拖式铲运机不得载人或装载易燃、易爆物品。

修理斗门或在铲斗下检修作业时，应将铲斗提起后用销子或锁紧链条固定，再采用垫木将斗身顶住，并应采用木楔揳住轮胎。

2. 自行式铲运机

自行式铲运机的行驶道路应平整坚实，单行道宽度不宜小于5.5 m。

多台铲运机联合作业时，前后距离不得小于20 m，左右距离不得小于2 m。

作业前，应检查铲运机的转向和制动系统，并确认灵敏可靠。

铲土或在利用推土机助铲时，应随时微调转向盘，铲运机应始终保持直线前进。不得在转弯情况下铲土。

下坡时，不得空挡滑行，应踩下制动踏板辅助以内燃机制动，必要时可放下铲斗，以降低下滑速度。

转弯时，应采用较大回转半径低速转向，操纵转向盘不得过猛；当重载行驶或在弯道上、下坡时，应缓慢转向。

不得在大于15°的横坡上行驶，也不得在横坡上铲土。

穿越泥泞或松软地面时，铲运机应直线行驶，当一侧轮胎打滑时，可踏下差速器锁止踏板。当离开不良地面时，应停止使用差速器锁止踏板。不得在差速器锁止时转弯。

(六)压路机的使用要求

1. 静作用压路机

压路机碾压的工作面，应经过适当平整，对新填的松软土，应先用羊足碾或打夯机逐层碾压或夯实后，再用压路机碾压。

工作地段的纵坡不应超过压路机最大爬坡能力，横坡不应大于20°。

不得用压路机拖拉任何机械或物件。

在新建场地上进行碾压时,应从中间向两侧碾压。碾压时,距场地边缘不应少于0.5 m。

在坑边碾压施工时,应由里侧向外侧碾压,距坑边不应少于1 m。

上下坡时,应事先选好挡位,不得在坡上换挡,下坡时不得空挡滑行。

作业后,应将压路机停放在平坦坚实的场地,不得停放在软土路边缘及斜坡上,并不得妨碍交通,并应锁定制动。

2. 振动压路机

作业时,压路机应先起步后起振,内燃机应先置于中速,然后再调至高速。

压路机换向时应先停机;压路机变速时应降低内燃机转速。

压路机不得在坚实的地面上进行振动。

压路机碾压松软路基时,应先碾压1~2遍后再振动碾压。

压路机碾压时,压路机振动频率应保持一致。

换向离合器、起振离合器和制动器的调整,应在主离合器脱开后进行。

(七)平地机的使用要求

起伏较大的地面宜先用推土机推平,再用平地机平整。

开动平地机时,应鸣笛示意,并确认机械周围不得有障碍物及行人,用低速挡起步后,应测试并确认制动器灵敏有效。

刮刀的回转、铲土角的调整及向机外侧斜,应在停机时进行;刮刀左右端的升降动作,可在机械行驶中调整。

平地机在转弯或调头时,应使用低速挡;在正常行驶时,应使用前轮转向;当场地特别狭小时,可使用前后轮同时转向。

平地机行驶时,应将刮刀和齿耙升到最高位置,并将刮刀斜放,刮刀两端不得超出后轮外侧。行驶速度不得超过使用说明书规定。下坡时,不得空挡滑行。

(八)夯实机械的使用要求

1. 蛙式夯实机

蛙式夯实机宜适用于夯实灰土和素土。蛙式夯实机不得冒雨作业。

夯实机启动后,应检查电动机旋转方向,错误时应倒换相线。

作业时,夯实机扶手上的按钮开关和电动机的接线应绝缘良好。当发现有漏电现象时,应立即切断电源,进行检修。

夯实机作业时,应一人扶夯,一人传递电缆线,并应戴绝缘手套和穿绝缘鞋。递线人员应跟随夯机后或两侧调顺电缆线。电缆线不得扭结或缠绕,并应保持3~4 m的余量。

作业时,不得夯击电缆线。

作业时,应保持夯实机平衡,不得用力压扶手。转弯时应用力平稳,不得急转弯。

夯实填高松软土方时,应先在边缘以内100~150 mm夯实2~3遍后,再夯实边缘。

多机作业时,其平行间距不得小于5 m,前后间距不得小于10 m。

夯实机作业时,夯实机四周2 m范围内,不得有非夯实机操作人员。

夯实机电动机温升超过规定时,应停机降温。

作业时,当夯实机有异常响声时,应立即停机检查。

作业后,应切断电源,卷好电缆线,清理夯实机。夯实机保管应防水防潮。

2. 振动冲击夯

振动冲击夯适用于压实黏性土、砂及砾石等散状物料，不得在水泥路面和其他坚硬地面作业。

内燃机冲击夯作业前，应检查并确认有足够的润滑油，油门控制器应转动灵活。

内燃机冲击夯启动后，应逐渐加大油门，夯机跳动稳定后开始作业。

振动冲击夯作业时，应正确掌握夯机，不得倾斜，手把不宜握得过紧，能控制夯机前进速度即可。

正常作业时，不得使劲往下压手把，以免影响夯机跳起高度。在夯实松软土或上坡时，可将手把稍向下压，并应能增加夯机前进速度。

根据作业要求，内燃冲击夯应通过调整油门的大小，在一定范围内改变夯机振动频率。

内燃冲击夯不宜在高速下连续作业。在内燃机高速运转时不得突然停车。

当短距离转移时，应先将冲击夯手把稍向上抬起，将运转轮装入冲击夯的挂钩内，再压下手把，使重心后倾，再推动手把转移冲击夯。

3. 强夯机械

强夯机械的门架、横梁、脱钩器等主要结构和部件的材料及制作质量，应经过严格检查，对不符合设计要求的，不得使用。

夯锤下落后，在吊钩尚未降至夯锤吊环附近前，操作人员严禁提前下坑挂钩。从坑中提锤时，严禁挂钩人员站在锤上随锤提升。

考点三　运输机械

(一) 一般规定

运输机械不得人货混装，运输过程中，料斗内不得载人。

运输机械水温未达到 70 ℃时，不得高速行驶。行驶中变速应逐级增减挡位，不得强推硬拉。前进和后退交替时，应在运输机械停稳后换挡。

车辆上、下坡应提前换入低速挡，不得中途换挡。下坡时，应以内燃机变速箱阻力控制车速，必要时，可间歇轻踏制动器。严禁空挡滑行。

(二) 自卸汽车

非顶升作业时，应将顶升操纵杆放在空挡位置。顶升前，应拔出车厢固定锁。作业后，应及时插入车厢固定锁。固定锁应无裂纹，插入或拔出应灵活、可靠。在行驶过程中车厢挡板不得自行打开。

向坑洼地区卸料时，应和坑边保持安全距离。在斜坡上不得侧向倾卸。

(三) 机动翻斗车

机动翻斗车驾驶员应经考试合格，持有机动翻斗车专用驾驶证上岗。

机动翻斗车行驶前，应检查锁紧装置，并应将料斗锁牢。

机动翻斗车行驶时，不得用离合器处于半结合状态来控制车速。

在路面不良状况下行驶时，应低速缓行。机动翻斗车不得靠近路边或沟旁行驶，并应防侧滑。

在坑沟边缘卸料时，应设置安全挡块。车辆接近坑边时，应减速行驶，不得冲撞挡块。

上坡时，应提前换入低挡行驶；下坡时，不得空挡滑行；转弯时，应先减速，急转弯时，应先换入低挡。机动翻斗车不宜紧急刹车，应防止向前倾覆。严禁下25°以上陡坡。

机动翻斗车不得在卸料工况下行驶。

内燃机运转或料斗内有载荷时，不得在车底下进行作业。

多台机动翻斗车纵队行驶时，前后车之间应保持安全距离。

提示

运输机械还包括平板拖车、散装水泥车、皮带运输机等，具体内容参考《建筑机械使用安全技术规程》学习。

考点四　混凝土机械

(一)一般规定

混凝土机械的工作机构、制动器、离合器、各种仪表及安全装置应齐全完好。

冬期施工，机械设备的管道、水泵及水冷却装置应采取防冻保温措施。

(二)混凝土搅拌机

作业区应排水通畅，并应设置沉淀池及防尘设施。

作业前应进行空载运转，确认搅拌筒或叶片运转方向正确。反转出料的搅拌机应进行正、反转运转。空载运转时，不得有冲击现象和异常声响。

供水系统的仪表计量应准确，水泵、管道等部件应连接可靠，不得有泄漏。

搅拌机不宜带载启动，在达到正常转速后上料，上料量及上料程序应符合使用说明书的规定。

搅拌机运转时，不得进行维修、清理工作。当作业人员需进入搅拌筒内作业时，应先切断电源，锁好开关箱，悬挂“禁止合闸”的警示牌，并应派专人监护。

作业完毕，宜将料斗降到最低位置，并应切断电源。

(三)混凝土泵车

混凝土泵车应停放在平整坚实的地方，与沟槽和基坑的安全距离应符合使用说明书的要求。臂架回转范围内不得有障碍物，与输电线路的安全距离应符合现行行业标准《施工现场临时用电安全技术规范》的有关规定。

混凝土泵车作业前，应将支腿打开，并应采用垫木垫平，车身的倾斜度不应大于3°。

当布料杆处于全伸状态时，不得移动车身。当需要移动车身时，应将上段布料杆折叠固定，移动速度不得超过10 km/h。

不得接长布料配管和布料软管。

(四)混凝土振捣器

1. 插入式振捣器

作业前应检查电动机、软管、电缆线、控制开关等，并应确认处于完好状态。电缆线连接应正确。

操作人员作业时应穿戴符合要求的绝缘鞋和绝缘手套。

电缆线应采用耐气候型橡皮护套铜芯软电缆，并不得有接头。

电缆线长度不应大于 30 m。不得缠绕、扭结和挤压，并不得承受任何外力。

振捣器软管的弯曲半径不得小于 500 mm，操作时应将振捣器垂直插入混凝土，深度不宜超过 600 mm。

振捣器不得在初凝的混凝土、脚手板和干硬的地面上进行试振。在检修或作业间断时，应切断电源。

作业完毕，应切断电源，并应将电动机、软管及振动棒清理干净。

2. 附着式、平板式振捣器

作业前应检查电动机、电源线、控制开关等，并确认完好无破损。附着式振捣器的安装位置应正确，连接应牢固，并应安装减振装置。

平板式振捣器作业时应使用牵引绳控制移动速度，不得牵拉电缆。

在同一块混凝土模板上同时使用多台附着式振捣器时，各振动器的振频应一致，安装位置宜交错设置。

安装在混凝土模板上的附着式振捣器，每次作业时间应根据施工方案确定。

作业完毕，应切断电源，并应将振捣器清理干净。

提示

混凝土机械还包括混凝土搅拌运输车、混凝土输送泵、混凝土振动台、混凝土喷射机、混凝土布料机等，具体内容参考《建筑机械使用安全技术规程》学习。

考点五　建筑起重机械安全管理

本考点所称的建筑起重机械，是指纳入特种设备目录，在房屋建筑工地和市政工程工地安装、拆卸、使用的起重机械。该部分内容主要依据《建筑起重机械安全监督管理规定》对建筑起重机械的租赁、安装、拆卸、使用及其监督管理进行讲解。

（一）对出租单位的要求

出租单位在建筑起重机械首次出租前，自购建筑起重机械的使用单位在建筑起重机械首次安装前，应当持建筑起重机械特种设备制造许可证、产品合格证和制造监督检验证明到本单位工商注册所在地县级以上地方人民政府建设主管部门办理备案。

出租单位应当在签订的建筑起重机械租赁合同中，明确租赁双方的安全责任，并出具建筑起重机械特种设备制造许可证、产品合格证、制造监督检验证明、备案证明和自检合格证明，提交安装使用说明书。

有下列情形之一的建筑起重机械，不得出租、使用：

（1）属国家明令淘汰或者禁止使用的。

（2）超过安全技术标准或者制造厂家规定的使用年限的。

（3）经检验达不到安全技术标准规定的。

（4）没有完整安全技术档案的。

（5）没有齐全有效的安全保护装置的。

建筑起重机械若有属国家明令淘汰或者禁止使用的，或超过安全技术标准或者制造厂家规定的使用年限的，或经检验达不到安全技术标准规定的情形之一的，出租单位或者自购建筑起重机械的使用单位应当予以报废，并向原备案机关办理注销手续。

出租单位、自购建筑起重机械的使用单位，应当建立建筑起重机械安全技术档案。建筑起重机械安全技术档案应当包括以下资料：

(1)购销合同、制造许可证、产品合格证、制造监督检验证明、安装使用说明书、备案证明等原始资料。

(2)定期检验报告、定期自行检查记录、定期维护保养记录、维修和技术改造记录、运行故障和生产安全事故记录、累计运转记录等运行资料。

(3)历次安装验收资料。

(二)对安装单位的要求

安装单位应当依法取得建设主管部门颁发的相应资质和建筑施工企业安全生产许可证，并在其资质许可范围内承揽建筑起重机械安装、拆卸工程。

建筑起重机械使用单位和安装单位应当在签订的建筑起重机械安装、拆卸合同中明确双方的安全生产责任。实行施工总承包的，施工总承包单位应当与安装单位签订建筑起重机械安装、拆卸工程安全协议书。

安装单位应当履行下列安全职责：

(1)按照安全技术标准及建筑起重机械性能要求，编制建筑起重机械安装、拆卸工程专项施工方案，并由本单位技术负责人签字。

(2)按照安全技术标准及安装使用说明书等检查建筑起重机械及现场施工条件。

(3)组织安全施工技术交底并签字确认。

(4)制定建筑起重机械安装、拆卸工程生产安全事故应急救援预案。

(5)将建筑起重机械安装、拆卸工程专项施工方案，安装、拆卸人员名单，安装、拆卸时间等材料报施工总承包单位和监理单位审核后，告知工程所在地县级以上地方人民政府建设主管部门。

安装单位应当按照建筑起重机械安装、拆卸工程专项施工方案及安全操作规程组织安装、拆卸作业。**安装单位的专业技术人员、专职安全生产管理人员应当进行现场监督，技术负责人应当定期巡查。**

建筑起重机械安装完毕后，安装单位应当按照安全技术标准及安装使用说明书的有关要求对建筑起重机械进行自检、调试和试运转。自检合格的，应当出具自检合格证明，并向使用单位进行安全使用说明。

安装单位应当建立建筑起重机械安装、拆卸工程档案。建筑起重机械安装、拆卸工程档案应当包括以下资料：安装、拆卸合同及安全协议书；安装、拆卸工程专项施工方案；安全施工技术交底的有关资料；安装工程验收资料；安装、拆卸工程生产安全事故应急救援预案。

(三)对使用单位的要求

建筑起重机械安装完毕后，使用单位应当组织出租、安装、监理等有关单位进行验收，或者委托具有相应资质的检验检测机构进行验收。建筑起重机械经验收合格后方可投入使用，未经验收或者验收不合格的不得使用。实行施工总承包的，由施工总承包单位组织验收。建筑起重机械在验收前应当经有相应资质的检验检测机构监督检验合格。检验检测机构和检验检测人员对检验检测结果、鉴定结论依法承担法律责任。

使用单位应当自建筑起重机械安装验收合格之日起30日内，将建筑起重机械安装验收资料、建筑起重机械安全管理制度、特种作业人员名单等，向工程所在地县级以上地方人民政府建设主管部门办理建筑起重机械使用登记。登记标志置于或者附着于该设备的显著位置。

使用单位应当履行下列安全职责：

(1)根据不同施工阶段、周围环境以及季节、气候的变化，对建筑起重机械采取相应的安全防护措施。

(2)制定建筑起重机械生产安全事故应急救援预案。

(3)在建筑起重机械活动范围内设置明显的安全警示标志，对集中作业区做好安全防护。

(4)设置相应的设备管理机构或者配备专职的设备管理人员。

(5)指定专职设备管理人员、专职安全生产管理人员进行现场监督检查。

(6)建筑起重机械出现故障或者发生异常情况的，立即停止使用，消除故障和事故隐患后，方可重新投入使用。

使用单位应当对在用的建筑起重机械及其安全保护装置、吊具、索具等进行经常性和定期的检查、维护和保养，并做好记录。使用单位在建筑起重机械租期结束后，应当将定期检查、维护和保养记录移交出租单位。建筑起重机械租赁合同对建筑起重机械的检查、维护、保养另有约定的，从其约定。

建筑起重机械在使用过程中需要附着的，使用单位应当委托原安装单位或者具有相应资质的安装单位按照专项施工方案实施，并按照规定组织验收。验收合格后方可投入使用。建筑起重机械在使用过程中需要顶升的，使用单位委托原安装单位或者具有相应资质的安装单位按照专项施工方案实施后，即可投入使用。禁止擅自在建筑起重机械上安装非原制造厂制造的标准节和附着装置。

(四)对施工总承包单位的要求

施工总承包单位应当履行下列安全职责：

(1)向安装单位提供拟安装设备位置的基础施工资料，确保建筑起重机械进场安装、拆卸所需的施工条件。

(2)审核建筑起重机械的特种设备制造许可证、产品合格证、制造监督检验证明、备案证明等文件。

(3)审核安装单位、使用单位的资质证书、安全生产许可证和特种作业人员的特种作业操作资格证书。

(4)审核安装单位制定的建筑起重机械安装、拆卸工程专项施工方案和生产安全事故应急救援预案。

(5)审核使用单位制定的建筑起重机械生产安全事故应急救援预案。

(6)指定专职安全生产管理人员监督检查建筑起重机械安装、拆卸、使用情况。

(7)施工现场有多台塔式起重机作业时，应当组织制定并实施防止塔式起重机相互碰撞的安全措施。

(五)对监理单位的要求

监理单位应当履行下列安全职责：

(1)审核建筑起重机械特种设备制造许可证、产品合格证、制造监督检验证明、备案证明等文件。

(2)审核建筑起重机械安装单位、使用单位的资质证书、安全生产许可证和特种作业人员的特种作业操作资格证书。

(3)审核建筑起重机械安装、拆卸工程专项施工方案。

(4)监督安装单位执行建筑起重机械安装、拆卸工程专项施工方案情况。

(5)监督检查建筑起重机械的使用情况。

(6)发现存在生产安全事故隐患的,应当要求安装单位、使用单位限期整改,对安装单位、使用单位拒不整改的,及时向建设单位报告。

(六)其他方面相关要求

依法发包给两个及两个以上施工单位的工程,不同施工单位在同一施工现场使用多台塔式起重机作业时,建设单位应当协调组织制定防止塔式起重机相互碰撞的安全措施。安装单位、使用单位拒不整改生产安全事故隐患的,建设单位接到监理单位报告后,应当责令安装单位、使用单位立即停工整改。

建筑起重机械特种作业人员应当遵守建筑起重机械安全操作规程和安全管理制度,在作业中有权拒绝违章指挥和强令冒险作业,有权在发生危及人身安全的紧急情况时立即停止作业或者采取必要的应急措施后撤离危险区域。

建筑起重机械安装拆卸工、起重信号工、起重司机、司索工等特种作业人员应当经建设主管部门考核合格,并取得特种作业操作资格证书后,方可上岗作业。省、自治区、直辖市人民政府建设主管部门负责组织实施建筑施工企业特种作业人员的考核。特种作业人员的特种作业操作资格证书由国务院建设主管部门规定统一的样式。

建设主管部门履行安全监督检查职责时,有权采取下列措施:

(1)要求被检查的单位提供有关建筑起重机械的文件和资料。

(2)进入被检查单位和被检查单位的施工现场进行检查。

(3)对检查中发现的建筑起重机械生产安全事故隐患,责令立即排除;重大生产安全事故隐患排除前或者排除过程中无法保证安全的,责令从危险区域撤出作业人员或者暂时停止施工。

负责办理备案或者登记的建设主管部门应当建立本行政区域内的建筑起重机械档案,按照有关规定对建筑起重机械进行统一编号,并定期向社会公布建筑起重机械的安全状况。

考点六　特种设备及作业人员

该部分内容主要依据规范对特种设备及作业人员常考考点进行讲解。

(一)特种设备目录

《特种设备目录》规定,特种设备的种类和类别如表 2-10 所示。

表 2-10　特种设备的种类和类别

种类	类别
锅炉	承压蒸汽锅炉、承压热水锅炉、有机热载体锅炉
压力容器	固定式压力容器、移动式压力容器、气瓶、氧舱
压力管道	长输管道、公用管道、工业管道

（续表）

种类	类别
压力管道元件	压力管道管子、压力管道管件、压力管道阀门、压力管道法兰、补偿器、压力管道密封元件、压力管道特种元件
电梯	曳引与强制驱动电梯、液压驱动电梯、自动扶梯与自动人行道、其他类型电梯
起重机械	桥式起重机、门式起重机、塔式起重机、流动式起重机（包括轮胎起重机、履带起重机、集装箱正面吊运起重机、铁路起重机）、门座式起重机、升降机（包括施工升降机、简易升降机）、缆索式起重机、桅杆式起重机、机械式停车设备
客运索道	客运架空索道、客运缆车、客运拖牵索道
大型游乐设施	观览车类、滑行车类、架空游览车类、陀螺类、飞行塔类、转马类、自控飞机类、赛车类、小火车类、碰碰车类、滑道类、水上游乐设施、无动力游乐设施
场（厂）内专用机动车辆	机动工业车辆（叉车）、非公路用旅游观光车辆
安全附件	安全阀、爆破片装置、紧急切断阀、气瓶阀门

提示

特种设备的种类和类别几乎每年都会在案例题中考查，需要重点掌握并学会区分。

（二）特种设备安全法

《特种设备安全法》规定，**特种设备是指对人身和财产安全有较大危险性的锅炉、压力容器（含气瓶）、压力管道、电梯、起重机械、客运索道、大型游乐设施、场（厂）内专用机动车辆，以及法律、行政法规规定适用本法的其他特种设备。**

特种设备安全工作应当坚持安全第一、预防为主、节能环保、综合治理的原则。

特种设备检验、检测机构的检验、检测人员应当经考核，取得检验、检测人员资格，方可从事检验、检测工作。特种设备检验、检测机构的检验、检测人员不得同时在两个以上检验、检测机构中执业；变更执业机构的，应当依法办理变更手续。

特种设备检验、检测机构及其检验、检测人员对检验、检测过程中知悉的商业秘密，负有保密义务。特种设备检验、检测机构及其检验、检测人员不得从事有关特种设备的生产、经营活动，不得推荐或者监制、监销特种设备。

提示

《特种设备安全法》在“安全生产法律法规”中有详细讲解，具体内容可参考学习。

（三）建筑施工特种作业人员管理规定

《建筑施工特种作业人员管理规定》规定，建筑施工特种作业人员是指在房屋建筑和市政工程施工活动中，从事可能对本人、他人及周围设备设施的安全造成重大危害作业的人员。

建筑施工特种作业包括：建筑电工；建筑架子工；建筑起重信号司索工；建筑起重机械司机；建筑起重机械安装拆卸工；高处作业吊篮安装拆卸工；经省级以上人民政府建设主管部门认定的其他特种作业。

建筑施工特种作业人员必须经建设主管部门考核合格，取得建筑施工特种作业人员操作资格证书(以下简称“资格证书”),方可上岗从事相应作业。

国务院建设主管部门负责全国建筑施工特种作业人员的监督管理工作。省、自治区、直辖市人民政府建设主管部门负责本行政区域内建筑施工特种作业人员的监督管理工作。

资格证书有效期为两年。有效期满需要延期的,建筑施工特种作业人员应当于期满前3个月内向原考核发证机关申请办理延期复核手续。延期复核合格的,资格证书有效期延期2年。

建筑施工特种作业人员在资格证书有效期内,有下列情形之一的,延期复核结果为不合格:超过相关工种规定年龄要求的;身体健康状况不再适应相应特种作业岗位的;对生产安全事故负有责任的;2年内违章操作记录达3次(含3次)以上的;未按规定参加年度安全教育培训或者继续教育的;考核发证机关规定的其他情形。

提示

建筑施工特种作业包括的类别在往年考试真题中考查频率较高,需要重点掌握并学会区分。

(四)建筑施工特种作业人员管理规定

《特种作业人员安全技术培训考核管理规定》中的附件“特种作业目录”规定,特种作业的种类和类别如表2-11所示。

表2-11 特种作业的种类和类别

种类	类别
电工作业	高压电工作业、低压电工作业、防爆电气作业
焊接与热切割作业	熔化焊接与热切割作业、压力焊作业、钎焊作业
高处作业	登高架设作业,高处安装、维护、拆除作业
制冷与空调作业	制冷与空调设备运行操作作业、制冷与空调设备安装修理作业
煤矿安全作业	煤矿井下电气作业、煤矿井下爆破作业、煤矿安全监测监控作业、煤矿瓦斯检查作业、煤矿安全检查作业、煤矿提升机操作作业、煤矿采煤机(掘进机)操作作业、煤矿瓦斯抽采作业、煤矿防突作业、煤矿探放水作业
金属非金属矿山安全作业	金属非金属矿井通风作业、尾矿作业、金属非金属矿山安全检查作业、金属非金属矿山提升机操作作业、金属非金属矿山支柱作业、金属非金属矿山井下电气作业、金属非金属矿山排水作业、金属非金属矿山爆破作业
石油天然气安全作业	司钻作业
冶金(有色)生产安全作业	煤气作业
危险化学品安全作业	光气及光气化工艺作业、氯碱电解工艺作业、氯化工艺作业、硝化工艺作业、合成氨工艺作业、裂解(裂化)工艺作业、氟化工艺作业、加氢工艺作业、重氮化工艺作业、氧化工艺作业、过氧化工艺作业、胺基化工艺作业、磺化工艺作业、聚合工艺作业、烷基化工艺作业、化工自动化控制仪表作业
烟花爆竹安全作业	烟火药制造作业、黑火药制造作业、引火线制造作业、烟花爆竹产品涉药作业、烟花爆竹储存作业

提示

不同法律规范对特种作业人员又不同的规定，在案例作答时需结合背景，全面的分析施工现场的特种作业人员。

案例分析

经典案例

某城市少年儿童活动中心工程，建筑面积 80 800 m²，主要包括青少年交流中心、体验中心、学前教育中心及相关配套设施。

1. 工程概况

建筑高度：主楼高度 46.90 m，最大基坑深度 17.40 m。

建筑层高：地下室最大层高 6.50 m，地上 1～9 层层高在 4～6 m 之间。

建筑平面：主楼横轴距离 9 000 mm，纵轴距离 7 100～10 500 mm。

结构形式：钢筋混凝土框架剪力墙结构。

外墙装修：玻璃幕墙。

2. 主要机械设备

塔式起重机 3 台、施工升降机 2 台、高处作业吊篮 60 台，混凝土输送泵、布料机、平板振动器、振捣棒、圆盘锯、木工平刨、木工压刨、钢筋直螺纹机、钢筋弯曲机、钢筋切断机、钢筋调直机、电焊机、砂轮切割机等若干台。

3. 主要周转材料

模板面板：铝合金模板。

模板支架：碗扣式钢管脚手架。

外脚手架：地下为落地式双排扣件钢管脚手架，地上为悬挑式脚手架。

操作平台：成品钢制操作平台。

常见考点

1. 群塔作业时任意两台塔式起重机之间的最小架设距离要求：

（1）低位塔式起重机的起重臂端部与另一台塔式起重机的塔身之间的距离不得小于 2 m。

（2）高位塔式起重机的最低位置的部件（吊钩升至最高点或平衡重的最低部位）与低位塔式起重机中处于最高位置部件之间的垂直距离不得小于 2 m。

2. 该工程施工现场的特种作业人员：施工升降机司机、塔式起重机司机、电工、焊接与切割作业工、起重信号司索工、架子工、吊篮安装拆卸工。

3. 该工程施工现场存在的危险有害因素：火灾、起重伤害、中毒窒息、物体打击、机械伤害、触电、坍塌、高处坠落、其他伤害。

4. 施工现场的特种设备：塔式起重机、施工升降机。

5. 安装单位应当履行的安全职责如下：

(1)按照安全技术标准及建筑起重机械性能要求，编制建筑起重机械安装、拆卸工程专项施工方案,并由本单位技术负责人签字。

(2)按照安全技术标准及安装使用说明书等检查建筑起重机械及现场施工条件。

(3)组织安全施工技术交底并签字确认。

(4)制定建筑起重机械安装、拆卸工程生产安全事故应急救援预案。

(5)将建筑起重机械安装、拆卸工程专项施工方案,安装、拆卸人员名单,安装、拆卸时间等材料报施工总承包单位和监理单位审核后,告知工程所在地县级以上地方人民政府建设主管部门。

同步自测

一、单项选择题(每题的备选项中,只有1个最符合题意)

1. 使用单位应当自塔式起重机安装验收合格之日起(　　)内,向工程所在地县级以上地方人民政府建设主管部门办理塔式起重机使用登记。

A. 3日　　B. 10日

C. 30日　　D. 60日

2. 施工升降机按其使用功能分为(　　)。

A. 齿轮齿条式、钢丝绳式、混合式

B. 人货两用式、货用式

C. 垂直式、倾斜式、曲线式

D. 普通式、变频式

3. 关于物料提升机构造的说法,正确的是(　　)。

A. 缆风绳与水平面夹角宜在45°~60°之间

B. 附墙架与导轨架及建筑结构采用弹性连接

C. 缆风绳直径不得小于9 mm,安全系数不得小于3

D. 物料提升机宜选用摩擦式卷扬机

4. 塔式起重机的安全保护装置,必须齐全有效,严禁随意调整或拆除。严禁利用(　　)代替操纵机构。

A. 行走机构　　B. 驱动控制系统

C. 限位装置　　D. 工作机构

5. 关于土石方机械安全技术的说法,错误的是(　　)。

A. 机械操作人员必须经过专业安全技术培训,考核合格后,持证上岗

B. 机械运行时,严禁接触转动部位和进行检修

C. 作业前,必须查明施工场地内明、暗铺设的各类管线等设施

D. 机械进入现场前,必须查明行驶路线上的桥梁、涵洞的通行高度和宽度

6. 关于夯土机械的说法,正确的是(　　)。

A. 蛙式夯实机宜适用于夯实砂及砾石等散状物料

B. 振动冲击夯实松软土或上坡时,可将手把稍向上压,并应能增加夯机前进速度

C. 蛙式夯实机多机作业时,其平行间距不得小于5 m,前后间距不得小于10 m

D. 内燃冲击夯不宜在低速下连续作业

二、案例分析题

第一题

某投资公司拟建设一幢办公楼，该办公楼为框架剪力墙结构，主楼高66.8 m，共27层，其中裙房3层，地下2层为车库，总建筑面积为110 000 m^2。该办公楼采用公开招标方式选择施工总承包单位。招标文件中规定，需要编制施工组织设计。

A施工总承包单位根据招标文件要求，结合自身设计情况，进行了投标，并编制了施工组织设计。其中施工组织设计中的施工准备与资源配置计划一节中，拟投入的起重机械包括塔式起重机2台、物料提升机2台、汽车起重机3台。为了提高中标概率，投标文件中分别对塔式起重机、物料提升机、汽车起重机的安全使用、安全措施等方面进行描述。

经过综合评选，最终确定A单位中标。双方按规定签订了施工承包合同。

根据以上场景，回答下列问题：

1. A施工总承包单位在编制施工组织设计时，应包含的具体内容。
2. 简述塔式起重机的安全使用条件。
3. 简述汽车式起重机械启动前应检查的项目和相应要求。
4. 简述物料提升机的载重量限制装置的作用。

第二题

A施工总承包单位承揽了该市的某图书馆工程。该图书馆工程地下1层、地上11层，为现浇框剪结构，建筑面积2.8×10^4 m^2。

施工过程中，A施工总承包单位向B建筑机械租赁公司租赁了1台单笼施工升降机，由具有安装资质的C单位进行安装。

2019年10月3日，B租赁公司、C安装单位分别派技术人员和安装工人到场对施工升降机进行安装。至10月15日，该施工升降机导轨架安装到22.9 m高度。

由于安装工人的疏忽，上极限限位撞块、天轮架、天轮、对重均未安装，安装单位未对施工升降机进行全面检查，亦未办理验收手续，即于11月16日向A施工单位进行交付。

11月20日下午3时，由无证上岗操作的女司机开动该施工升降机的一个吊笼载1名工人驶向11楼，吊笼运行超出导轨架顶后从高空倾翻坠落，吊笼内2人当场死亡。

根据以上场景，回答下列问题：

1. 分析该事故的直接原因。
2. 根据《建筑起重机械安全监督管理规定》的规定，简述A单位的安全职责。
3. 简述施工升降机的验收程序。
4. 简述施工升降机安装、拆卸工程专项施工方案的审批程序。

答案详解

一、单项选择题

1. C。**【解析】**《建筑起重机械安全监督管理规定》第十七条规定，使用单位应当自建筑起重机械安装验收合格之日起30日内，将建筑起重机械安装验收资料、建筑起重机械安全管理制度、特种作业人员名单等，向工程所在地县级以上地方人民政府建设主管部门办理建筑起重机械使用登记。登记标志置于或者附着于该设备的显著位置。

2. B。【解析】施工升降机按其使用功能分为人货两用升降机、货用升降机。常用的人货两用升降机按其吊笼的驱动形式分为齿轮齿条式人货两用升降机、卷筒(卷扬机)驱动的钢丝绳式人货两用升降机、曳引轮(曳引机)驱动的钢丝绳式人货两用升降机(即曳引式人货两用升降机)。货用升降机按其装载或卸载时人可否进入运载装置分为运载装置可进入的货用升降机和不可进入的倾斜式货用升降机。

3. A。【解析】物料提升机的构造装置中,附墙架与导轨架及建筑结构采用刚性连接,不得与脚手架连接。故选项 B 错误。缆风绳直径不应小于 8 mm,安全系数不应小于 3.5。故选项 C 错误。物料提升机严禁使用摩擦式卷扬机。故选项 D 错误。

4. C。【解析】塔式起重机的变幅限位器、力矩限制器、起重量限制器、行走限位器、高度限位器等安全保护装置不得随意调整或拆除,严禁利用限位装置代替操纵机构。

5. D。【解析】土石方机械进入现场前,必须查明行驶路线上空有无障碍及其高度;查明行驶路线上的桥梁、涵洞的上部净空和下部承载能力,确认安全后低速通过。严禁在桥面上急转向和紧急刹车。故选项 D 错误。

6. C。【解析】蛙式夯实机宜适用于夯实灰土和素土。蛙式夯实机不得冒雨作业。故选项 A 错误。振动冲击夯正常作业时,不得使劲往下压手把,以免影响夯机跳起高度。夯实松软土或上坡时,可将手把稍向下压,并应能增加夯机前进速度。故选项 B 错误。内燃冲击夯不宜在高速下连续作业。故选项 D 错误。

二、案例分析题

第一题

【答案】

1. A 施工总承包单位施工组织设计包含的内容:编制依据、工程概况、施工部署、施工进度计划、施工准备与资源配置计划、主要施工方法、施工现场平面布置及主要管理计划等。

2. 未做特殊申明时,塔式起重机应能在以下条件下正常使用:

(1)工作环境温度 -20 ~ +40 ℃,相对湿度不大于 90%(不凝露)。

(2)安装架设时塔机顶部 3 s 时距平均瞬时风速不大于12 m/s,工作状态时不大于 20 m/s,非工作状态时风压按相关规定。

(3)无易燃和/或易爆气体、粉尘等非危险场所。

(4)海拔高度 1 000 m 以下。

(5)工作电源符合相关规定。

(6)塔机基础符合产品使用说明书的规定。

(7)使用工作级别不高于产品使用说明书的规定。

3. 汽车式起重机械启动前应重点检查下列项目,并应符合相应要求:

(1)各安全保护装置和指示仪表应齐全完好。

(2)钢丝绳及连接部位应符合规定。

(3)燃油、润滑油、液压油及冷却水应添加充足。

(4)各连接件不得松动。

(5)轮胎气压应符合规定。

(6)起重臂应可靠搁置在支架上。

4. 物料提升机的载重量限制装置的作用是当物料提升机吊笼内载荷达到额定载重量的90%时，应发出报警信号；当吊笼内载荷达到额定载重量的100%～110%时，应切断物料提升机工作电源。

第二题

【答案】

1. 该事故直接原因：使用施工升降机时，上极限限位撞块、天轮架、天轮、对重均未安装，使高度机械限位功能失效；无证上岗司机违章操作，将吊笼开出导轨架，此时无任何安全保护装置对吊笼起限位保护作用，导致吊笼冒顶倾翻坠落，笼内人员当场死亡。
2. A单位应当履行下列安全职责：

   (1)向安装单位提供拟安装设备位置的基础施工资料，确保建筑起重机械进场安装、拆卸所需的施工条件。

   (2)审核建筑起重机械的特种设备制造许可证、产品合格证、制造监督检验证明、备案证明等文件。

   (3)审核安装单位、使用单位的资质证书、安全生产许可证和特种作业人员的特种作业操作资格证书。

   (4)审核安装单位制定的建筑起重机械安装、拆卸工程专项施工方案和生产安全事故应急救援预案。

   (5)审核使用单位制定的建筑起重机械生产安全事故应急救援预案。

   (6)指定专职安全生产管理人员监督检查建筑起重机械安装、拆卸、使用情况。

   (7)施工现场有多台塔式起重机作业时，应当组织制定并实施防止塔式起重机相互碰撞的安全措施。
3. 施工升降机的安装自检和验收程序如下：

   (1)施工升降机安装完毕且经调试后，安装单位应按规定及使用说明书的有关要求对安装质量进行自检，并应向使用单位进行安全使用说明。

   (2)安装单位自检合格后，应经有相应资质的检验检测机构监督检验。

   (3)检验合格后，使用单位应组织租赁单位、安装单位和监理单位等进行验收。实行施工总承包的，应由施工总承包单位组织验收。

   (4)严禁使用未经验收或验收不合格的施工升降机。

   (5)使用单位应自施工升降机安装验收合格之日起30日内，将施工升降机安装验收资料、施工升降机安全管理制度、特种作业人员名单等，向工程所在地县级以上建设行政主管部门办理使用登记备案。

   (6)安装自检表、检测报告和验收记录等应纳入设备档案。
4. 施工升降机安装作业前，安装单位应编制施工升降机安装、拆卸工程专项施工方案，由安装单位技术负责人批准后，报送施工总承包单位或使用单位、监理单位审核，并告知工程所在地县级以上建设行政主管部门。

第三章　建筑施工临时用电安全

考情解读

考·纲·要·求

掌握三相四线制低压电力系统的安全技术要求以及外电线路、配电线路、施工照明、配电箱及开关箱的安全技术要求。运用建筑施工临时用电安全技术和相关标准,分析施工临时用电过程中存在的危险、有害因素,制定相应安全技术措施。

命·题·分·析

本章知识点主要以选择题的形式进行考查(每年基本考查 2 ~ 3 道),个别知识点会在案例分析题中涉及。本章内容包括施工现场临时用电安全技术(配电系统、配电装置、配电室及自备柴油发电机组、配电线路、电动建筑机械和手持式电动工具、外电线路及电气设备防护、照明、临时用电工程管理)、施工现场临时用电系统规定等内容。

历年真题考查过施工现场临时用电组织设计内容、外电线路防护技术要点、接地与接地电阻技术要点、电缆线路技术要点、电气装置的选择、照明供电等。

因此,应重点掌握电力系统的三种类型以及《建筑与市政工程施工现场临时用电安全技术标准》中的相关内容。

考点解读

考点一　施工现场临时用电安全技术

该部分内容主要依据《建筑与市政工程施工现场临时用电安全技术标准》对施工现场临时用电安全技术进行讲解。

(一)配电系统

1. 一般规定

施工现场临时用电工程专用的电源中性点直接接地的 220 V/380 V 三相四线制低压电力系统,应符合下列规定:

(1)应采用三级配电系统。

(2)应采用 TN - S 系统。

(3)应采用二级剩余电流动作保护系统。

配电系统应设置总配电箱、分配电箱、开关箱三级配电装置,实行三级配电。

配电系统宜使三相负荷平衡。220 V 或 380 V 用电设备宜接入 220 V/380 V 三相四线制系统;单相照明线路宜采用 220 V/380 V 三相四线制单相供电。

2. TN - S 系统

在施工现场专用变压器供电的 TN - S 系统中,电气设备的金属外壳应与保护接地导体(PE)连接。保护接地导体(PE)应由工作接地、配电室(总配电箱)电源侧中性导体(N)处引出(图 3-1)。

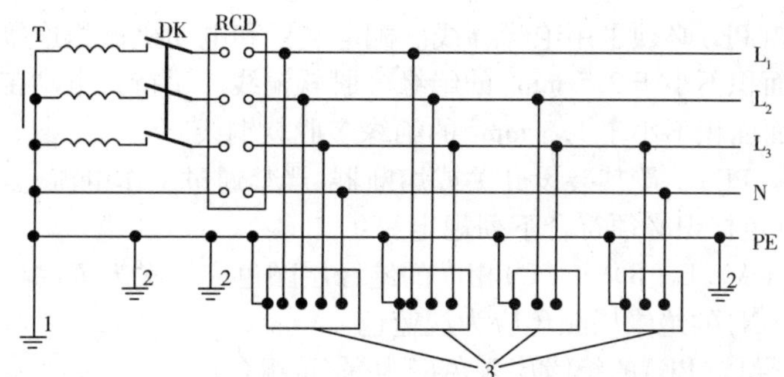

1—工作接地;2—PE 接地;3—电气设备金属外壳(正常不带电的外露可导电部分);
L_1、L_2、L_3—相导体;N—中性导体;PE—保护接地导体;DK—总电源隔离开关;
RCD—总剩余电流动作保护器(兼有短路、过负荷、剩余电流保护功能的剩余电流动作断路器);
T—变压器

图 3-1　专用变压器供电时 TN - S 系统示意图

当施工现场与外电线路共用同一供电系统时,电气设备的接地应与原系统保持一致。

在 TN 系统中,通过总剩余电流动作保护器的中性导体(N)与保护接地导体(PE)之间不得再做电气连接。

在 TN 系统中,保护接地导体(PE)应与中性导体(N)分开敷设。PE 接地必须与保护接地导体(PE)相连接,严禁与中性导体(N)相连接。

当使用一次侧由 50 V 以上电压的接零保护系统供电,二次侧为 50 V 及以下电压的安全隔离变压器时,二次侧不得接地,并应将二次侧线路用绝缘管保护或采用橡皮护套软线。当采用普通隔离变压器时,其二次侧一端应接地;且变压器正常不带电的外露可导电部分应与一次侧回路保护接地导体(PE)做电气连接。隔离变压器尚应采取防止直接接触带电体的保护措施。

施工现场的临时用电配电系统严禁利用大地作相导体或中性导体。

接地装置的设置应考虑土壤干燥或冻结等季节变化的影响,接地装置的季节系数 φ 应符合表 3-1 的规定,接地电阻一年四季均应符合下文"(五)接地与接地电阻"的要求,但防雷装置的冲击接地电阻只考虑雷雨季节土壤干燥状态的影响。

表 3-1　接地装置的季节系数 φ

埋深/m	水平接地极	长 2 ~ 3 m 的垂直接地极
0.50	1.40 ~ 1.80	1.20 ~ 1.40
0.80 ~ 1.00	1.25 ~ 1.45	1.15 ~ 1.30
2.50 ~ 3.00	1.00 ~ 1.10	1.00 ~ 1.10

注:大地比较干燥时,取表中较小值;比较潮湿时,取表中较大值。

保护接地导体(PE)材质与相导体、中性导体(N)相同时,其最小截面面积应符合表 3-2 的规定。

表 3-2　保护接地导体(PE)最小截面面积

相导体截面面积 S/mm²	保护接地导体(PE)最小截面面积/mm²
$S<25$	S
$25 \leqslant S \leqslant 50$	25
$S>50$	S/2

保护接地导体(PE)必须采用绝缘导线。配电装置和电动机械相连接的保护接地导体(PE)应采用截面面积不小于2.5 mm^2 的绝缘多股软铜线。手持式电动工具的保护接地导体(PE)应采用截面面积不小于1.5 mm^2 的绝缘多股软铜线。

保护接地导体(PE)上严禁装设开关或熔断器,严禁通过工作电流,且严禁断线。

导体绝缘层颜色标识必须符合下列规定:

(1)相导体 L_1(A)、L_2(B)、L_3(C)相序的绝缘层颜色应依次为黄、绿、红色。

(2)中性导体(N)的绝缘层颜色应为淡蓝色。

(3)保护接地导体(PE)的绝缘层颜色应为绿/黄组合色。

(4)上述绝缘层颜色标识严禁混用和互相代用。

在TN系统中,下列电气设备不带电的外露可导电部分应与保护接地导体(PE)做电气连接:

(1)电机、变压器、电器、照明器具、手持式电动工具的金属外壳。

(2)电气设备传动装置的金属部件。

(3)配电柜与控制柜的金属框架。

(4)配电装置的金属箱体、框架及靠近带电部分的金属围栏和金属门。

(5)电力电缆的金属保护管、敷线的钢索、起重机的底座和轨道、滑升模板金属操作平台等。

(6)安装在电力线路杆(塔)上的开关、电容器等电气装置的金属外壳及支架。

城防、人防、隧道等潮湿或条件特别恶劣施工现场的电气设备必须采用TN系统。

在TN系统中,下列电气设备不带电的外露可导电部分可不与保护接地导体(PE)做电气连接:

(1)在木质、沥青等不良导电地坪的干燥房间内,交流电压380 V及以下的电气装置金属外壳(当维修人员可能同时触及电气设备金属外壳和接地金属物件时除外)。

(2)安装在配电柜、控制柜金属框架和配电箱的金属体上,且与其可靠电气连接的电气测量仪表、电流互感器、电器的金属外壳。

3. 剩余电流保护

剩余电流动作保护器的选择应符合现行国家标准《剩余电流动作保护器(RCD)的一般要求》《剩余电流动作保护装置安装和运行》的规定。

剩余电流动作保护器应装设在总配电箱、开关箱靠近负荷的一侧,且不得用于启动电气设备的操作。

总配电箱中剩余电流动作保护器的额定剩余动作电流应大于30 mA,额定剩余电流动作时间应大于0.1 s,但其额定剩余动作电流与额定剩余电流动作时间的乘积不应大于30 mA·s。

开关箱中剩余电流动作保护器的额定剩余动作电流不应大于30 mA,额定剩余电流动作时间不应大于0.1 s。潮湿或有腐蚀介质场所的剩余电流动作保护器应采用防溅型产品,其额定剩余动作电流不应大于15 mA,额定剩余电流动作时间不应大于0.1 s。

总配电箱和开关箱中剩余电流动作保护器的极数和线数必须与其负荷侧负荷的相数和线数相一致。

总配电箱、开关箱中的剩余电流动作保护器宜选用电源电压故障时可自动动作的剩余电流动作保护器。

剩余电流动作保护器应按产品说明书安装、使用。对搁置已久重新使用或连续使用的剩余电流动作保护器,应逐月检测其特性,发现问题应及时修理或更换。剩余电流动作保护器应采用正确的接线方法(图 3-2)。

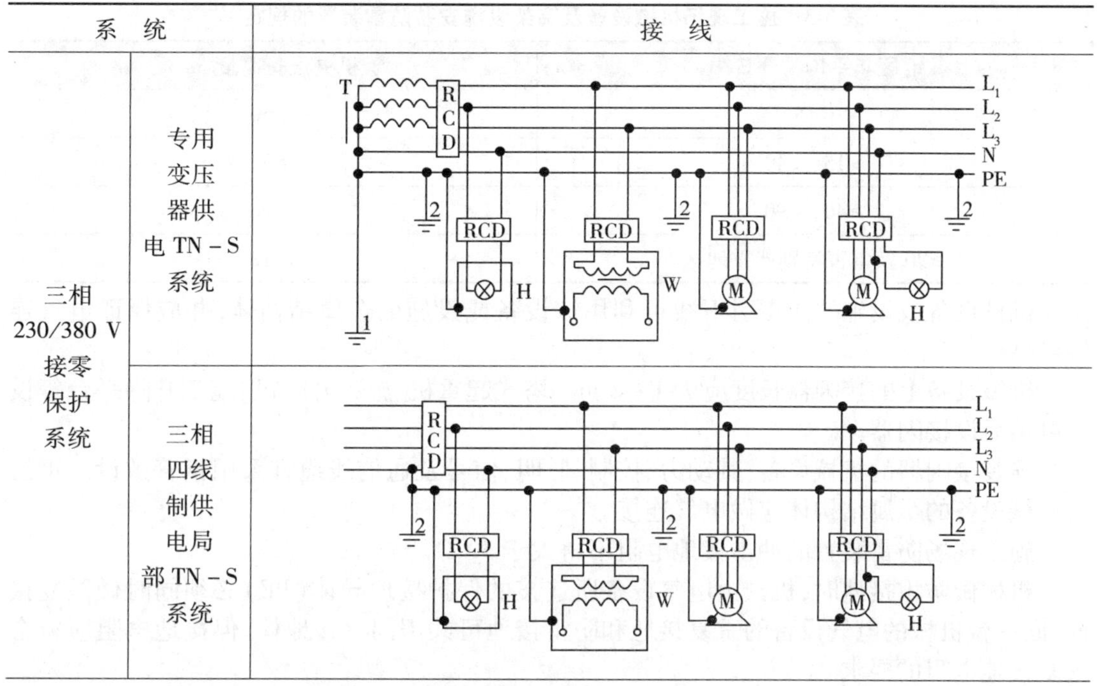

L_1、L_2、L_3—相线;N—工作零线;PE—保护零线、保护线;1—工作接地;

2—重复接地;T—变压器;RCD—漏电保护器;H—照明器;W—电焊机;M—电动机

图 3-2 漏电保护器使用接线方法示意图

剩余电流动作保护器安装应符合下列规定:

(1)剩余电流动作保护器电源侧、负荷侧端子处接线应正确,不得反接。

(2)剩余电流动作保护器灭弧罩应安装牢固,并应在电弧喷出方向留有飞弧距离。

(3)剩余电流动作保护器控制回路的铜导线截面面积不得小于 2.5 mm^2。

(4)剩余电流动作保护器端子处中性导体(N)严禁与保护接地导体(PE)连接,不得重复接地或就近与设备金属外露导体连接。

链接

配电箱、开关箱中的漏电保护器宜选用无辅助电源型(电磁式)产品,或选用辅助电源故障时能自动断开的辅助电源型(电子式)产品。当选用辅助电源故障时不能自动断开的辅助电源型(电子式)产品时,应同时设置缺相保护。

4. 防雷保护

土壤电阻率低于 200 Ω·m 区域的电杆可不另设防雷接地装置,但在配电室的架空进线或出线处应将绝缘子铁脚与配电室的接地装置相连接,并应装设电涌保护器。

施工现场内的塔式起重机、施工升降机、物料提升机等起重机械,以及钢脚手架和正在施工的在建工程等的金属结构,当在相邻建筑物、构筑物等设施的防雷装置接闪器的保护范围以外时,应按表 3-3 的规定安装防雷装置。地区年均雷暴日应按现行国家标准《建筑物电子信息系统防雷技术规范》的规定执行。当最高机械设备上接闪器的保护范围能覆盖其他设备,且又最后退离现场,则其他设备可不设防雷装置。确定防雷装置接闪器的保护范围可采用现行国家标准《建筑物防雷设计规范》中的滚球法。

表 3-3　施工现场机械设备及高架设施安装防雷装置的规定

地区年平均雷暴日/d	机械设备高度/m
≤15	≥50
>15,<40	≥32
≥40,<90	≥20
≥90 及雷害特别严重地区	≥12

机械设备或设施的防雷引下线可利用该设备或设施的金属结构体,并应保证电气连接可靠。

机械设备上的接闪器长度应为 1 ~2 m。塔式起重机、施工升降机、施工升降平台等设备可不另设接闪器。

安装接闪器的机械设备,其动力、控制、照明、信号及通信线缆宜采用钢管敷设。钢管与机械设备的金属结构体应做电气连接。

施工现场防雷装置的冲击接地电阻不得大于 30 Ω。

机械做防雷接地时,机械上电气设备所连接的保护接地导体(PE)必须同时做重复接地,同一台机械的电气设备的重复接地和防雷接地可共用同一接地体,但接地电阻应符合重复接地电阻的要求。

5. 接地与接地电阻

单台容量超过 100 kVA 或使用同一接地装置并联运行且总容量超过 100 kVA 的电力变压器或发电机的工作接地电阻不得大于 4 Ω。单台容量不超过 100 kVA 或使用同一接地装置并联运行且总容量不超过 100 kVA 的电力变压器或发电机的工作接地电阻不得大于 10 Ω。在土壤电阻率大于 1 000 Ω · m 的地区,当达到上述接地电阻有困难时,工作接地电阻可提高到 30 Ω。

TN 系统中的保护接地导体(PE)除必须在配电室或总配电箱处做重复接地外,还必须在配电系统的中间处和末端处做重复接地。在 TN 系统中,保护接地导体(PE)每一处重复接地装置的接地电阻不应大于 10 Ω。在工作接地电阻允许达到 10 Ω 的电力系统中,所有重复接地的等效电阻不应大于 10 Ω。

在 TN 系统中,严禁将中性导体(N)单独再做重复接地。

每一组接地装置的接地线应采用 2 根及以上导体,在不同点与接地极做电气连接。不得采用铝导体做接地体或地下接地线。**垂直接地极宜采用角钢、钢管或光面圆钢,不得采用螺纹钢。** 接地可利用自然接地极,并应保证其电气连接和热稳定性。

移动式发电机供电的用电设备,其金属外壳或底座应与发电机电源的接地装置有可靠的电气连接。

移动式发电机系统接地应符合电力变压器系统接地的要求。下列情况可不另与保护接地导体(PE)做电气连接:

(1)移动式发电机和用电设备固定在同一金属支架上,且不供给其他设备用电时。

(2)不超过 2 台的用电设备由专用的移动式发电机供电,供、用电设备间距不超过

50 m,且供、用电设备的金属外壳之间有可靠的电气连接时。

在有静电的施工现场,应对积聚在机械设备上的静电采取接地泄放措施。防静电接地宜选择共用接地方式;当选择单独接地方式时,接地电阻不宜大于 10 Ω,并应与防雷接地装置保持 20 m 以上间距。

(二)配电装置

1. 配电装置的设置

总配电箱可下设若干台分配电箱;分配电箱可下设若干台开关箱。**总配电箱应设在靠近电源的区域,分配电箱应设在用电设备或负荷相对集中的区域,分配电箱与开关箱的距离不应超过 30 m,开关箱与其控制的固定式用电设备的水平距离不宜超过 3 m。**

每台用电设备应有各自专用的开关箱,不得用同一个开关箱直接控制 2 台及以上用电设备(含插座)。

动力配电箱与照明配电箱宜分别设置。当合并设置为同一配电箱时,动力和照明应分路配电;动力开关箱与照明开关箱必须分设。

配电箱、开关箱应装设在干燥、通风及常温场所,不得装设在有严重损伤作用的瓦斯、烟气、潮气及其他有害介质中,亦不得装设在易受外来固体物撞击、强烈振动、液体浸溅及热源烘烤场所。

配电箱、开关箱周围应有足够 2 人同时工作的空间和通道,不得堆放任何妨碍操作和维修的物品,不得有灌木和杂草。

配电箱、开关箱应采用冷轧钢板或阻燃绝缘材料制作,钢板厚度应为 1.2 ~2.0 mm,其中开关箱箱体钢板厚度不得小于 1.2 mm,配电箱箱体钢板厚度不得小于 1.5 mm,箱体表面应做防腐处理。

配电箱、开关箱应装设端正、牢固。固定式配电箱、开关箱的中心点与地面的垂直距离应为 1.4 ~1.6 m。**移动式配电箱、开关箱应装设在坚固、水平的支架上,其中心点与地面的垂直距离宜为 0.8 ~1.6 m。**

配电箱、开关箱内的电器(含插座)应先安装在金属或非木质阻燃绝缘电器安装板上,再整体紧固在配电箱、开关箱箱体内。金属电器安装板应与保护接地导体(PE)做电气连接。

配电箱、开关箱内的电器(含插座)应按其规定位置固定在电器安装板上,且不得歪斜和松动。

配电箱的电器安装板上必须分设 N 端子板和 PE 端子板。N 端子板必须与金属电器安装板绝缘;PE 端子板必须与金属电器安装板做电气连接。进出线中的中性导体(N)必须通过 N 端子板连接;保护接地导体(PE)必须通过 PE 端子板连接。

配电箱、开关箱内的连接线必须采用铜芯绝缘导线。导线绝缘层的颜色标识应按规定配置并排列整齐;线束应有外套绝缘管,导线应与电器端子连接牢固,不得有外露带电部分。

配电箱、开关箱的金属箱体、金属电器安装板以及电器正常不带电的金属底座、外壳等应通过 PE 端子板与保护接地导体(PE)做电气连接,金属箱门与金属箱体应采用黄/绿组合颜色软绝缘导线做电气连接。

配电箱、开关箱的箱体尺寸应与箱内电器的数量和尺寸相适应,箱内电器安装板板面电器安装尺寸可按表 3-4 确定。

表 3-4　配电箱、开关箱内电器安装板板面电器安装尺寸

间距名称	最小净距/mm
并列电器(含单极熔断器)间	30
电器进出线瓷管(塑胶管)孔至电器边缘	15 A,30 20～30 A,50 60 A 及以上,80
上下排电器进出线瓷管(塑胶管)孔间	25
电器进出线瓷管(塑胶管)孔至板边	40
电器至板边	40

配电箱、开关箱的导线进出线口应设在箱体的下底面。

配电箱、开关箱的进出线口应配置固定线卡,进出线应加绝缘护套并成束卡固在支架上,不得与箱体直接接触。移动式配电箱、开关箱的进出线应采用橡皮护套绝缘电缆,不得有接头。

配电箱、开关箱外形结构应具有防雨、防尘措施;单独为配电箱、开关箱装设防雨棚(盖)时,防雨棚(盖)宜采用绝缘材料制作。

2. 配电装置的电器选择

总配电箱内的电器装置应具备电源隔离、正常接通与分断电路,以及短路、过负荷、剩余电流保护功能。电器设置应符合下列规定:

(1)当总路设置总剩余电流动作保护器时,还应装设总隔离开关、分路隔离开关,以及总断路器、分路断路器或总熔断器、分路熔断器。

(2)当各分路设置分路剩余电流动作保护器时,还应装设总隔离开关、分路隔离开关,以及总断路器、分路断路器或总熔断器、分路熔断器。

(3)隔离开关应设置于电源进线端,应采用分断时具有可见分断点,并能同时断开电源所有极的隔离电器;当采用分断时具有可见分断点的断路器时,可不另设隔离开关。

(4)熔断器应选用具有可靠灭弧分断功能的产品。

(5)总开关电器的额定值、动作整定值应与分路开关电器的额定值、动作整定值相匹配。

总配电箱应装设电压表、总电流表、电度表及其他需要的仪表。专用电能计量仪表的装设应符合当地供用电管理部门的规定。装设电流互感器时,其二次侧回路必须与保护接地导体(PE)有一个连接点,且不得断开电路。

分配电箱应装设总隔离开关、分路隔离开关,以及总断路器、分路断路器或总熔断器、分路熔断器。其设置和选择应符合规定。

开关箱必须装设隔离开关、断路器或熔断器,以及剩余电流动作保护器。隔离开关应采用分断时具有可见分断点,并能同时断开电源所有极的隔离电器,并应设置于电源进线端。

开关箱中的隔离开关只可直接控制照明电路和容量不大于 3.0 kW 的动力电路,但不应频繁操作。容量大于 3.0 kW 的动力电路应采用断路器控制,操作频繁时还应附设接触器或其他启动控制装置。

开关箱中各种开关电器的额定值和动作整定值应与其控制用电设备的额定值和特性相匹配。

配电箱、开关箱电源进线端不得采用插头和插座做活动连接。

配电箱、开关箱内的电器应可靠、完好,不得使用破损、不合格的电器。

3. 配电装置的使用

配电箱、开关箱应有名称、用途、分路标识及系统接线图。

配电箱箱门应配锁,并应设专人负责管理。

配电箱、开关箱应定期检查、维修。检查、维修人员应是专业电工;检查、维修时应按规定穿戴绝缘鞋、绝缘手套,使用电工绝缘工具,并应做检查、维修工作记录。

对配电箱、开关箱进行定期维修、检查时,应将其前一级相应的电源隔离开关分闸断电,设置专人监护,并悬挂"禁止合闸、有人工作"的停电标识牌,不得带电作业。

除出现电气故障的紧急情况外,配电箱、开关箱的操作顺序应符合下列规定:

(1)送电操作顺序应为:总配电箱→分配电箱→开关箱。

(2)停电操作顺序应为:开关箱→分配电箱→总配电箱。

施工现场停止作业 1 h 以上时,应将动力开关箱断电上锁。开关箱的操作人员应符合规定。

配电箱、开关箱内不得放置杂物,并应保持箱体内外整洁。

配电箱、开关箱内不得随意拉接其他用电设备。

配电箱、开关箱内的电器配置和接线不得随意改动。熔断器熔体更换时,不得采用不符合原规格的熔体代替。剩余电流动作保护器每天使用前应启动剩余电流试验按钮试跳一次,试跳不正常时不得继续使用。

配电箱、开关箱的电器进出线端子不得承受外力,不得与金属尖锐断口、强腐蚀介质和易燃易爆物接触。

(三)配电室及自备柴油发电机组

1. 配电室

配电室应靠近电源侧,宜靠近负荷中心,并应设在灰尘少、潮气少、振动小、无腐蚀介质、无易燃易爆物及道路畅通的地方。

成列的配电柜和控制柜两端应与保护接地导体(PE)做电气连接。配电室内配电柜的操作通道应铺设橡胶绝缘垫。

配电室和控制室应设置通风设施或空调设施,并应采取防止雨雪侵入和小动物进入的措施。

配电室布置应符合下列规定:

(1)**配电柜正面的操作通道宽度,单列布置或双列背对背布置不应小于** 1.5 m,**双列面对面布置不应小于** 2 m。

(2)**配电柜后面的维护通道宽度,单列布置或双列面对面布置不应小于** 0.8 m,**双列背对背布置不应小于** 1.5 m;**个别建筑结构梁柱凸出的位置,通道宽度可减少** 0.2 m。

(3)配电柜侧面的维护通道宽度不应小于 1 m。

(4)配电室顶棚至地面的距离不应小于 3 m。

(5)配电室内设置值班室或检修室时,值班室或检修室边缘至配电柜的水平距离应大于 1 m,并采取隔离措施。

(6)配电室内的裸母线至地面的垂直距离不大于 2.5 m 时,应采用遮栏隔离,遮栏或外护物底部距地面的高度不应小于 2.2 m。

(7)配电室围栏上端与其正上方带电部分的净距不应小于0.075 m。

(8)配电装置上端距顶棚不应小于0.5 m。

(9)配电室内的裸母线应涂刷有色油漆,以标识相序;以柜正面方向为基准,其涂色应符合表3-5的规定。

表3-5　裸母线涂色

相别	颜色	垂直排列	水平排列	引下排列
L_1(A)	黄	上	后	左
L_2(B)	绿	中	中	中
L_3(C)	红	下	前	右
N	淡蓝	—	—	—

(10)配电室的建筑物和构筑物的耐火等级不应低于3级,室内应配置砂箱和可用于扑灭电气火灾的消防器材。

(11)配电室的门应向外开启,并应配锁。

(12)配电室照明应分别设置正常照明和应急照明。

配电柜应装设电度表、电流表、电压表。电流表与计费电度表不得共用一组电流互感器。

配电柜应装设电源隔离开关及短路、过负荷、剩余电流动作保护电器。电源隔离开关分断时应有明显可见分断点。 剩余电流动作保护器可装设于总配电柜或各分配电柜。配电柜的电器配置与接线应符合总配电箱电器配置与接线的规定。

多台配电柜应编号,并应有用途标识。

配电柜或配电线路停电维修时,应挂接地线,并应悬挂“禁止合闸、有人工作”停电标识牌。停送电应设置专人监护。

配电室应保持整洁,不得堆放妨碍操作、维修的杂物。

2. 自备柴油发电机组

发电机组及其控制、配电、修理室等可分开设置;在保证电气安全距离和满足防火要求情况下可合并设置。

发电机组的排烟管道应伸出室外。发电机组及其控制、配电室内应配置可用于扑灭电气火灾的灭火器,不得存放储油桶。

发电机组电源不得与市电线路电源并列运行。

发电机组应采用电源中性点直接接地的三相四线制供电系统和独立设置TN－S系统,其工作接地电阻应符合规定。

发电机的控制屏宜装设下列仪表:交流电压表;交流电流表;有功功率表;电度表;功率因数表;频率表;直流电流表。

发电机供电系统应设置电源隔离开关及短路、过负荷、剩余电流动作保护电器。

当多台发电机组并列运行时,应装设同期装置,并在机组同步运行后再向负载供电。

链接

中性点接地可防止零序电压偏移,保持三相电压基本平衡,对低压系统可方便地使用单相电源。

(四)配电线路

1. 架空线路

架空线应采用绝缘导线或电缆。

架空线应架设在专用电杆上，不得架设在树木、脚手架及其他设施上。

架空线导体截面的选择应符合下列规定：

(1)导线中的计算负荷电流不得大于其长期连续负荷允许载流量。

(2)线路末端电压允许偏移值应为其额定电压的 ±5%。

(3)三相四线制线路的中性导体(N)和保护接地导体(PE)截面面积不应小于相导体的 50%，单相线路的中性导体(N)截面面积应与相导体相同。

(4)按机械强度要求，绝缘铜线截面面积不应小于 10 mm^2，绝缘铝线截面面积不应小于 16 mm^2。

(5)在跨越铁路、公路、河流、电力线路档距内，绝缘铜线截面面积不应小于 16 mm^2，绝缘铝线截面面积不应小于 25 mm^2。

架空线路在一个档距内，每层导线的接头数不得超过该层导线条数的 50%，且一条导线最多只允许有一个接头。在跨越铁路、公路、河流、电力线路档距内，架空线路不得有接头。

架空线路相序排列应符合下列规定：

(1)动力、照明线路在同一横担上架设时，导线相序排列应是：面向负荷从左侧起依次为 L_1、N、L_2、L_3、PE。

(2)动力、照明线路在二层横担上分别架设时，导线相序排列应是：上层横担面向负荷从左侧起依次为 L_1、L_2、L_3；下层横担面向负荷从左侧起依次为 L_1(L_2、L_3)、N、PE。

架空线路的档距不应大于 35 m。

架空线路的线间距不应小于 0.3 m，靠近电杆的两导线的间距不应小于 0.5 m。

架空线路横担间的最小垂直距离不应小于表 3-6 所列数值；横担宜采用角钢或方木，低压铁横担角钢应按表 3-7 选用，方木横担截面应按 80 mm × 80 mm 选用，横担长度应按表 3-8 选用。

表 3-6　横担间的最小垂直距离

排列方式	直线杆/m	分支或转角杆/m
高压与低压	1.2	1.0
低压与低压	0.6	0.3

表 3-7　低压铁横担角钢

导体截面面积/mm^2	直线杆	分支或转角杆	
		二线及三线	四线及以上
16、25、35、50	L50 × 5	2 × L50 × 5	2 × L63 × 5
70、95、120	L63 × 5	2 × L63 × 5	2 × L70 × 6

表 3-8　横担长度

二线/m	三线、四线/m	五线/m
0.7	1.5	1.8

架空线路至邻近线路或固定物的距离应符合表 3-9 的规定。

表 3-9　架空线路至邻近线路或固定物的距离

<table>
<tr><th>项目</th><th colspan="7">距离类别</th></tr>
<tr><td rowspan="2">最小净空距离/m</td><td colspan="2">架空线路的过引线、接下线至邻线</td><td colspan="2">架空线至架空线，电杆外缘</td><td colspan="3">架空线至摆动最大时树梢</td></tr>
<tr><td colspan="2">0.13</td><td colspan="2">0.05</td><td colspan="3">0.50</td></tr>
<tr><td rowspan="3">最小垂直距离/m</td><td rowspan="2">架空线同杆架设下方的通信、广播线路</td><td colspan="3">架空线最大弧垂至地面</td><td rowspan="2">架空线最大弧垂至暂设工程顶端</td><td colspan="2">架空线与邻近电力线路交叉</td></tr>
<tr><td>施工现场</td><td>机动车道</td><td>铁路轨道</td><td>1 kV 以下</td><td>1～10 kV</td></tr>
<tr><td>1.0</td><td>4.0</td><td>6.0</td><td>7.5</td><td>2.0</td><td>1.2</td><td>2.5</td></tr>
<tr><td rowspan="2">最小水平距离/m</td><td colspan="2">架空线电杆至路基边缘</td><td colspan="2">架空线电杆至铁路轨道边缘</td><td colspan="3">架空线边线至建筑物凸出部分</td></tr>
<tr><td colspan="2">1.0</td><td colspan="2">杆高 +3.0</td><td colspan="3">1.0</td></tr>
</table>

架空线路宜采用钢筋混凝土杆、木杆或绝缘材料杆。钢筋混凝土杆表面不得有露筋、宽度大于 0.4 mm 的裂纹和扭曲；木杆内部不得腐朽，其梢径不应小于 140 mm。

电杆埋设深度宜为杆长的 1/10 加/0.6 m，回填土应分层夯实。在松软土层处宜加大埋入深度或采用卡盘等加固措施。

架空线路上横担及绝缘子数量设置应符合下列规定：

(1) 直线杆和 15°以下的转角杆，可采用单横担单绝缘子，但跨越机动车道时应采用单横担双绝缘子。

(2) 15°～45°的转角杆，应采用双横担双绝缘子。

(3) 45°以上的转角杆，应采用十字横担。

架空线路绝缘子应根据线杆类型选择，直线杆应采用针式绝缘子，耐张杆应采用蝶式绝缘子。

电杆的拉线宜采用不少于 3 根直径 4.0 mm 的镀锌钢丝。拉线与电杆的夹角应为 30°～45°。拉线埋设深度不应小于 1 m。电杆拉线从导线之间时，应在高于地面 2.5 m 处设置拉线绝缘子。

受地形环境限制不能装设拉线时，可采用撑杆代替拉线，撑杆埋设深度不应小于 0.8 m，其底部应垫底盘或石块。撑杆与电杆的夹角宜为 30°。

接户线在档距内不得有接头，进线处离地高度不应小于 2.5 m。接户线最小截面应符合表 3-10 的规定。接户线线间及与邻近线路间的距离应符合表 3-11 的规定。

表 3-10　接户线最小截面

<table>
<tr><th rowspan="2">接户线架设方式</th><th rowspan="2">接户线长度/m</th><th colspan="2">接户线截面/mm²</th></tr>
<tr><th>铜线</th><th>铝线</th></tr>
<tr><td rowspan="2">架空或沿墙敷设</td><td>10～25</td><td>6</td><td>10</td></tr>
<tr><td>≤10</td><td>4</td><td>6</td></tr>
</table>

表 3-11　接户线线间及与邻近线路间的距离

接户线架设方式	接户线档距/m	线间距离/mm
架空敷设	≤25	150
	>25	200
沿墙敷设	≤6	100
	>6	150
架空接户线与广播电话线交叉时		接户线在上部,600 接户线在下部,300
架空或沿墙敷设的中性导体和相导体交叉时		100

架空线路应有短路保护和过负荷保护,短路保护和过负荷保护电器应符合现行国家标准《低压电气装置 第4－43部分:安全防护 过电流保护》的相关规定。电缆的选择应符合现行国家标准《低压电气装置 第5－52部分:电气设备的选择和安装 布线系统》的相关规定。

2. 电缆线路

施工现场临时用电宜采用电缆线路。电缆线路应符合下列规定:

(1)电缆芯线应包含全部工作导体和保护接地导体(PE)。

(2)TN－S系统采用三相四线供电时应选择五芯电缆,采用单相供电时应选择三芯电缆。

(3)中性导体(N)绝缘层应是淡蓝色,保护接地导体(PE)绝缘层应是黄/绿组合颜色,不得混用。

电缆线路导体截面的选择应符合规定,并应根据其长期连续负荷允许载流量和允许电压偏移确定。

电缆线路应采用埋地或架空敷设,并应避免机械损伤和介质腐蚀。埋地电缆路径应设置标识桩。

电缆类型应根据敷设方式、环境条件等因素选择。埋地敷设宜选用铠装电缆,架空敷设宜选用无铠装电缆。当选用无铠装电缆时,应采取防水、防腐措施。

电缆直接埋地敷设的深度不应小于0.7 m,且应在电缆周围均匀铺垫不小于50 mm厚的细砂,然后覆盖砖或混凝土板等硬质保护层。

埋地电缆在穿越建筑物、构筑物、道路、易受机械损伤、介质腐蚀场所及引出地面从2.0 m高到地下0.2 m处,应加设防护套管。**防护套管内径不应小于电缆外径的1.5倍。**

埋地电缆与其附近外电电缆和管沟的平行间距不应小于2 m,交叉间距不应小于1 m。地下管网较多、有较频繁开挖的地段等区域不宜埋设电缆。

埋地电缆的接头应设置在专用接线盒内,接线盒应具有防水、防尘、防机械损伤等特性,并应远离易燃、易爆、易腐蚀场所。

架空电缆应沿电杆、支架或墙壁敷设,并采用绝缘子固定,绑扎线应采用绝缘线,固定点间距应保证电缆能承受自重荷载,敷设高度应符合架空线路敷设高度的规定,但沿墙壁敷设时最大弧垂距地面不应小于2.0 m。

在施工程的电缆线路架设应符合下列规定:

(1)应采用电缆埋地敷设,严禁穿越脚手架引入。

(2)电缆垂直敷设应充分利用在施工程的竖井、垂直孔洞等,并宜靠近用电负荷中心,固定点每楼层不应少于1处。

(3)电缆水平敷设宜沿墙壁或门洞上方刚性固定,最大弧垂距地面不应小于2.0 m。

(4)装饰装修工程电源线可沿墙壁、地面敷设,但应采取预防机械损伤和电气火灾的措施。

(5)装饰装修工程施工阶段或其他特殊施工阶段,应补充编制专项施工临时用电工程方案。

电缆线路应有短路保护和过负荷保护,短路保护和过负荷保护电器与电缆的选择应符合规定。

3. 室内配线

室内配线应采用绝缘电线或电缆。

室内配线应符合下列规定:

(1)室内配线可沿瓷瓶、塑料槽盒、钢索等明敷设,或穿保护导管暗敷设。

(2)潮湿环境或沿地面配线时,应穿保护导管敷设,管口和管接头应粘接牢固。

(3)当采用金属保护导管敷设时,金属保护导管应做等电位连接,且应与保护接地导体(PE)相连接。

室内明敷设主干线距地面不应小于2.5 m。

架空进户线的室外端应采用绝缘子固定,过墙处应穿套管保护,距地面不应小于2.5 m,并应采取防雨措施。

室内配线所用导线或电缆的截面应根据用电设备或线路的计算负荷和计算机械强度确定,但铜导线截面不应小于2.5 mm^2,铝导线截面不应小于10 mm^2。

室内配线应有短路保护和过负荷保护,短路保护和过负荷保护电器元件选配应符合规定。

钢索配线应符合下列规定:

(1)钢索截面的选择应根据跨距、荷载和机械强度等因素确定,且截面不宜小于10 mm^2。

(2)钢索支持点间距不宜大于12 m。

(3)钢索与终端拉环套接应采用心形环,固定钢索的线卡不应少于2个。

(4)钢索端头应用镀锌钢丝绑扎牢固,并与保护接地导体(PE)可靠连接。

(5)当钢索长度不大于50 m时,应在钢索一端装设索具螺旋扣紧固;当钢索长度大于50 m时,应在钢索两端装设索具螺旋扣紧固。

室内钢索配线距地面应大于2.5 m。当采用瓷夹固定导线时,导线间距不应小于35 mm,瓷夹间距不应大于800 mm;当采用瓷瓶固定导线时,导线间距不应小于100 mm,瓷瓶间距不应大于1 500 mm。

(五)电动建筑机械和手持式电动工具

1. 一般规定

施工现场电动建筑机械和手持式电动工具的选购、使用、检查和维修应符合下列规定:

(1)选购的电动建筑机械、手持式电动工具及其用电安全装置应符合国家现行有关标准的规定,并具有产品合格证、检测报告和使用说明书,且应与使用环境相适应。

(2)应建立和执行专人专机负责制,并定期检查和维修保养。

(3)保护接地应符合规定;运行时产生振动的设备金属基座和外壳,应与保护接地导体(PE)做可靠连接。

(4)剩余电流保护应符合规定。

(5)应按使用说明书使用、检查和维修。

塔式起重机、施工升降机、滑升模板的金属操作平台及需要设置防雷装置的物料提升机,除应连接保护接地导体(PE)外,还应与各自的接地装置相连接。塔身标准节、导轨架标准节、滑模提升架等金属结构之间应保证电气通路。

手持式电动工具中的塑料外壳Ⅱ类工具和一般场所手持式电动工具中的Ⅲ类工具,可不连接保护接地导体(PE)。

电动建筑机械和手持式电动工具的电缆线路应符合下列规定:

(1)电缆芯线应包含全部工作导体和保护接地导体(PE)。

(2)橡皮护套铜芯软电缆应无接头,并应满足用电设备的使用要求,其性能应符合现行国家标准《额定电压450/750 V及以下橡皮绝缘电缆 第1部分:一般要求》和《额定电压450/750 V及以下橡皮绝缘电缆 第4部分:软线和软电缆》的规定。

(3)电缆芯线数应根据负荷及其控制电器的相数和线数确定。

(4)三相四线时,应选用五芯电缆。

(5)三相三线时,应选用四芯电缆。

(6)单相二线时,应选用三芯电缆。

(7)当三相用电设备中配置有单相用电器具时,应选用五芯电缆。

电动建筑机械或手持式电动工具的开关箱应符合规定。开关箱内正、反向运转控制装置中的控制电器应采用接触器、继电器等自动控制电器,不得采用手动双向转换开关作为控制电器。

2. 起重机械

塔式起重机的电气设备应符合现行国家标准《塔式起重机安全规程》中的规定。

塔式起重机应按规定做重复接地和防雷接地。轨道式塔式起重机接地装置的设置应符合下列规定:

(1)轨道两端应各设一组接地装置。

(2)轨道接头处应做电气连接,两条轨道端部应做环形电气连接。

(3)轨道较长时,每隔不大于20 m的距离应增设一组接地装置。

塔式起重机与外电线路间的安全距离应符合规定。

塔式起重机垂直方向的电缆应设置固定点,防止电缆结构变形受损,其间距不宜大于10 m;水平方向的电缆不得拖地行走,防止电缆绝缘层受损。

需要夜间工作的塔式起重机,应设置正对工作面的投光灯。

塔身高于30 m的塔式起重机,应在塔顶和臂架端部设红色信号灯。

在强电磁波源附近工作的塔式起重机,操作人员应戴绝缘手套、穿绝缘鞋,并应在吊钩与机体间采取绝缘隔离措施,或在吊装地面物体时,在吊钩上挂接临时接地装置。

施工升降机机笼内外均应安装紧急停止开关。

施工升降机和物料提升机的上下极限位置应设置限位开关。

每日工作前必须对施工升降机和物料提升机的行程开关、限位开关、紧急停止开关、驱动机构和制动器等进行空载检查,正常工作后方可使用。检查时必须有防坠落措施。

3. 桩工机械

潜水式钻孔机电机的密封性能应符合现行国家标准《外壳防护等级(IP 代码)》中 IP68 级的规定。

潜水电机的电源线应采用防水橡皮护套铜芯软电缆,长度不应小于 1.5 m,且接线端子不得承受外力。

桩工机械开关箱内的剩余电流动作保护器应符合规定,且应与保护接地导体(PE)可靠连接,电缆不得拖地。

4. 夯土机械

夯土机械开关箱中的剩余电流动作保护器应符合规定。

夯土机械保护接地导体(PE)的连接点应牢固可靠。

夯土机械的负荷线应采用耐候型橡皮护套铜芯软电缆。

使用夯土机械时,作业人员应按规定穿戴防护用品,作业过程应设专人调整电缆,电缆长度不应大于 50 m。电缆不得缠绕、扭结或被夯土机械跨越。

多台夯土机械并列工作时,其间距不应小于 5 m;前后工作时,其间距不应小于 10 m。

夯土机械的操作扶手应绝缘良好。

5. 焊接机械

电焊机械应放置在防雨、干燥和通风良好的地方。焊接现场周围不得存放易燃、易爆物品。

交流电焊机一次侧电源线长度不应大于 5 m,其电源进线处应设置防护罩。发电机式直流电焊机的换向器应经常检查和维护,消除可能产生的异常电火花。

电焊机械开关箱内的剩余电流动作保护器应符合规定。交流电焊机械应配装防二次侧触电保护器。

电焊机械的二次线应采用防水橡皮护套铜芯软电缆，电缆长度不应大于 30 m，不得采用金属构件或主体结构钢筋代替二次线的中性导体。

使用电焊机械焊接时，焊工应穿戴防护用品，不得冒雨从事电焊作业。

6. 手持式电动工具

在一般场所使用手持式电动工具,应符合下列规定:

(1)宜选用Ⅱ类手持式电动工具;当选用Ⅰ类手持式电动工具时,其金属外壳应与保护接地导体(PE)做电气连接,连接点应牢固可靠。

(2)除塑料外壳Ⅱ类工具外,开关箱内剩余电流动作保护器的额定剩余动作电流不应大于 15 mA,额定剩余电流动作时间不应大于 0.1 s,其负荷线插头应为专用保护触头。

(3)手持式电动工具的电源线插头与开关箱内的插座应在结构上保持一致,避免导电触头和保护触头混用。

在潮湿场所或金属构架上使用手持式电动工具,应符合下列规定:

(1)应选用Ⅱ类或由安全隔离变压器供电的Ⅲ类手持式电动工具。

(2)开关箱和照明变压器箱应设置在作业场所外干燥区域。

在受限空间使用手持式电动工具,应符合下列规定:

(1)应选用由安全隔离变压器供电的Ⅲ类手持式电动工具,其开关箱和安全隔离变压器均应设置在受限空间之外便于操作的地方,且与保护接地导体(PE)的连接应符合本规定。

(2)剩余电流动作保护器的选择应符合规定。

(3)操作过程中,应设置专人在受限空间外监护。

手持式电动工具的负荷线应采用耐气候型的橡皮护套铜芯软电缆,并不得有接头。

手持式电动工具的标识、外壳、手柄、插头、开关、负荷线等应完好无损,使用前对工具外观检查合格后进行空载检查,空载运转正常后方可使用。应定期对工具绝缘电阻进行测量,绝缘电阻不应小于表 3-12 规定的数值。

表 3-12　手持式电动工具绝缘电阻限值

被试绝缘		绝缘电阻/MΩ
带电部分与壳体之间	基本绝缘	2
	加强绝缘	7
带电部分与Ⅱ类工具中仅用基本绝缘与带电部分隔离的金属零件之间		2
Ⅱ类工具中仅用基本绝缘与带电部分隔离的金属零件与壳体之间		5

注:绝缘电阻用 500 V 兆欧表或绝缘电阻测试仪测量。

使用手持式电动工具时,作业人员应穿戴安全防护用品。

7. 其他电动建筑机械

混凝土搅拌机、插入式振动器、平板振动器、地面抹光机、水磨石机、钢筋加工机械、木工机械和水泵等设备的剩余电流保护应符合规定。

混凝土搅拌机、插入式振动器、平板振动器、地面抹光机、水磨石机、钢筋加工机械和木工机械的供电线路应采用耐候型橡皮护套铜芯软电缆,并不得有任何破损和接头。水泵的供电线路应采用防水橡皮护套铜芯软电缆,不得有任何破损和接头,且不得承受任何外力。

对混凝土搅拌机、钢筋加工机械、木工机械等设备进行清理、检查、维修时,应先将其开关箱内电器分别断电,呈现可见电源分断点,再关闭箱门上锁。

(六)外电线路及电气设备防护

1. 外电线路防护

在施工程外电架空线路正下方不得有人作业、建造生活设施,或堆放建筑材料、周转材料及其他杂物等。

在施工程(含脚手架)的周边与外电架空线路的边线之间的最小安全操作距离应符合表 3-13 规定。

表 3-13　在施工程(含脚手架)的周边与架空线路的边线之间的最小安全操作距离

外电线路电压等级/kV	<1	1～10	35～110	220	330～500
最小安全操作距离/m	7.0	8.0	8.0	10.0	15.0

注:上下脚手架的斜道不宜设在有外电线路的一侧。

施工现场的机动车道与外电架空线路交叉时,架空线路的最低点至路面的最小垂直距离应符合表 3-14 规定。

表 3-14 施工现场的机动车道与架空线路交叉时的最小垂直距离

外电线路电压等级/kV	<1	1 ~ 10	35
最小垂直距离/m	6.0	7.0	7.0

起重机不得越过无防护设施的外电架空线路作业。 在外电架空线路附近吊装时，塔式起重机的吊具或被吊物体端部与架空线路边线之间的最小安全距离应符合表 3-15 规定。

表 3-15 塔式起重机的吊具或被吊物体端部与架空线路边线之间的最小安全距离

电压/kV	<1	10	35	110	220	330	500
沿垂直方向/m	1.5	3.0	4.0	5.0	6.0	7.0	8.5
沿水平方向/m	1.5	2.0	3.5	4.0	6.0	7.0	8.5

施工现场开挖沟槽边缘与外电埋地电缆沟槽边缘之间的距离不应小于0.5 m。

当表 3-13、表 3-14、表 3-15 的规定不能实现时，应采取绝缘隔离防护措施，并应悬挂醒目的警告标识。架设防护设施时，应经有关部门批准，采用线路暂时停电或其他可靠的安全技术措施，并应有电气工程技术人员和专职安全人员监护。防护设施与外电线路之间的安全距离不应小于表 3-16 所列数值。防护设施应坚固、稳定，且对外电线路的隔离防护应达到 IP30 级。

表 3-16 防护设施与外电线路之间的最小安全距离

外电线路电压等级/kV	≤10	35	110	220	330	500
最小安全距离/m	2.0	3.5	4.0	5.0	6.0	7.0

当上述规定的防护措施不能实现时，应与有关供电部门协商，采取停电、迁移外电线路等措施。

当在外电架空线路附近开挖沟槽时，施工现场应设有专人巡视，并采取加固措施，防止外电架空线路电杆倾斜、悬倒。

2. 电气设备防护

电气设备现场周围不得存放易燃易爆物、污源和腐蚀介质，并应采取防护措施，其防护等级应与环境条件相适应。

电气设备设置场所应采取防护措施，避免物体打击和机械损伤。

(七)照明

1. 一般规定

坑、洞、井、隧道、管廊、厂房、仓库、地下室等自然采光差的场所或需要夜间施工的场所，应设一般照明或混合照明。在一个工作场所内，不得只设局部照明。停电后，操作人员需及时撤离施工现场，必须装设自备电源的应急照明。

现场照明应采用高光效、长寿命的照明光源，对需大面积照明的场所，宜采用安全节能型光源。

照明器的选择应符合下列规定：

(1)潮湿场所应选择密闭型防水照明器。

(2)含有大量尘埃且无爆炸和火灾危险的场所,应选择防尘型照明器。

(3)有爆炸和火灾危险的场所,应按危险场所等级选择防爆型照明器。

(4)存在较强振动的场所,应选择防振型照明器。

(5)有酸碱等强腐蚀介质的场所,应选择耐酸碱型照明器。

照明器具和器材的质量应符合国家现行有关标准的规定,不应使用绝缘老化或破损的器具和器材。

无自然采光的地下大空间施工场所,应编制专项施工照明方案。

2. 照明供电

一般场所宜选用额定电压为 220 V 的照明器。

下列特殊场所应使用安全特低电压照明器:

(1)隧道、人防工程、高温、有导电灰尘、潮湿场所的照明,电源电压不应大于 AC36 V。

(2)灯具离地面高度小于 2.5 m 场所的照明,电源电压不应大于 AC36 V。

(3)易触及带电体场所的照明,电源电压不应大于 AC24 V。

(4)导电良好的地面、锅炉或金属容器等受限空间作业的照明,电源电压不应大于 AC12 V。

使用行灯时应符合下列规定:

(1)电源电压不应大于 AC36 V。

(2)灯体与手柄应连接牢固、绝缘良好并耐热防水。

(3)灯头应与灯体结合牢固,灯头不应设置开关。

(4)灯头外部应有金属保护网。

(5)金属保护网、反光罩、悬吊挂钩应固定在灯具的绝缘部位。

远离电源的小面积工作场地、道路照明、警卫照明或额定电压为 12 ~ 36 V 照明的场所,其电压允许偏移值应为额定电压值的 -10% ~ +5%;其他场所电压允许偏移值应为额定电压值的 ±5%。

照明变压器应使用双绕组型安全隔离变压器。

照明系统宜使三相负荷平衡,其中每一单相回路上,灯具和插座数量不宜超过 25 个,工作电流不宜超过 16 A。

携带式变压器的一次侧电源线应采用橡皮护套或塑料护套铜芯软电缆,中间不得有接头,长度不宜超过 3 m,其中绿/黄组合双色线只作保护接地导体(PE)使用,电源插头应有保护触头。

中性导体截面应符合下列规定:

(1)单相供电时,中性导体截面应与相导体截面相同。

(2)三相四线制线路中,当照明器为节能型灯具时,中性导体截面不应小于相导体截面的 50%;当照明器为气体放电灯时,中性导体截面应与最大负载相导体截面相同。

(3)在逐相切断的三相照明电路中,中性导体截面应与最大负载相导体截面相同。

3. 照明装置

照明灯具的金属外壳应与保护接地导体(PE)做电气连接,照明开关箱内应装设隔离开关、短路与过载保护电器和剩余电流动作保护器。

室外 220 V 灯具距地面不应小于 3 m,室内 220 V 灯具距地面不应小于 2.5 m。普通灯具与易燃物之间的距离不宜小于 300 mm;自身发热较高灯具与易燃物之间的距离不宜小于 500 mm,且不得直接照射易燃物。达不到上述安全距离时,应采取隔热措施。

路灯的每个灯具应单独装设熔断器保护,灯头线应做防水弯。

荧光灯具应采用吸顶安装或用吊链悬挂安装。荧光灯具的镇流器不得安装在易燃的结构物上。

钠、铊、铟等金属卤化物灯具距地面的安装高度宜在 3 m 以上,灯线应固定在接线柱上,不得靠近灯具表面。

投光灯的底座应安装牢固,并应按需要的投光方向将枢轴拧紧固定。

螺口灯头及其接线应符合下列规定:

(1)灯头的绝缘外壳应完好、无破损。

(2)相线应接在与中心触头相连的一端,中性导体应接在与螺纹口相连的一端。

灯具内的接线应牢固,灯具外的接线应采用防水绝缘胶布包扎。

灯具的相线应经开关控制,不得将相线直接引入灯具接线端子。

对夜间影响飞机或车辆通行的在施工程及机械设备,应设置醒目的红色信号灯,其电源应由施工现场总电源开关的电源侧提供。

(八)临时用电工程管理

1.临时用电工程组织设计

施工现场临时用电设备在 5 台及以上或设备总容量在 50 kW 及以上者,应编制临时用电工程组织设计(施工现场临时用电工程方案)。

临时用电工程组织设计应在现场勘测和确定电源进线、变电所或配电室位置及线路走向后进行,并应包括下列主要内容:

(1)工程概况。

(2)编制依据。

(3)施工现场用电容量统计。

(4)负荷计算。

(5)选择变压器。

(6)设计配电系统和装置:设计配电线路,选择电线或电缆;设计配电装置,选择电器;设计接地装置;设计防雷装置;绘制临时用电工程图纸,主要包括临时用电工程总平面图、配电装置布置图、配电系统接线图、接地装置设计图。

(7)确定防护措施。

(8)制定安全用电措施和电气防火措施。

(9)制定临时用电设施拆除措施。

(10)制定应急预案,并开展应急演练。

临时用电工程图纸应单独绘制,临时用电工程应按图施工。

临时用电工程组织设计编制及变更时,应按照《危险性较大的分部分项工程安全管理规定》的要求,履行"编制、审核、审批"程序。变更临时用电工程组织设计时,应补充有关图纸资料。

临时用电工程应经总承包单位和分包单位共同验收,合格后方可使用。

施工现场临时用电设备在5台以下或设备总容量在50 kW以下的,应制定安全用电和电气防火措施。并应符合上述编制、变更、验收的要求。

2. 电工及用电人员

电工应经职业资格考试合格后,持证上岗工作;其他用电人员应通过相关安全教育培训和技术交底,考核合格后方可上岗作业。

安装、巡检、维修临时用电设备和线路,应由电工完成,并应设专人监护。

各类用电人员应掌握安全用电基本知识和所用设备的性能,并应符合下列规定:

(1)使用电气设备前,应按规定穿戴、配备好相应的安全防护用品,并应检查电气装置和保护设施,不得使设备带“缺陷”运转。

(2)保管和维护所用设备,发现隐患应及时报告解决。

(3)暂时停用设备的开关箱,应分断电源隔离开关,并关门上锁。

(4)移动电气设备,应在电工切断电源并做妥善处理后进行。

提示

电气设备是指发电、变电、输电、配电或用电的任何设施或产品,诸如电机、变压器、电器、电气测量仪表、保护电器、布线系统和电气用具等,也泛指上述设备及其机械连载体或机械结构体,如各种电动机械、电动工具、灯具、电焊机等。其中,电动机、电焊机、灯具、电动机械、电动工具等将电能转化为其他形式非电能量的电气设备又称为用电设备。

3. 临时用电工程的检查与拆除

临时用电工程应定期检查。定期检查时,应复查接地电阻、绝缘电阻,并进行剩余电流动作保护器的剩余电流动作参数测定。

临时用电工程定期检查应按分部、分项工程进行,对安全隐患应及时处理,并应履行复查验收手续。

施工现场临时用电工程设施的拆除应符合下列规定:

(1)应按临时用电工程组织设计的要求组织拆除。

(2)拆除工作应从电源侧开始。

(3)拆除前,被拆除部分应与带电部分在电器上断开、隔离,并悬挂“禁止合闸、有人工作”等标识牌。

(4)拆除前应确保电容器已进行有效放电。

(5)拆除与运行线路(设施)交叉的临时用电工程线路(设施)时,应有明显的区分标识。

(6)拆除邻近带电部分的临时用电设施时,应设有专人监护,并应设隔离防护设施。

(7)拆除过程中,应避免对设备(设施)造成损伤。

4. 安全技术档案

施工现场临时用电工程应建立安全技术档案,并应包括下列内容:

(1)临时用电工程组织设计编制、修改、审核和审查的全部资料。

(2)施工现场临时用电工程主要设备、材料的产品合格证、相关认证报告、检测报告等。

(3)临时用电工程技术交底资料。

(4)临时用电工程检查验收表。

(5)电气设备的试验、检验凭单和调试记录。

(6)接地电阻、绝缘电阻和剩余电流动作保护器的剩余电流动作参数测定记录表。

(7)定期检(复)查表。

(8)电工安装、巡检、维修、拆除工作记录。

(9)施工现场临时用电工程管理制度、分包单位临时用电安全生产协议、电工特种作业操作资格证等。

安全技术资料应由项目经理部电气专业技术负责人建立与管理,每周由项目经理组织对施工现场临时用电工程的实体安全、内业资料进行检查,并应在临时用电工程拆除后统一归档管理。

考点二　施工现场临时用电系统规定

由上述可知,建筑施工现场临时用电工程专用的电源中性点直接接地的220/380 V三相四线制低压电力系统,必须采用三级配电系统,或采用TN－S接零保护系统,或采用二级漏电保护系统。该三个系统具体内容如下所示。

(一)TN－S接零保护系统

TN－S接零保护系统(简称TN－S系统)是指在施工用电工程中采用电源中性点直接接地的220/380 V三相四线制低压电力系统,该系统主要技术特点是:

(1)电力变压器低压侧中性点直接接地,接地电阻值不大于4 Ω。

(2)电力变压器低压侧共引出5条线,其中除引出3条分别为黄、绿、红的绝缘线相线(火线)L_1、L_2、L_3(A,B,C)外,尚需于变压器二次侧中性点(N)接地处同时引出两条零线,一条叫作工作零线(浅蓝色绝缘线)(N线),另一条叫作保护零线(PE线)。其中工作零线(N线)与相线(L_1、L_2、L_3)一起作为三相四线制工作线路使用;保护零线(PE线)只作电气设备接零保护使用,即只用于连接电气设备正常情况下不带电的金属外壳、基座等。两种零线(N和PE)不得混用,为防止无意识混用,保护零线(PE线)应采用具有绿/黄双色绝缘标志的绝缘铜线,以与工作零线和相线相区别。同时,为保证接地、接零保护系统可靠,在整个施工现场的PE线上还应做不少于3处的重复接地,且每处接地电阻值不得大于10 Ω。

(二)三级配电系统

所谓三级配电是指施工现场从电源进线开始至用电设备中间应经过三级配电装置配送电力,即由总配电箱(配电室内的配电柜)经分配电箱(负荷或若干用电设备相对集中处),到开关箱(用电设备处)分三个层次逐级配送电力。而开关箱作为末级配电装置,与用电设备之间必须实行“一机一闸制”,即每一台用电设备必须有自己专用的控制开关箱,而每一个开关箱只能用于控制一台用电设备。总配电箱、分配电箱内开关电器可设若干分路,且动力与照明宜分路设置。

链接

低压配电系统是电力系统的重要组成部分，其接线形式决定了电力供应的可靠性和效率。以下是三种常见的接线形式：放射式、树干式和链式。

放射式接线形式的特点是各负荷点都有直接的电源，一旦某一点发生故障，不会影响其他点的正常运行。这种接线形式的优点是供电可靠性高，适用于对可靠性要求高的场所。但是，由于需要为每个负荷点配备独立的电源，因此投资成本较高。

树干式接线形式采用一条主干线连接多个负荷点，类似于树干分叉的形状。在主干线上任一点发生故障时，只需对故障点进行维修，不会影响其他点的正常运行。这种接线形式的优点是投资成本较低，适用于对可靠性要求不高的场所。但是，如果主干线发生故障，可能会影响多个负荷点的正常供电。

链式接线形式是串联供电线路，并依次向后供电的方式。这种接线形式的优点是节省电缆等材料，适用于供电线路较长，供电负荷较小的场合，供电线路在分配箱进线端并接。但是，如果某一点发生故障，可能会影响其他点的正常供电。

(三)两级漏电保护系统

两级漏电保护和两道防线包括两个内容：一是设置两级漏电保护系统，二是实施专用保护零线 PE，二者组合形成了施工现场的防触电的两道防线。

(1)两级漏电保护是指在整个施工现场临时用电工程中，总配电箱中必须装设漏电开关，所有开关箱中也必须装设漏电开关。

(2)保护零线(PE)的实施是临时用电的第二道安全防线。

在施工现场用电工程中，采用 TN－S 系统是在工作零线(N)以外又增加了一条保护零线(PE)，是十分必要的。当三相火线用电量不均匀时，工作零线 N 就容易带电，而 PE 线始终不带电，那么随着 PE 线在施工现场的敷设和漏电保护器的使用，就形成一个覆盖整个施工现场防止人身(间接接触)触电的安全保护系统。因此 TN－S 接地接零保护系统与两级漏电保护系统一起称之为防触电保护系统的两道防线。

案例分析

经典案例

某建筑公司，承揽了某市一体育场馆项目。该施工现场附近已有建成的变配电所，经过相关部门批准，该施工现场的临时用电，由其变配电所直接供电。

为规范临时用电工程、加强用电管理、实现安全用电，项目部电气工程技术人员组织编制了临时用电组织设计，经相关部门审核及具有法人资格企业的技术负责人批准后实施。

2023 年 5 月 21 日，该建筑公司项目部购买了一批钢制压型钢板准备建造彩板房，项目部采用已经投入运行的轨道式塔式起重机进行吊装。11 时 20 分，项目部临建负责人赵某，要求吊车司机李某将压型钢板吊至临建制作区。轨道式起重机的塔臂高过高压线，吊车司机李某按照赵某的指示将压型钢板吊了起来，压型钢板刚离开地面，吊起的压型钢板开始摆动，在摆动中与高压线接触在一起，扶压型钢板的王某被电流击倒在地上。赵某看见后,立即要求吊车司机李某把吊起来的压型钢板与高压线分离。项目部员工刘某看到王某倒在地上就跑过来做人工呼吸和胸外挤压。赵某立刻拨打了120急救电话。大约10 min后,该市人民医院的120急救车赶到现场,王某经医院抢救无效,死亡。

1. 施工现场临时用电必须遵守的三项基本用电安全原则:

(1)采用三级配电系统。

(2)采用TN-S系统。

(3)采用二级剩余电流动作保护系统。

2. 漏电保护器的选配原则有:配电箱、开关箱中的漏电保护器宜选用无辅助电源型(电磁式)产品,或选用辅助电源故障时能自动断开的辅助电源型(电子式)产品。当选用辅助电源故障时不能自动断开的辅助电源型(电子式)产品时,应同时设置缺相保护。

3. 临时用电工程组织设计应在现场勘测和确定电源进线、变电所或配电室位置及线路走向后进行,并应包括下列主要内容:

(1)工程概况。

(2)编制依据。

(3)施工现场用电容量统计。

(4)负荷计算。

(5)选择变压器。

(6)设计配电系统和装置:设计配电线路,选择电线或电缆;设计配电装置,选择电器;设计接地装置;设计防雷装置;绘制临时用电工程图纸,主要包括临时用电工程总平面图、配电装置布置图、配电系统接线图、接地装置设计图。

(7)确定防护措施。

(8)制定安全用电措施和电气防火措施。

(9)制定临时用电设施拆除措施。

(10)制定应急预案,并开展应急演练。

4. 轨道式塔式起重机接地装置的设置要求:

(1)轨道两端各设一组接地装置。

(2)轨道的接头处做电气连接,两条轨道端部做环形电气连接。

(3)较长轨道每隔不大于30 m加一组接地装置。

同步自测

一、单项选择题(每题的备选项中,只有1个最符合题意)

1. 关于配电箱和开关箱的设置的说法,错误的是(　　)。

A. 总配电箱以下可设若干分配电箱;分配电箱以下可设若干开关箱

B. 配电系统应设置配电柜或总配电箱、分配电箱、开关箱,实行三级配电

C. 动力配电箱与照明配电箱必须分别设置

D. 配电箱、开关箱应装设在干燥、通风及常温场所

2. 某在建工程外有电架空线路，该线路的外电线路电压等级为 10 kV，则该在建工程与外电架空线路的边线之间的最小安全操作距离应为（　　）。

A. 7.0 m　　B. 8.0 m

C. 10.0 m　　D. 15.0 m

3. 关于配电室配置的说法，正确的是（　　）。

A. 配电柜正面的操作通道宽度，单列布置或双列背对背布置不小于 1 m，双列面对面布置不小于 2 m

B. 配电柜侧面的维护通道宽度不小于 3 m

C. 配电室围栏上端与其正上方带电部分的净距不小于 0.5 m

D. 配电室内的裸母线与地面垂直距离不大于 2.5 m 时，应采用遮栏隔离

4. 动力、照明线在同一横担上架设时，导线相序排列是面向负荷从左侧起依次为（　　）。

A. PE、L_3、L_2、L_1、N　　B. N、L_1、L_2、L_3、PE

C. L_1、L_2、L_3、N、PE　　D. L_1、N、L_2、L_3、PE

5. 关于配电箱和开关箱的构造的说法，错误的是（　　）。

A. 配电箱、开关箱中导线的进线口和出线口应设在箱体的上顶面

B. 配电箱、开关箱内的连接线必须采用铜芯绝缘导线

C. 配电箱的电器安装板上必须分设 N 线端子板和 PE 线端子板

D. 移动式配电箱、开关箱的进、出线应采用橡皮护套绝缘电缆，不得有接头

6. 施工升降机和物料提升机的上下极限位置应设置（　　）。

A. 紧急停止开关　　B. 行程开关

C. 限位开关　　D. 驱动机构和制动器

7. 电焊机械的二次线应采用（　　）。

A. 耐气候型橡皮护套铜芯软电缆　　B. 防水橡皮护套铜芯软电缆

C. 铠装电缆　　D. 护套绝缘导线

二、案例分析题

某建设项目的项目部电气工程技术人员组织编制了现场临时用电组织设计。临时用电组织设计要求施工现场临时配电线路采用埋地方法进行敷设，现场的配电箱、开关箱采用冷轧钢板进行制作，箱体表面按要求做了防腐处理。其中，总配电箱所设总漏电保护器是同时具备短路、过载、漏电保护功能的漏电断路器。

在施工过程中，为方便现场施工，项目部新购买了一批手持电动工具。现场安全员要求工人使用前应认真阅读产品使用说明书和安全操作规程，详细了解工具的性能和掌握正确使用方法。

根据以上场景，回答下列问题（1 ~ 2 题为单选题，3 ~ 5 题为多选题）：

1. 施工现场的埋地敷设电缆宜选用（　　）。

A. 铠装电缆　　B. 无铠装电缆

C. 绝缘导线　　D. 聚氯乙烯绝缘软电缆

E. 阻燃橡套电缆

2. 总配电箱中漏电保护器的额定漏电动作电流与额定漏电动作时间的乘积不应大于(　　)。

A. 10 mA · s
B. 20 mA · s
C. 30 mA · s
D. 40 mA · s
E. 50 mA · s

3. 当所设总漏电保护器是同时具备短路、过载、漏电保护功能的漏电断路器时,可不设(　　)。

A. 总隔离开关
B. 分路断路器
C. 总断路器
D. 分路熔断器
E. 总熔断器

4. 关于手持电动工具的安全使用要求的说法,正确的有(　　)。

A. 在潮湿场所,开关箱应设置在作业场所处干燥区域
B. 在一般场所,宜选用Ⅱ类手持式电动工具
C. 在潮湿场所或金属构架上应使用Ⅱ类手持式电动工具
D. 狭窄场所必须选用由安全隔离变压器供电的Ⅲ类手持式电动工具
E. 使用手持式电动工具时,作业人员不用穿戴防护用品

5. 编制临时用电组织设计及变更时,必须履行的程序一般包括(　　)。

A. 编制
B. 审核
C. 论证
D. 批准
E. 调研

答案详解

一、单项选择题

1. C。【解析】动力配电箱与照明配电箱宜分别设置。当合并设置为同一配电箱时,动力和照明应分路配电;动力开关箱与照明开关箱必须分设。故选项 C 错误。

2. B。【解析】在施工程(含脚手架)的周边与外电架空线路的边线之间的最小安全操作距离如下表所示。

外电线路电压等级/kV	<1	1 ~ 10	35 ~ 110	220	330 ~ 500
最小安全操作距离/m	7.0	8.0	8.0	10.0	15.0

注:上、下脚手架的斜道不宜设在有外电线路的一侧。

3. D。【解析】配电柜正面的操作通道宽度,单列布置或双列背对背布置不应小于 1.5 m,双列面对面布置不应小于 2 m。故选项 A 错误。配电柜侧面的维护通道宽度不应小于 1 m。故选项 B 错误。配电室围栏上端与其正上方带电部分的净距不应小于 0.075 m。故选项 C 错误。

4. D。【解析】动力、照明线在同一横担上架设时,导线相序排列是:面向负荷从左侧起依次为 L_1、N、L_2、L_3、PE。动力、照明线在二层横担上分别架设时,导线相序排列是:上层横担面向负荷从左侧起依次为 L_1、L_2、L_3;下层横担面向负荷从左侧起依次为 L_1(L_2、L_3)、N、PE。

5. A。【解析】配电箱、开关箱的导线进出线口应设在箱体的下底面。故选项 A 错误。

6. C。【解析】施工升降机笼内外均应安装紧急停止开关。施工升降机和物料提升机的上

下极限位置应设置限位开关。每日工作前必须对施工升降机和物料提升机的行程开关、限位开关、紧急停止开关、驱动机构和制动器等进行空载检查，正常工作后方可使用。检查时必须有防坠落措施。

7. B。【解析】电焊机械的二次线应采用防水橡皮护套铜芯软电缆，电缆长度不应大于 30 m，不得采用金属构件或结构钢筋代替二次线的地线。

二、案例分析题

1. A。【解析】电缆线路应采用埋地或架空敷设，并应避免机械损伤和介质腐蚀。埋地电缆路径应设标识桩。电缆类型应根据敷设方式、环境条件等因素选择。埋地敷设宜选用铠装电缆，架空敷设宜选用无铠装电缆。当选用无铠装电缆时，应能防水、防腐。

2. C。【解析】总配电箱中剩余电流动作保护器的额定剩余动作电流应大于 30 mA，额定剩余电流动作时间应大于 0.1 s，但其额定剩余动作电流与额定剩余动作时间的乘积不应大于 30 mA · s。

3. CE。【解析】总配电箱的电器应具备电源隔离，正常接通与分断电路，以及短路、过载、漏电保护功能。电器设置应符合下列原则：(1) 当总路设置总剩余电流动作保护器时，还应装设总隔离开关、分路隔离开关以及总断路器、分路断路器或总熔断器、分路熔断器。(2) 当各分路设置分路剩余电流动作保护器时，还应装设总隔离开关、分路隔离开关以及总断路器、分路断路器或总熔断器、分路熔断器。(3) 隔离开关应设置于电源进线端，应采用分断时具有可见分断点，并能同时断开电源所有极的隔离电器。当采用分断时具有可见分断点的断路器，可不另设隔离开关。

4. ABCD。【解析】使用手持式电动工具时，作业人员应穿戴安全防护用品。故选项 E 错误。

5. ABD。【解析】临时用电组织设计及变更时，应按照《危险性较大的分部分项工程安全管理规定》的要求，履行“编制、审核、批准”程序。变更临时用电组织设计时，应补充有关图纸资料。

第四章　安全防护

考情解读 

考·纲·要·求

掌握安全帽、安全带、安全网等安全防护用品正确使用要求以及临边与洞口作业、攀登与悬空作业、操作平台与交叉作业等安全防护要求。运用建筑施工安全技术和相关标准，分析高处作业施工过程中存在的危险、有害因素，制定相应安全技术措施。

命·题·分·析

本章知识点在选择题和案例分析题中均有考查。其中，选择题每年基本考查 2 ~ 3 道，案例分析题至少 1 道。本章内容包括建筑施工安全帽安全防护技术、建筑施工安全带安全防护技术、建筑施工安全网安全防护技术、高处作业安全防护技术、临边与洞口作业安全防护技术、攀登与悬空作业安全防护技术、操作平台安全防护技术、交叉作业安全防护技术。

历年真题考查过高处作业的高度计算、洞口作业技术要点、悬挑式操作平台的基本规定等。

另外，高处作业高度划分及安全防护技术必须牢记，临边与洞口作业、悬挑式操作平台作业也需重点掌握。

考点解读 

考点一　建筑施工安全帽安全防护技术

该部分内容主要依据《头部防护安全帽》对安全帽的术语和定义、分类与标记、技术要求、出厂检验要求、使用时注意事项进行讲解。

(一) 术语和定义

安全帽是指对使用者头部受坠落物或小型飞溅物体等其他特定因素引起的伤害起防护作用的帽。一般由帽壳、帽衬及配件等组成。

帽壳是指安全帽的外壳。一般由壳体、帽舌、帽檐、顶筋等部分组成。

帽衬是指安全帽内部部件的总称。一般由帽箍、吸汗带、顶带、缓冲垫等组成。

(二) 分类与标记

安全帽按性能分为普通型(P)和特殊型(T)。普通型安全帽是用于一般作业场所，具备基本防护性能的安全帽产品；特殊型安全帽是除具备基本防护性能外，还具备一项或多项特殊性能的安全帽产品，适用于与其性能相应的特殊作业场所。

带有电绝缘性能的特殊型安全帽按耐受电压大小分为 G 级和 E 级。G 级电绝缘测试电压为 2 200 V，E 级电绝缘测试电压为 20 000 V。

安全帽的分类标记由产品名称、性能标记组成。

安全帽的分类标记如表 4-1 所示，按表中从上至下的顺序选择相应性能进行标记。

表 4-1 安全帽的分类标记

<table>
<tr><th>产品类别</th><th>符号</th><th>特殊性能分类</th><th colspan="2">性能标记</th><th>备注</th></tr>
<tr><td>普通型</td><td>P</td><td>—</td><td colspan="2">—</td><td>—</td></tr>
<tr><td rowspan="9">特殊型</td><td rowspan="9">T</td><td>阻燃</td><td colspan="2">Z</td><td>—</td></tr>
<tr><td>侧向刚性</td><td colspan="2">LD</td><td>—</td></tr>
<tr><td>耐低温</td><td colspan="2">-30 ℃</td><td>—</td></tr>
<tr><td>耐极高温</td><td colspan="2">+150 ℃</td><td>—</td></tr>
<tr><td rowspan="2">电绝缘</td><td rowspan="2">J</td><td>G</td><td>测试电压 2 200 V</td></tr>
<tr><td>E</td><td>测试电压 20 000 V</td></tr>
<tr><td>防静电</td><td colspan="2">A</td><td>—</td></tr>
<tr><td>耐熔融金属飞溅</td><td colspan="2">MM</td><td>—</td></tr>
</table>

示例 1:普通型安全帽标记为:安全帽(P)。

示例 2:具备侧向刚性、耐低温性能的安全帽标记为:安全帽(TLD -30 ℃)。

示例 3:具备侧向刚性、耐极高温性能、电绝缘性能,测试电压为 20 000 V 的安全帽标记为:安全帽(TLD +150 ℃JE)。

(三)技术要求

安全帽不得使用有毒、有害或引起皮肤过敏等伤害人体的材料。不得使用回收、再生材料作为安全帽受力部件(如帽壳、顶带、帽箍等)的原料。材料耐老化性能应不低于产品标识明示的使用期限,正常使用的安全帽在使用期限内不能因材料原因导致防护功能失效。

安全帽基本性能要求如下:

(1)帽箍:帽箍应可根据安全帽标识中明示的适用头围尺寸进行调整。

(2)吸汗带:帽箍对应前额的区域应有吸汗性织物或增加吸汗带,吸汗带宽度应不小于帽箍的宽度。

(3)下颏带尺寸:安全帽如有下颏带,应使用宽度不小于 10 mm 的织带或直径不小于 5 mm 的绳。

(4)帽壳:帽壳表面不能有气泡、缺损及其他有损性能的缺陷。

(5)部件安装:安全帽各部件的安装应牢固,无松脱、滑落现象。

(6)质量(不包括附件):特殊型安全帽不应超过 600 g;普通型安全帽不应超过 430 g;产品实际质量与标记质量相对误差不应大于 5%。

(7)帽舌:按照相关规定的方法测试,帽舌应≤70 mm。

(8)帽沿:按照相关规定的方法测试,帽沿应≤70 mm。

(9)佩戴高度:按照相关规定的方法测量,佩戴高度应≥80 mm。

(10)垂直间距:按照相关规定的方法测量,垂直间距应≤50 mm。

(11)水平间距:按照相关规定的方法测量,水平间距应≥6 mm。

(12)帽壳内突出物:帽壳内侧与帽衬之间存在的尖锐锋利突出物高度不得超过 6 mm,突出物应有软垫覆盖。

(13)通气孔:当帽壳留有通气孔时,通气孔总面积不应大于 450 mm^2。

(14)下颏带强度：当安全帽有下颏带时，按照规范规定的方法测试，下颏带发生破坏时的力值应介于150～250 N之间。

(15)附件：当安全帽配有附件(如防护面屏、护听器、照明装置、通信设备、警示标识、信息化装置等)时，附件应不影响安全帽的佩戴稳定性，同时不影响其正常防护功能。

(16)冲击吸收性能：按照相关规定的方法测试，经高温[(50±2)℃]、低温[(－10±2)℃]、浸水[(水温20±2)℃]、紫外线照射预处理后做冲击测试，传递到头模的力不应大于4 900 N，帽壳不得有碎片脱落。

(17)耐穿刺性能：按照规范规定的方法测试，经高温[(50±2)℃]、低温[(－10±2)℃]、浸水[(水温20±2)℃]、紫外线照射预处理后做穿刺测试，钢锥不得接触头模表面，帽壳不得有碎片脱落。

(四)出厂检验要求

生产企业应按照生产批次对安全帽逐批进行出厂检验。检查批量以一次生产投料为一批次，检验项目名称、检验项目条款号、批量范围、样本大小、不合格分类、判定数组如表4-2所示。

表4-2　出厂检验

<table>
<tr><th rowspan="2">检验项目名称</th><th rowspan="2">批量范围</th><th rowspan="2">单项检验样本大小</th><th rowspan="2">不合格分类</th><th colspan="2">单项判定数组</th></tr>
<tr><th>合格判定数</th><th>不合格判定数</th></tr>
<tr><td>冲击吸收性能(除紫外线照射)</td><td rowspan="3"><500</td><td rowspan="3">1</td><td rowspan="10">A</td><td rowspan="10">0</td><td rowspan="10">1</td></tr>
<tr><td>耐穿刺性能(除紫外线照射)</td></tr>
<tr><td>阻燃性能(适用时)</td></tr>
<tr><td>侧向刚性(适用时)</td><td rowspan="3">500～5 000</td><td rowspan="3">2</td></tr>
<tr><td>耐低温性能(适用时)</td></tr>
<tr><td>耐极高温性能(适用时)</td></tr>
<tr><td>电绝缘性能(适用时)</td><td rowspan="4">>5 000</td><td rowspan="4">4</td></tr>
<tr><td>防静电性能(适用时)</td></tr>
<tr><td>耐熔融金属飞溅性能(适用时)</td></tr>
<tr><td>标识</td></tr>
<tr><td>帽箍</td><td rowspan="6"><500</td><td rowspan="6">1</td><td rowspan="6">B</td><td rowspan="6">1</td><td rowspan="6">2</td></tr>
<tr><td>部件安装</td></tr>
<tr><td>质量</td></tr>
<tr><td>垂直间距</td></tr>
<tr><td>帽壳内突出物</td></tr>
<tr><td>下颏带强度(适用时)</td></tr>
</table>

(五)使用时注意事项

(1)头顶与帽体内顶保持一定距离。因为缓冲衬垫的松紧由带子调节,所以人的头顶和帽体内顶部的空间垂直距离,一般在25~50 mm之间,至少不要少于32 mm为好。这样才能保证当遭受到冲击时,帽体有足够的空间可供缓冲,平时也有利于头和帽体间的通风。

(2)下颊带必须扣在颌下并系牢。安全帽的下颊带必须扣在颌下并系牢,松紧要适度。这样不至于被大风吹掉,或者是被其他障碍物碰掉,或者由于头的前后摆动,使安全帽脱落。

(3)不要为透气随便再行开孔。安全帽体顶部除了在帽体内部安装了帽衬外,有的还开了小孔通风。在使用时不要为透气而随便再行开孔,因为这样做将会使帽体的强度降低。

(4)受过重击的安全帽均应报废。由于安全帽在使用过程中,会逐渐损坏。所以要定期检查,检查有没有龟裂、下凹、裂痕和磨损等情况,发现异常现象要立即更换,不准再继续使用。任何受过重击、有裂痕的安全帽,不论有无损坏现象,均应报废。

(5)严禁使用只有下颌带与帽壳连接的安全帽,也就是帽内无缓冲层的安全帽。

(6)室内作业也要佩戴安全帽。特别是在室内带电作业时,更要认真戴好安全帽,因为安全帽不但可以防碰撞,而且还能起到绝缘作用。

(7)无安全帽一律不准进入施工现场。

(8)注重清洁与保护。平时使用安全帽时应保持整洁,不能接触火源,不要任意涂刷油漆,不准当凳子坐,防止丢失。如果丢失或损坏,必须立即补发或更换。

考点二 建筑施工安全带安全防护技术

该部分内容主要依据《坠落防护安全带》对安全带的术语和定义、分类与标记、技术要求、使用时注意事项进行讲解。

(一)术语和定义

安全带是指在高处作业、攀登及悬吊作业中固定作业人员位置、防止作业人员发生坠落或发生坠落后将作业人员安全悬挂的个体防护装备的系统。

围杆作业用安全带是指通过围绕在固定构造物上的绳或带将人体绑定在固定构造物附近,防止人员滑落使作业人员的双手可以进行其他操作的个体坠落防护系统。

区域限制用安全带是指通过限制作业人员的活动范围,避免其到达可能发生坠落区域的个体坠落防护系统。

坠落悬挂用安全带是指当作业人员发生坠落时,通过制动作用将作业人员安全悬挂的个体坠落防护系统。

(二)分类与标记

安全带按作业类别分为区域限制用安全带、围杆作业用安全带、坠落悬挂用安全带。

安全带的标记由安全带作业类别及附加功能两部分组成。安全带作业类别:区域限制用字母Q表示、围杆作业用字母W表示、坠落悬挂用字母Z表示。安全带附加功能:防静电功能用字母 E 表示、阻燃功能用字母 F 代表、救援功能用字母 R 代表、耐化学品功能用字母 C 表示。

安全带的标记应以汉字或字母的形式明示于产品标识。

(三)技术要求

安全带中使用的零部件应圆滑,不应有锋利边缘,与织带接触的部分应采用圆角过渡。安全带中使用的动物皮革不应有接缝。安全带中的织带应为整根,同一织带两连接点之间不应接缝。安全带同工作服设计为一体时不应封闭在衬里内。安全带中的主带扎紧扣应可靠,不应意外开启,不应对织带造成损伤。安全带中的腰带应与护腰带同时使用。

区域限制用安全带应符合下列要求:区域限制安全带各零部件应能承受相应的测试载荷;带扣不应松脱,模拟人不应与系带滑脱;系带不应出现明显的不对称滑移;连接器不应打开,零部件不应断裂;织带或绳在各调节扣内的最大滑移应小于或等于 25 mm。

围杆作业用安全带应符合下列要求:带扣不应松脱,模拟人不应与系带滑脱或坠落至地面;连接器不应打开,零部件不应断裂;系带不应出现明显的不对称滑移;模拟人悬吊在空中时模拟人的腋下、大腿内侧不应有金属件;模拟人悬吊在空中时不应有任何部件压迫模拟人的喉部、外生殖器;织带或绳在各调节扣内的最大滑移应小于或等于 25 mm。

坠落悬挂用安全带应符合下列要求:带扣不应松脱,模拟人不应与系带滑脱或坠落至地面;连接器不应打开,零部件不应断裂;安全带冲击作用力峰值应小于或等于 6 kN;安全带应标明伸展长度,且伸展长度应小于或等于永久标识中明示的数值;模拟人悬吊在空中时不应出现头朝下的现象;系带不应出现明显不对称滑移或不对称变形;模拟人悬吊在空中时其腋下、大腿内侧不应有金属件;模拟人悬吊在空中时不应有任何部件压迫其喉部、外生殖器;织带或绳在各调节扣内的最大滑移应小于或等于 25 mm;如果系带具备坠落指示功能,坠落指示功能应正常显示坠落发生。

(四)使用时注意事项

在没有脚手架或者在没有栏杆的脚手架上工作,高度超过 2 m 时,必须使用安全带。安全带一般应做到高挂低用,挂在牢固可靠处,不准将绳打结使用。在没有可以直接挂设的地方,应当设置安全绳和安全栏杆,方便挂设安全带,禁止将安全带挂在移动或不牢固的物件上。安全带使用后有专人负责,存放在干燥、通风的仓库内。

考点三　建筑施工安全网安全防护技术

(一)术语和定义

安全网是用来防止人、物坠落,或用来避免、减轻坠落及物击伤害的网具。安全网一般由网体、边绳、系绳等组成。安全网按功能分为安全平网、安全立网及密目式安全立网。

安全平网是安装平面不垂直于水平面,用来防止人、物坠落,或用来避免、减轻坠落及物击伤害的安全网,简称为平网。

安全立网是安装平面垂直于水平面,用来防止人、物坠落,或用来避免、减轻坠落及物击伤害的安全网,简称为立网。

密目式安全立网是网眼孔径不大于 12 mm,垂直于水平面安装,用于阻挡人员、视线、自然风、飞溅及失控小物体的网，简称为密目网。密目网一般由网体、开眼环扣、边绳和附加系绳组成。

（二）分类与标记

平（立）网的分类标记由产品材料、产品分类及产品规格尺寸三部分组成。其中，产品分类以字母 P 代表平网、字母 L 代表立网；产品规格尺寸以宽度×长度表示，单位为 m；阻燃型网应在分类标记后加注“阻燃”字样。

密目网的分类标记由产品分类、产品规格尺寸和产品级别三部分组成。其中，产品分类以字母 ML 代表密目网；产品规格尺寸以宽度×长度表示，单位为 m；产品级别分为 A 级和 B 级。

（三）技术要求

安全网的技术要求如表 4-3 所示。

表 4-3　安全网的技术要求

名称	技术要求
安全平（立）网	（1）材料：采用锦纶、维纶、涤纶或其他材料制成，其物理性能、耐候性应符合标准要求。 （2）质量：单张平（立）网质量不宜超过 15 kg。 （3）绳结构：所用的网绳、边绳、系绳、筋绳均应由不小于 3 股单绳制成。绳头部分应经过编花、燎烫等处理，不应散开。 （4）节点：所有节点应固定。 （5）网目形状及边长：形状应为菱形或方形，其网目边长不应大于 8 cm。 （6）规格尺寸：平网宽度不应小于 3 m，立网宽（高）度不应小于 1.2 m。 （7）系绳间距及长度：平（立）网的系绳与网体应牢固连接，各系绳沿网边均匀分布，相邻两系绳间距不应大于 75 cm，系绳长度不小于 80 cm。当筋绳加长用作系绳时，其系绳部分必须加长，且与边绳系紧后，再折回边绳系紧，至少形成双根。 （8）筋绳间距：筋绳分布应合理，平网上两根相邻筋的距离不应小于 30 cm。 （9）绳断裂强力、耐冲击性能、耐候性和阻燃性能相关技术要求参考《安全网》
密目式安全立网	（1）缝线不应有跳针、漏缝、缝边应均匀。 （2）每张密目网允许有一个缝接，缝接部位应端正牢固。 （3）网体上不应有断纱、破洞、变形及有碍使用的编织缺陷。 （4）密目网各边缘部位的开眼环扣应牢固可靠。 （5）密目网的宽度应介于 1.2～2 m。长度由合同双方协议条款指定，但最低不应小于 2 m。 （6）网目、网宽度的允许偏差为 ±5%。 （7）开眼环扣孔径不应小于 8 mm，网眼孔径不应大于 12 mm。 （8）断裂强力×断裂伸长。按规定的方法进行测试，长、宽方向的断裂强力（kN）×断裂伸长（mm）：A 级不应小于 65 kN · mm；B 级不应小于 50 kN · mm。 （9）接缝部位抗拉强力：按规定的方法进行测试，接缝部位抗拉强力不应小于断裂强力。 （10）梯形法撕裂强力：按规定的方法进行测试，长、宽方向的梯形法撕裂强力不应小于对应方向断裂强力的 5%。 （11）开眼环扣强力：按规定的方法进行测试，长、宽方向的开眼环扣强力（N）不应小于 2.45×对应方向环扣间距

（四）出厂检验要求

生产企业应对所生产的安全网批次逐批进行出厂检验，检验项目、单项检验样本大小、不合格分类、判定数组如表4-4、表4-5所示。

表4-4 平（立）网的出厂检验要求

检验项目	批量范围	单项检验样本大小	不合格分类	单项判定数组	
				合格判定数	不合格判定数
系绳间距及长度 筋绳间距 绳断裂强力 耐冲击性能 标识	≤500	3	A	0	1
	501～5 000	5			
	≥5 001	8			
节点 网目形状及边长 规格尺寸	≤500	3	B	1	2
	501～5 000	5			
	≥5 001	8			

表4-5 密目式安全立网的出厂检验要求

检验项目	批量范围	单项检验样本大小	不合格分类	单项判定数组	
				合格判定数	不合格判定数
断裂强力×断裂伸长 接缝部位抗拉强力 梯形法撕裂强力 开眼环扣强力 系绳断裂强力 耐贯穿性能 耐冲击性能 阻燃性能 标识	≤500	3	A	0	1
	501～5 000	5			
	≥5 001	8			
一般要求	≤500	3	B	1	2
	501～5 000	5			
	≥5 001	8			

如安全网的贮存期超过两年，应按0.2%抽样，不足1 000张时抽样2张进行耐冲击性能测试，测试合格后方可销售使用。

（五）建筑施工安全网的选用要求

（1）建筑施工安全网的选用应符合下列规定：

①安全网材质、规格、物理性能、耐火性、阻燃性应满足现行国家标准《安全网》的规定。

②密目式安全立网的网目密度应为10 cm×10 cm面积上大于或等于2 000目。

（2）采用平网防护时，严禁使用密目式安全立网代替平网使用。

(3)密目式安全立网使用前,应检查产品分类标记、产品合格证、网目数及网体重量,确认合格方可使用。

(六)建筑施工安全网的搭设要求

(1)安全网搭设应绑扎牢固、网间严密。安全网的支撑架应具有足够的强度和稳定性。

(2)密目式安全立网搭设时,每个开眼环扣应穿入系绳,系绳应绑扎在支撑架上,间距不得大于450 mm。相邻密目网间应紧密结合或重叠。

(3)当立网用于龙门架、物料提升架及井架的封闭防护时,四周边绳应与支撑架贴紧,边绳的断裂张力不得小于3 kN,系绳应绑在支撑架上,间距不得大于750 mm。

(4)用于电梯井、钢结构和框架结构及构筑物封闭防护的平网,应符合下列规定:

①平网每个系结点上的边绳应与支撑架靠紧,边绳的断裂张力不得小于7 kN,系绳沿网边应均匀分布,间距不得大于750 mm。

②电梯井内平网网体与井壁的空隙不得大于25 mm,安全网拉结应牢固。

考点四　建筑施工安全标志及其使用技术

该部分内容主要依据《安全标志及其使用导则》对安全标志的设置、使用进行讲解。

(一)术语和定义

安全标志是用以表达特定安全信息的标志,由图形符号、安全色、几何形状(边框)或文字构成。

安全色是传递安全信息含义的颜色,包括红、蓝、黄、绿四种颜色。

禁止标志是禁止人们不安全行为的图形标志。

警告标志是提醒人们对周围环境引起注意,以避免可能发生危险的图形标志。

指令标志是强制人们必须做出某种动作或采用防范措施的图形标志。

提示标志是向人们提供某种信息(如标明安全设施或场所等)的图形标志。

说明标志是向人们提供特定提示信息(标明安全分类或防护措施等)的标记,由几何图形边框和文字构成。

环境信息标志是所提供的信息涉及较大区域的图形标志。标志种类代号:H。

局部信息标志是所提供的信息只涉及某地点,甚至某个设备或部件的图形标志。标志种类代号:J。

(二)标志类型

安全标志分禁止标志、警告标志、指令标志和提示标志四大类型。

1. 禁止标志

禁止标志的基本形式是带斜杠的圆边框,如图4-1所示。

图4-1　禁止标准的基本形式

禁止标志包括禁止吸烟、禁止烟火、禁止带火种、禁止用水灭火、禁止放置易燃物、禁止堆放、禁止启动、禁止合闸、禁止转动、禁止叉车和厂内机动车辆通行、禁止乘人、禁止靠近、禁止入内、禁止推动、禁止停留、禁止通行、禁止跨越、禁止攀登、禁止跳下、禁止伸出窗外、禁止倚靠、禁止坐卧、禁止蹬踏、禁止触摸、禁止伸入、禁止饮用、禁止抛物、禁止戴手套、禁止穿化纤服装、禁止穿带钉鞋、禁止开启无线移运通信设备、禁止携带金属物或手表、禁止佩戴心脏起搏器者靠近、禁止植入金属材料者靠近、禁止游泳、禁止滑冰、禁止携带武器及仿真武器、禁止携带托运易燃及易爆物品、禁止携带托运有毒物品及有害液体、禁止携带托运放射性及磁性物品。

2. 警告标志

警告标志的基本形式是正三角形边框，如图 4-2 所示。

图 4-2　警告标志的基本形式

警告标志包括注意安全、当心火灾、当心爆炸、当心腐蚀、当心中毒、当心感染、当心触电、当心电缆、当心自动启动、当心机械伤人、当心塌方、当心冒顶、当心坑洞、当心落物、当心吊物、当心碰头、当心挤压、当心烫伤、当心伤手、当心夹手、当心扎脚、当心有犬、当心弧光、当心高温表面、当心低温、当心磁场、当心电离辐射、当心裂变物质、当心激光、当心微波、当心叉车、当心车辆、当心火车、当心坠落、当心障碍物、当心跌落、当心滑倒、当心落水、当心缝隙。

3. 指令标志

指令标志的基本形式是圆形边框，如图 4-3 所示。

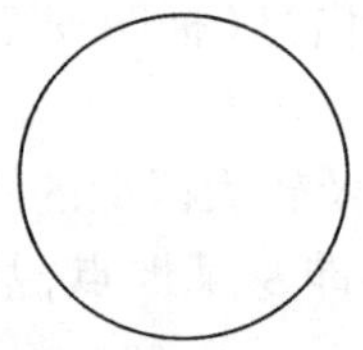

图 4-3　指令标志的基本形式

指令标志包括必须戴防护眼镜、必须配戴遮光护目镜、必须戴防尘口罩、必须戴防毒面具、必须戴护耳器、必须戴安全帽、必须戴防护帽、必须系安全带、必须穿救生衣、必须穿防护服、必须戴防护手套、必须穿防护鞋、必须洗手、必须加锁、必须接地、必须拔出插头。

4. 提示标志

提示标志的基本形式是正方形边框，如图 4-4 所示。

图 4-4　提示标志的基本形式

提示标志包括紧急出口、避险处、应急避难场所、可动火区、击碎板面、急救点、应急电话、紧急医疗站。

提示标志提示目标的位置时要加方向辅助标志。按实际需要指示左向时，辅助标志应放在图形标志的左方；如指示右向时，则应放在图形标志的右方。如图 4-5 所示。

图 4-5　应用方向辅助标志示例

5. 文字辅助标志

文字辅助标志的基本形式是矩形边框。文字辅助标志有横写和竖写两种形式。

横写时，文字辅助标志写在标志的下方，可以和标志连在一起，也可以分开。禁止标志、指令标志为白色字；警告标志为黑色字。禁止标志、指令标志衬底色为标志的颜色，警告标志衬底色为白色。

竖写时，文字辅助标志写在标志杆的上部。禁止标志、警告标志、指令标志、提示标志均为白色衬底，黑色字。标志杆下部色带的颜色应和标志的颜色相一致。

6. 激光辐射窗口标志和说明标志

激光辐射窗口标志和说明标志应配合“当心激光”警告标志使用，说明标志包括激光产品辐射分类说明标志和激光辐射场所安全说明标志。

(三)颜色

1. 安全色

红色：传递禁止、停止、危险或提示消防设备、设施的信息。

蓝色：传递必须遵守规定的指令性信息。

黄色：传递注意、警告的信息。

绿色：传递安全的提示性信息。

2. 对比色

安全色与对比色同时使用时，应按表 4-6 的规定搭配使用。

表 4-6　安全色的对比色

安全色	红色	蓝色	黄色	绿色
对比色	白色	白色	黑色	白色

黑色用于安全标志的文字、图形符号和警告标志的几何边框。

白色用于安全标志中红、蓝、绿的背景色，也可用于安全标志的文字和图形符号。

3. 安全色与对比色的相间条纹

相间条纹为等宽条纹，倾斜约 45°。红色与白色相间条纹表示禁止或提示消防设备、设施位置的安全标记。黄色与黑色相间条纹表示危险位置的安全标记。蓝色与白色相间条纹表示指令的安全标记，传递必须遵守规定的信息。绿色与白色相间条纹表示安全环境的安全标记。

（四）安全标志牌的要求

1. 标志牌的衬边

安全标志牌要有衬边。除警告标志边框用黄色勾边外，其余全部用白色将边框勾一窄边，即为安全标志的衬边，衬边宽度为标志边长或直径的 0.025 倍。

2. 标志牌的材质

安全标志牌应采用坚固耐用的材料制作，一般不宜使用遇水变形、变质或易燃的材料。有触电危险的作业场所应使用绝缘材料。

3. 标志牌表面质量

标志牌应图形清楚，无毛刺、孔洞和影响使用的任何疵病。

（五）标志牌的型号选用

工地、工厂等的入口处设 6 型或 7 型。车间入口处、厂区内和工地内设 5 型或 6 型。车间内设 4 型或 5 型。局部信息标志牌设 1 型、2 型或 3 型。

无论厂区或车间内，所设标志牌其观察距离不能覆盖全厂或全车间面积时，应多设几个标志牌。

（六）标志牌的设置高度

标志牌设置的高度，应尽量与人眼的视线高度相一致。悬挂式和柱式的环境信息标志牌的下缘距地面的高度不宜小于 2 m；局部信息标志的设置高度应视具体情况确定。

（七）安全标志牌的使用要求

标志牌应设在与安全有关的醒目地方，并使大家看见后，有足够的时间来注意它所表示的内容。环境信息标志宜设在有关场所的入口处和醒目处；局部信息标志应设在所涉及的相应危险地点或设备（部件）附近的醒目处。

标志牌不应设在门、窗、架等可移动的物体上，以免标志牌随母体物体相应移动，影响认读。标志牌前不得放置妨碍认读的障碍物。

标志牌的平面与视线夹角应接近 90°，观察者位于最大观察距离时，最小夹角不低于 75°。

标志牌应设置在明亮的环境中。

多个标志牌在一起设置时，应按警告、禁止、指令、提示类型的顺序，先左后右、先上后下地排列。

标志牌的固定方式分附着式、悬挂式和柱式三种。悬挂式和附着式的固定应稳固不倾斜，柱式的标志牌和支架应牢固地联接在一起。

（八）检查与维修

安全标志牌至少每半年检查一次，如发现有破损、变形、褪色等不符合要求时应及时修整或更换。在修整或更换激光安全标志时应有临时的标志替换，以避免发生意外的伤害。

考点五　高处作业安全防护技术

高处作业是指在坠落高度基准面 2 m 及以上有可能坠落的高处进行的作业。

(一)高处作业分级

1. 高处作业的高度划分

高处作业高度分为2 m至5 m、5 m以上至15 m、15 m以上至30 m及30 m以上四个区段。

2. 直接引起坠落的客观危险因素

直接引起坠落的客观危险因素分为十一种:

(1)阵风风力五级(风速8.0 m/s)以上。

(2)相关规定规定的Ⅱ级或Ⅱ级以上的高温作业。

(3)平均气温等于或低于5 ℃的作业环境。

(4)接触冷水温度等于或低于12 ℃的作业。

(5)作业场地有冰、雪、霜、水、油等易滑物。

(6)作业场所光线不足,能见度差。

(7)作业活动范围与危险电压带电体的距离小于表4-7的规定。

表4-7 作业活动范围与危险电压带电体的距离

危险电压带电体的电压等级/kV	距离/m
≤10	1.7
35	2.0
63~110	2.5
220	4.0
330	5.0
500	6.0

(8)摆动,立足处不是平面或只有很小的平面,即任一边小于500 mm的矩形平面、直径小于500 mm的圆形平面或具有类似尺寸的其他形状的平面,致使作业者无法维持正常姿势。

(9)规范规定的Ⅲ级或Ⅲ级以上的体力劳动强度。

(10)存在有毒气体或空气中含氧量低于0.195的作业环境。

(11)可能会引起各种灾害事故的作业环境和抢救突然发生的各种灾害事故。

不存在上述列出的任一种客观危险因素的高处作业按表4-8规定的A类法分级,存在上述列出的一种或一种以上客观危险因素的高处作业按表4-8规定的B类法分级。

表4-8 高处作业分级表

分类法	高处作业高度/m			
	$2 \leq h_w \leq 5$	$5 < h_w \leq 15$	$15 < h_w \leq 30$	$h_w > 30$
A	Ⅰ	Ⅱ	Ⅲ	Ⅳ
B	Ⅱ	Ⅲ	Ⅳ	Ⅳ

3. 高处作业的高度计算方法

(1)可能坠落范围半径(R)的规定。根据基础高度(h_b)确定可能坠落范围半径(R)的规定如下:

①**当** 2 m≤h_b≤5 m **时,**R **为** 3 m。

②**当** 5 m<h_b≤15m **时,**R **为** 4 m。

③**当** 15 m<h_b≤30 m **时,**R **为** 5 m。

④**当** h_b>30 m **时,**R **为** 6 m。

(2)高处作业高度(h_w)计算步骤如下:

①确定基础高度(h_b)。

②确定可能坠落范围半径(R)。

③确定高处作业高度(h_w)。

(二)高处作业基本规定

建筑施工中凡涉及临边与洞口作业、攀登与悬空作业、操作平台、交叉作业及安全网搭设的,应在施工组织设计或施工方案中制定高处作业安全技术措施。

高处作业施工前,应按类别对安全防护设施进行检查、验收,验收合格后方可进行作业,并应做验收记录。验收可分层或分阶段进行。

高处作业施工前,应对作业人员进行安全技术交底,并应记录。应对初次作业人员进行培训。

应根据要求将各类安全警示标志悬挂于施工现场各相应部位,夜间应设红灯警示。高处作业施工前,应检查高处作业的安全标志、工具、仪表、电气设施和设备,确认其完好后,方可进行施工。

对施工作业现场可能坠落的物料,应及时拆除或采取固定措施。高处作业所用的物料应堆放平稳,不得妨碍通行和装卸。工具应随手放入工具袋;作业中的走道、通道板和登高用具,应随时清理干净;拆卸下的物料及余料和废料应及时清理运走,不得随意放置或向下丢弃。传递物料时不得抛掷。

在雨、霜、雾、雪等天气进行高处作业时,应采取防滑、防冻和防雷措施,并应及时清除作业面上的水、冰、雪、霜。当遇有 6 级及以上强风、浓雾、沙尘暴等恶劣气候,不得进行露天攀登与悬空高处作业。雨雪天气后,应对高处作业安全设施进行检查,当发现有松动、变形、损坏或脱落等现象时,应立即修理完善,维修合格后方可使用。

对需临时拆除或变动的安全防护设施,应采取可靠措施,作业后应立即恢复。

安全防护设施验收应包括下列主要内容:防护栏杆的设置与搭设;攀登与悬空作业的用具与设施搭设;操作平台及平台防护设施的搭设;防护棚的搭设;安全网的设置;安全防护设施、设备的性能与质量、所用的材料、配件的规格;设施的节点构造,材料配件的规格、材质及其与建筑物的固定、连接状况。

安全防护设施验收资料应包括下列主要内容:施工组织设计中的安全技术措施或施工方案;安全防护用品用具、材料和设备产品合格证明;安全防护设施验收记录;预埋件隐蔽验收记录;安全防护设施变更记录。

应有专人对各类安全防护设施进行检查和维修保养,发现隐患应及时采取整改措施。

安全防护设施宜采用定型化、工具化设施，防护栏应为黑黄或红白相间的条纹标示，盖件应为黄或红色标示。

提示

进行高处作业脚手架搭设时，作业人员应佩戴五点式安全带，并按规定正确使用。三点式安全带不适合坠落悬挂用高空作业，一旦坠落，很容易对人的骨骼造成冲击和损伤。

考点六　临边与洞口作业安全防护技术

临边作业是指在工作面边沿无围护或围护设施高度低于800 mm的高处作业，包括楼板边、楼梯段边、屋面边、阳台边、各类坑、沟、槽等边沿的高处作业。洞口作业是指在地面、楼面、屋面和墙面等有可能使人和物料坠落，其坠落高度大于或等于2 m的洞口处的高处作业。

（一）临边作业

在坠落高度基准面上方2 m及以上进行高空或高处作业时，应设置安全防护设施并采取防滑措施，高处作业人员应正确佩戴安全帽、安全带等劳动防护用品。

施工的楼梯口、楼梯平台和梯段边，应安装防护栏杆；外设楼梯口、楼梯平台和梯段边还应采用密目式安全立网封闭。

建筑物外围边沿处，对没有设置外脚手架的工程，应设置防护栏杆；对有外脚手架的工程，应采用密目式安全立网全封闭。密目式安全立网应设置在脚手架外侧立杆上，并应与脚手杆紧密连接。

施工升降机、龙门架和井架物料提升机等在建筑物间设置的停层平台两侧边，应设置防护栏杆、挡脚板，并应采用密目式安全立网或工具式栏板封闭。

停层平台口应设置高度不低于1.80 m的楼层防护门，并应设置防外开装置。井架物料提升机通道中间，应分别设置隔离设施。

（二）洞口作业

在建工程的预留洞口、通道口、楼梯口、电梯井口等孔洞以及无围护设施或围护设施高度低于1.2 m的楼层周边、楼梯侧边、平台或阳台边、屋面周边和沟、坑、槽等边沿应采取安全防护措施，并严禁随意拆除。

链接

各类洞口、临边的防护应根据具体情况采取加盖板、设置防护栏杆、密目网或工具式栏板等设施，并严禁随意拆除；确因施工需要，拆除后应及时恢复。盖板须有固定位置或防止移位的措施，禁止采用施工材料随意盖设。

电梯井口应设置防护门，其高度不应小于1.5 m，防护门底端距地面高度不应大于50 mm，并应设置挡脚板。

在电梯施工前，**电梯井道内应每隔2层且不大于10 m加设一道安全平网**。电梯井内的施工层上部，应设置隔离防护设施。

链接

电梯井内首层应设置双层水平安全网,间距为600 mm。井道内,施工层的下一层应设置硬质隔断。

洞口盖板应能承受不小于1 kN的集中荷载和不小于2 kN/m² 的均布荷载,有特殊要求的盖板应另行设计。

墙面等处落地的竖向洞口、窗台高度低于800 mm的竖向洞口及框架结构在浇筑完混凝土未砌筑墙体时的洞口,应按临边防护要求设置防护栏杆。

链接

在洞口、高处临边等通道附近需悬挂安全警示标志,夜间需设灯光警示。

(三)防护栏杆

临边作业的防护栏杆应由横杆、立杆及挡脚板组成,防护栏杆应符合下列规定:

(1)防护栏杆应为两道横杆,**上杆距地面高度应为1.2 m**,下杆应在上杆和挡脚板中间设置。

(2)当防护栏杆高度大于1.2 m时,应增设横杆,横杆间距不应大于600 mm。

(3)防护栏杆立杆间距不应大于2 m。

(4)挡脚板高度不应小于180 mm。

防护栏杆立杆底端应固定牢固,并应符合下列规定:

(1)当在土体上固定时,应采用预埋或打入方式固定。

(2)当在混凝土楼面、地面、屋面或墙面固定时,应将预埋件与立杆连接牢固。

(3)当在砌体上固定时,应预先砌入相应规格含有预埋件的混凝土块,预埋件应与立杆连接牢固。

防护栏杆杆件的规格及连接,应符合下列规定:

(1)当采用钢管作为防护栏杆杆件时,横杆及栏杆立杆应采用脚手钢管,并应采用扣件、焊接、定型套管等方式进行连接固定。

(2)当采用其他材料作防护栏杆杆件时,应选用与钢管材质强度相当的材料,并应采用螺栓、销轴或焊接等方式进行连接固定。

防护栏杆的立杆和横杆的设置、固定及连接,应确保防护栏杆在上下横杆和立杆任何部位处,均能承受任何方向1 kN的外力作用。当栏杆所处位置有发生人群拥挤、物件碰撞等可能时,应加大横杆截面或加密立杆间距。

防护栏杆应张挂密目式安全立网或用其他材料封闭。

考点七　攀登与悬空作业安全防护技术

攀登作业是指借助登高用具或登高设施进行的高处作业。悬空作业是指在周边无任何防护设施或防护设施不能满足防护要求的临空状态下进行的高处作业。

(一)攀登作业

登高作业应借助施工通道、梯子及其他攀登设施和用具。

攀登作业设施和用具应牢固可靠；当采用梯子攀爬作用时，踏面荷载不应大于1.1 kN；当梯面上有特殊作业时，应按实际情况进行专项设计。

同一梯子上不得两人同时作业。在通道处使用梯子作业时，应有专人监护或设置围栏。脚手架操作层上严禁架设梯子作业。

便携式梯子宜采用金属材料或木材制作，并应符合现行国家标准《便携式金属梯安全要求》和《便携式木梯安全要求》的规定。

使用单梯时梯面应与水平面成75°夹角，踏步不得缺失，梯格间距宜为300 mm，不得垫高使用。

折梯张开到工作位置的倾角应符合现行国家标准《便携式金属梯安全要求》和《便携式木梯安全要求》的规定，并应有整体的金属撑杆或可靠的锁定装置。

固定式直梯应采用金属材料制成，并应符合现行国家标准《固定式钢梯及平台安全要求　第1部分：钢直梯》的规定；梯子净宽应为400～600 mm，固定直梯的支撑应采用不小于L70×6的角钢，埋设与焊接应牢固。直梯顶端的踏步应与攀登顶面齐平，并应加设1.1～1.5 m高的扶手。

使用固定式直梯攀登作业时，当攀登高度超过3 m时，宜加设护笼；**当攀登高度超过8 m时，应设置梯间平台**。

钢结构安装时，应使用梯子或其他登高设施攀登作业。坠落高度超过2 m时，应设置操作平台。

当安装屋架时，应在屋脊处设置扶梯。扶梯踏步间距不应大于400 mm。屋架杆件安装时搭设的操作平台，应设置防护栏杆或使用作业人员拴挂安全带的安全绳。

深基坑施工应设置扶梯、入坑踏步及专用载人设备或斜道等设施。**采用斜道时，应加设间距不大于400 mm的防滑条等防滑措施**。作业人员严禁沿坑壁、支撑或乘运土工具上下。

（二）悬空作业

悬空作业是指在周边无任何防护设施或防护设施不能满足防护要求的临空状态下进行的高处作业。

悬空作业的立足处的设置应牢固，并应配置登高和防坠落装置和设施。

构件吊装和管道安装时的悬空作业应符合下列规定：

（1）**钢结构吊装，构件宜在地面组装，安全设施应一并设置**。

（2）吊装钢筋混凝土屋架、梁、柱等大型构件前，应在构件上预先设置登高通道、操作立足点等安全设施。

（3）在高空安装大模板、吊装第一块预制构件或单独的大中型预制构件时，应站在作业平台上操作。

（4）**钢结构安装施工宜在施工层搭设水平通道，水平通道两侧应设置防护栏杆；当利用钢梁作为水平通道时，应在钢梁一侧设置连续的安全绳，安全绳宜采用钢丝绳**。

（5）钢结构、管道等安装施工的安全防护宜采用工具化、定型化设施。

严禁在未固定、无防护设施的构件及管道上进行作业或通行。

当利用吊车梁等构件作为水平通道时，临空面的一侧应设置连续的栏杆等防护措施。

当安全绳为钢索时，钢索的一端应采用花篮螺栓收紧；当安全绳为钢丝绳时，钢丝绳的自然下垂度不应大于绳长的1/20，并不应大于100 mm。

模板支撑体系搭设和拆卸的悬空作业，应符合下列规定：

(1)模板支撑的搭设和拆卸应按规定程序进行，不得在上下同一垂直面上同时装拆模板。

(2)在坠落基准面2 m及以上高处搭设与拆除柱模板及悬挑结构的模板时，应设置操作平台。

(3)在进行高处拆模作业时应配置登高用具或搭设支架。

绑扎钢筋和预应力张拉的悬空作业应符合下列规定：

(1)绑扎立柱和墙体钢筋，不得沿钢筋骨架攀登或站在骨架上作业。

(2)在坠落基准面2 m及以上高处绑扎柱钢筋和进行预应力张拉时，应搭设操作平台。

混凝土浇筑与结构施工的悬空作业应符合下列规定：

(1)浇筑高度2 m及以上的混凝土结构构件时，应设置脚手架或操作平台。

(2)悬挑的混凝土梁和檐、外墙和边柱等结构施工时，应搭设脚手架或操作平台。

屋面作业时应符合下列规定：

(1)**在坡度大于25°的屋面上作业，当无外脚手架时，应在屋檐边设置不低于1.5 m高的防护栏杆，并应采用密目式安全立网全封闭。**

(2)在轻质型材等屋面上作业，应搭设临时走道板，不得在轻质型材上行走；安装轻质型材板前，应采取在梁下支设安全平网或搭设脚手架等安全防护措施。

外墙作业时应符合下列规定：

(1)门窗作业时，应有防坠落措施，操作人员在无安全防护措施时，不得站立在樘子、阳台栏板上作业。

(2)高处作业不得使用座板式单人吊具，不得使用自制吊篮。

考点八　操作平台安全防护技术

操作平台是指由钢管、型钢及其他等效性能材料等组装搭设制作的供施工现场高处作业和载物的平台，包括移动式、落地式、悬挑式等平台。移动式操作平台是指带脚轮或导轨，可移动的脚手架操作平台。落地式操作平台是指从地面或楼面搭起、不能移动的操作平台，单纯进行施工作业的施工平台和可进行施工作业与承载物料的接料平台。悬挑式操作平台是指以悬挑形式搁置或固定在建筑物结构边沿的操作平台，包括斜拉式悬挑操作平台和支承式悬挑操作平台。

(一)一般规定

操作平台应通过设计计算，并应编制专项方案，架体构造与材质应满足国家现行相关标准的规定。

操作平台的临边应设置防护栏杆，单独设置的操作平台应设置供人上下、踏步间距不大于400 mm的扶梯。

应在操作平台明显位置设置标明允许负载值的限载牌及限定允许的作业人数，物料应及时转运，不得超重、超高堆放。

操作平台使用中应每月不少于 1 次定期检查，应由专人进行日常维护工作，及时消除安全隐患。

（二）移动式操作平台

移动式操作平台面积不宜大于 10 m^2，高度不宜大于 5 m，高宽比不应大于 2∶1，施工荷载不应大于 1.5 kN/m^2。

移动式操作平台的轮子与平台架体连接应牢固，立柱底端离地面不得大于 80 mm，行走轮和导向轮应配有制动器或刹车闸等制动措施。

移动式行走轮承载力不应小于 5 kN，制动力矩不应小于 2.5 N·m，移动式操作平台架体应保持垂直，不得弯曲变形，制动器除在移动情况外，均应保持制动状态。

移动式操作平台移动时，操作平台上不得站人。

（三）落地式操作平台

落地式操作平台架体构造应符合下列规定：

（1）**操作平台高度不应大于 15 m，高宽比不应大于 3∶1**。

（2）施工平台的施工荷载不应大于 2.0 kN/m^2；当接料平台的施工荷载大于 2.0 kN/m^2 时，应进行专项设计。

（3）**操作平台应与建筑物进行刚性连接或加设防倾措施，不得与脚手架连接**。

（4）用脚手架搭设操作平台时，其立杆间距和步距等结构要求应符合国家现行相关脚手架规范的规定；应在立杆下部设置底座或垫板、纵向与横向扫地杆，并应在外立面设置剪刀撑或斜撑。

（5）操作平台应从底层第一步水平杆起逐层设置连墙件，且连墙件间隔不应大于4 m，并应设置水平剪刀撑。连墙件应为可承受拉力和压力的构件，并应与建筑结构可靠连接。

落地式操作平台一次搭设高度不应超过相邻连墙件以上两步。

落地式操作平台拆除应由上而下逐层进行，严禁上下同时作业，连墙件应随施工进度逐层拆除。

（四）悬挑式操作平台

悬挑式操作平台的搁置点、拉结点、支撑点应设置在稳定的主体结构上，并应可靠连接。

悬挑式操作平台主梁应使用整根槽钢或工字钢，不得接长使用，截面尺寸应经计算符合设计要求。

悬挑式操作平台的悬挑长度不宜大于 5 m，均布荷载不应大于 5.5 kN/m^2，集中荷载不应大于 15 kN，悬挑梁应锚固固定。

采用斜拉方式的悬挑式操作平台，平台两侧的连接吊环应与前后两道斜拉钢丝绳连接，每一道钢丝绳应能承载该侧所有荷载。

采用支承方式的悬挑式操作平台，应在钢平台下方设置不少于两道斜撑，斜撑的一端应支承在钢平台主结构钢梁下，另一端应支承在建筑物主体结构。

采用悬臂梁式的操作平台，应采用型钢制作悬挑梁或悬挑桁架，不得使用钢管，**其节点应采用螺栓或焊接的刚性节点**。当平台板上的主梁采用与主体结构预埋件焊接时，预埋件、焊缝均应经设计计算，建筑主体结构应同时满足强度要求。

悬挑式操作平台应设置4个吊环，吊运时应使用卡环，不得使吊钩直接钩挂吊环。吊环应按通用吊环或起重吊环设计，并应满足强度要求。

悬挑式操作平台安装时，**钢丝绳应采用专用的钢丝绳夹连接**，钢丝绳夹数量应与钢丝绳直径相匹配，且不得少于4个。建筑物锐角、利口周围系钢丝绳处应加衬软垫物。

悬挑式操作平台的外侧应略高于内侧；外侧应安装防护栏杆并应设置防护挡板全封闭。

人员不得在悬挑式操作平台吊运、安装时上下。

悬挑式操作平台应采用型钢作主梁与次梁，满铺厚度不应小于50 mm的木板或同等强度的其他材料，并应采用螺栓与型钢梁固定。

悬挑式操作平台的平台板下次梁恒荷载(永久荷载)中的自重，当采用槽钢[10时应以0.1 kN/m计，铺板应以0.4 kN/m^{2}计；施工可变荷载应采用15 kN集中荷载或2.0 kN/m^{2}均布荷载。

当次梁带悬臂且为均布荷载时，应按下列公式计算弯矩设计值：

$$M_c=\left(\gamma_G\frac{1}{8}q_{c_h}L_{0c}^2+\gamma_Q\frac{1}{8}q_{c_k}L_{0c}^2\right)\cdot(1-\eta^2)^2$$

$$\eta=\frac{a}{L_{0c}}$$

式中 M_c——次梁最大弯矩设计值(N · mm)；

γ_G——恒荷载分项系数；

q_{c_h}——次梁上等效均布恒荷载标准值(N/mm)；

L_{0c}——次梁的计算跨度(mm)；

γ_Q——可变荷载分项系数；

q_{c_k}——次梁上等效均布可变荷载标准值(N/mm)；

a——悬臂长度(m)；

η——悬臂长度比值。

次梁下主梁计算应符合下列规定：

(1)外侧主梁和钢丝绳吊点应作承载计算，外侧主梁弯矩值。当主梁采用[20槽钢时，自重应以0.26 kN/m计。当次梁带悬臂时，应按下列公式计算次梁传递于主梁的荷载：

$$R=\frac{1}{2}qL_{0c}(1+\eta)^2$$

式中 R——次梁搁置于外侧主梁上的支座反力设计值，即传递于主梁的荷载(N)；

q——次梁上的等效均布荷载设计值(N/mm)。

(2)主梁弯矩计算荷载应包括次梁所传递集中荷载和主梁自重荷载。

钢丝绳验算应符合下列规定：

(1)钢丝绳应按下式计算所受拉力标准值：

$$T = \frac{QL_{0y}}{2\sin\alpha}$$

式中 T——钢丝绳所受拉力标准值(N)；

Q——主梁上的均布荷载标准值(N/mm)；

L_{0y}——主梁计算跨度(mm)；

α——钢丝绳与平台面的夹角。

(2)钢丝绳的拉力应按下式验算钢丝绳的安全系数 K：

$$K = \frac{S_s}{T} \leqslant [K]$$

式中 S_s——钢丝绳的破断拉力,取钢丝绳的破断拉力总和乘以换算系数(N)；

$[K]$——吊索用钢丝绳的规范规定安全系数,取值为10。

下支承斜撑计算应符合下式要求：

$$\frac{N}{\phi A_c} \leqslant f_3$$

式中 N——斜撑的轴心压力设计值(N)；

ϕ——轴心受压构件的稳定系数；

A_c——斜撑毛截面面积(mm^2)；

f_3——斜撑抗压强度设计值(N/mm^2)。

考点九 交叉作业安全防护技术

交叉作业是指在垂直空间贯通状态下,可能造成人员或物体坠落,并处于坠落半径范围内、上下左右不同层面的立体作业。

(一)一般规定

交叉作业时,下层作业位置应处于上层作业的坠落半径之外,高空作业坠落半径应按表4-9确定。安全防护棚和警戒隔离区范围的设置应视上层作业高度确定,并应大于坠落半径。

表4-9 坠落半径

序号	上层作业高度/h_b	坠落半径/m
1	$2 \leqslant h_b \leqslant 5$	3
2	$5 < h_b \leqslant 15$	4
3	$15 < h_b \leqslant 30$	5
4	$h_b > 30$	6

交叉作业时,坠落半径内应设置安全防护棚或安全防护网等安全隔离措施。当尚未设置安全隔离措施时,应设置警戒隔离区,人员严禁进入隔离区。

处于起重机臂架回转范围内的通道,应搭设安全防护棚。

施工现场人员进出的通道口,应搭设安全防护棚。

不得在安全防护棚棚顶堆放物料。

对不搭设脚手架和设置安全防护棚时的交叉作业,应设置安全防护网,当在多层、高层建筑外立面施工时,应在二层及每隔四层设一道固定的安全防护网,同时设一道随施工高度提升的安全防护网。

(二)安全措施

安全防护棚搭设应符合下列规定:

(1)当安全防护棚为非机动车辆通行时,棚底至地面高度不应小于 3 m;**当安全防护棚为机动车辆通行时,棚底至地面高度不应小于 4 m**。

(2)当建筑物高度大于 24 m 并采用木质板搭设时,应搭设双层安全防护棚。两层防护的间距不应小于 700 mm,安全防护棚的高度不应小于 4 m。

(3)当安全防护棚的顶棚采用竹笆或木质板搭设时,应采用双层搭设,间距不应小于 700 mm;当采用木质板或与其等强度的其他材料搭设时,可采用单层搭设,木板厚度不应小于 50 mm。防护棚的长度应根据建筑物高度与可能坠落半径确定。

安全防护网搭设应符合下列规定:

(1)安全防护网搭设时,应每隔 3 m 设一根支撑杆,支撑杆水平夹角不宜小于 45°。

(2)当在楼层设支撑杆时,应预埋钢筋环或在结构内外侧各设一道横杆。

(3)安全防护网应外高里低,网与网之间应拼接严密。

案例分析

经典案例

某公司承建商业综合体工程,建筑面积 112 435 万 m^2。项目设立了安全生产管理部,配备 2 名专职安全生产管理人员。

项目部采用悬挑式钢平台进行物料转运。2024 年 7 月 10 日,项目部编制了悬挑式钢平台专项施工方案,项目技术负责人和总监理工程师进行了审批签字。施工前现场管理人员对工人进行了安全技术交底。

2024 年 7 月 21 日,架子工班长组织作业人员将钢平台安装在 2 号楼 6 层位置。平台安装完成后,专业监理工程师、项目部专职安全生产管理人员进行了验收。7 月 22 日上午,木工班长指挥作业人员将拆下的脚手架钢管码放在平台上。11∶00 左右,平台左侧斜拉钢丝绳与墙体连接的预埋锚环突然断裂,平台侧翻,在平台上码放钢管的 2 名作业人员从高处坠落,坠落的钢管砸中 1 名在平台下方作业的人员,该 3 名作业人员经医院抢救无效死亡。

事故发生后,调查组进行了现场勘查,查阅了相关资料,部分记录如下:

(1)方案中,斜拉钢丝绳安全系数取值为 5。

(2)平台每侧前后两道斜拉钢丝绳固定在该侧的同一个预埋锚环上,与水平钢柔夹角分别为 47°、52°;端头均使用 3 个钢丝绳夹固定。

常见考点

1. 平台斜拉钢丝绳设计和使用中的错误之处及正确做法如下：

(1)错误一:斜拉钢丝绳安全系数取值为5。正确做法:吊索用钢丝绳安全系数取值为10。

(2)错误二:平台每侧前后两道斜拉钢丝绳固定在该侧的同一个预埋锚环上。正确做法:平台每侧前后两道斜拉钢丝绳应固定在该侧的不同的预埋锚环上。

(3)错误三:端头均使用3个钢丝绳夹固定。正确做法:钢丝绳夹数量应与钢丝绳直径相匹配,且不得少于4个。

2. 施工现场安全管理工作中存在的问题有：

(1)项目设立了安全生产管理部,配备2名专职安全生产管理人员有问题。应该配备不少于3名专职安全生产管理人员。

(2)悬挑式钢平台专项施工方案,项目技术负责人和总监理工程师进行了审批签字有问题。应由总承包单位技术负责人审核签字、加盖单位公章,并由总监理工程师审查签字、加盖执业印章后方可实施。

(3)平台安装完成后,专业监理工程师、项目部专职安全生产管理人员进行了验收有问题。应由架子班组长、专业监理工程师、项目部专职安全生产管理人员进行验收。

3. 高处坠落安全管理：

(1)在坠落高度基准面上方2 m及以上进行高空或高处作业时。应设置安全防护设施并采取防滑措施,高处作业人员应正确佩戴安全帽、安全带等劳动防护用品。

(2)高处作业应制定合理的作业顺序。多工种垂直交叉作业存在安全风险时,应在上下层之间设置安全防护设施。严禁无防护措施进行多层垂直作业。

(3)在建工程的预留洞口、通道口、楼梯口、电梯井口等孔洞以及无围护设施或围护设施高度低于1.2 m的楼层周边、楼梯侧边、平台或阳台边、屋面周边和沟、坑、槽等边沿应采取安全防护措施,并严禁随意拆除。

(4)严禁在未固定、无防护设施的构件及管道上进行作业或通行。

(5)各类操作平台、载人装置应安全可靠,周边应设置临边防护。并应具有足够的强度、刚度和稳定性,施工作业荷载严禁超过其设计荷载。

(6)遇雷雨、大雪、浓雾或作业场所5级以上大风等恶劣天气时,应停止高处作业。

物体打击安全管理:

(1)在高处安装构件、部件、设施时,应采取可靠的临时固定措施或防坠措施。

(2)在高处拆除或拆卸作业时,严禁上下同时进行。拆卸的施工材料、机具、构件、配件等,应运至地面,严禁抛掷。

(3)施工作业平台物料堆放重量不应超过平台的容许承载力,物料堆放高度应满足稳定性要求。

(4)安全通道上方应搭设防护设施,防护设施应具备抗高处坠物穿透的性能。

(5)预应力结构张拉、拆除时,预应力端头应采取防护措施,且轴线方向不应有施工作业人员。无粘结预应力结构拆除时,应先解除预应力,再拆除相应结构。

4. 安全技术交底的内容应包括：

(1)工程项目和分部分项工程的概况。

(2)施工过程的危险部位和环节及可能导致生产安全事故的因素。

(3)针对危险因素采取的具体预防措施、作业中应遵守的安全操作规程以及应注意的安全事项。

(4)作业人员发现事故隐患应采取的措施。

(5)发生事故后应及时采取的避险和救援措施。

同步自测

一、单项选择题(每题的备选项中,只有1个最符合题意)

1.《建筑施工高处作业安全技术规范》规定,安全防护设施宜采用定型化、工具化设施,盖件应为(　　)标示。

A. 黑黄或红白相间的条纹　　B. 黄或红色

C. 黄或黑色　　D. 黑或白色

2.《建筑施工高处作业安全技术规范》规定,停层平台口应设置高度不低于(　　)的楼层防护门,并应设置防外开装置。

A. 1.0 m　　B. 1.2 m

C. 1.5 m　　D. 1.8 m

3.《建筑施工高处作业安全技术规范》规定,洞口作业时,应采取防坠落措施。下列说法错误的是(　　)。

A. 当垂直洞口短边边长大于或等于500 mm时,应采取封堵措施

B. 当非竖向洞口短边边长为25～500 mm时,应采用承载力满足使用要求的盖板覆盖,盖板四周搁置应均衡,且应防止盖板移位

C. 当非竖向洞口短边边长为500～1 500 mm时,应采用盖板覆盖或防护栏杆等措施,并应固定牢固

D. 当非竖向洞口短边边长大于或等于1 500 mm时,应在洞口作业侧设置高度不小于1.2 m的防护栏杆,洞口应采用安全平网封闭

4. 使用固定式直梯攀登作业时,当攀登高度超过8 m时,应设置(　　)。

A. 护笼　　B. 操作平台

C. 梯间平台　　D. 围栏

5. 根据《头部防护安全帽》的规定,普通型安全帽的质量不应超过(　　),特殊型安全帽的质量不应超过600 g。

A. 330 g　　B. 430 g

C. 500 g　　D. 600 g

6. 贮存期超过两年的安全网,应进行(　　)测试合格后方可销售使用。

A. 强度性能　　B. 稳定性能

C. 耐贯穿性能　　D. 耐冲击性能

二、案例分析题

A施工单位通过公开招标,承揽了某市的行政办公大楼总包工程。该行政办公大楼为框架结构,地上22层,地下3层。建筑面积为12 000 m^2,建筑物高度为70 m。

A施工单位进场后,编制了施工组织设计,制定了施工安全方案。在施工现场入口处、施工起重机械等危险部位,设置明显的安全警示标志。安全警示标志必须符合国家标准。

2020年4月1日,模板搭设班组计划对18层进行模板搭设作业。高处作业施工前,

A施工单位安全员和模板搭设班组组长对作业人员进行安全技术交底，并应记录。同时按类别对安全防护设施进行检查、验收，并形成了验收记录。

模板搭设工人张某，在18层进行模板搭设作业时，在上下传递钢管时，由于钢管过重没抓牢而滑落，张某伸手去抓该钢管，脚一滑从20 m左右的脚手架上摔落，因在该建筑物17层设置了封闭防护的安全网，导致张某仅受了一点点轻伤。

根据以上场景，回答下列问题：

1. 简述安全防护设施验收的主要内容。
2. 简述模板支撑体系搭设和拆卸的悬空作业应符合的安全规定。
3. 简述用于框架结构封闭防护平网的相关规定。
4. 简述安全警示标志设置的危险部位。

答案详解 

一、单项选择题

1. B。【解析】《建筑施工高处作业安全技术规范》规定，高处作业安全防护设施宜采用定型化、工具化设施，防护栏应为黑黄或红白相间的条纹标示，盖件应为黄或红色标示。
2. D。【解析】《建筑施工高处作业安全技术规范》规定，临边作业时，停层平台口应设置高度不低于1.80 m的楼层防护门，并应设置防外开装置。井架物料提升机通道中间，应分别设置隔离设施。
3. A。【解析】《建筑施工高处作业安全技术规范》规定，洞口作业时，应采取防坠落措施，并应符合下列规定：(1)当竖向洞口短边边长小于500 mm时，应采取封堵措施；当垂直洞口短边边长大于或等于500 mm时，应在临空一侧设置高度不小于1.2 m的防护栏杆，并应采用密目式安全立网或工具式栏板封闭，设置挡脚板。(2)当非竖向洞口短边边长为25 ~500 mm时，应采用承载力满足使用要求的盖板覆盖，盖板四周搁置应均衡，且应防止盖板移位。(3)当非竖向洞口短边边长为500 ~1 500 mm时，应采用盖板覆盖或防护栏杆等措施，并应固定牢固。(4)当非竖向洞口短边边长大于或等于1 500 mm时，应在洞口作业侧设置高度不小于1.2 m的防护栏杆，洞口应采用安全平网封闭。
4. C。【解析】《建筑施工高处作业安全技术规范》规定，使用固定式直梯攀登作业时，当攀登高度超过3 m时，宜加设护笼；当攀登高度超过8 m时，应设置梯间平台。
5. B。【解析】《头部防护安全帽》规定，特殊型安全帽的质量不应超过600 g；普通型安全帽的质量不应超过430 g；产品实际质量与标记质量相对误差不应大于5%。
6. D。【解析】《安全网》规定，安全网的贮存期超过两年时，应按0.2%抽样，不足1 000张时抽样2张进行耐冲击性能测试，测试合格后方可销售使用。

二、案例分析题

【答案】

1. 安全防护设施验收应包括下列主要内容：

(1)防护栏杆的设置与搭设。

(2)攀登与悬空作业的用具与设施搭设。

(3)操作平台及平台防护设施的搭设。

(4)防护棚的搭设。

(5)安全网的设置。

(6)安全防护设施、设备的性能与质量、所用的材料、配件的规格。

(7)设施的节点构造,材料配件的规格、材质及其与建筑物的固定、连接状况。

2. 模板支撑体系搭设和拆卸的悬空作业,应符合下列规定:

(1)模板支撑的搭设和拆卸应按规定程序进行,不得在上下同一垂直面上同时装拆模板。

(2)在坠落基准面2 m及以上高处搭设与拆除柱模板及悬挑结构的模板时,应设置操作平台。

(3)在进行高处拆模作业时应配置登高用具或搭设支架。

3. 用于电梯井、钢结构和框架结构及构筑物封闭防护的平网,应符合下列规定:

(1)平网每个系结点上的边绳应与支撑架靠紧,边绳的断裂张力不得小于7 kN,系绳沿网边应均匀分布,间距不得大于750 mm。

(2)电梯井内平网网体与井壁的空隙不得大于25 mm,安全网拉结应牢固。

4. 施工单位应当在施工现场入口处、施工起重机械、临时用电设施、脚手架、出入通道口、楼梯口、电梯井口、孔洞口、桥梁口、隧道口、基坑边沿、爆破物及有害危险气体和液体存放处等危险部位,设置明显的安全警示标志。

第五章　土石方及基坑工程安全

考情解读 

考·纲·要·求

掌握土石方工程和基坑(槽)工程中围护、降水、基坑支护、结构回筑等施工过程中的安全技术要求以及人工开挖、机械开挖的安全技术措施。运用建筑施工安全技术和相关标准,分析土石方及基坑(槽)工程施工过程中存在的危险、有害因素,制定相应安全技术措施。

命·题·分·析

本章知识点在选择题和案例分析题中均有考查。其中,选择题每年基本考查1~2道,案例分析题至少考查1道。本章内容包括土的分类及其工程性质、土石方开挖工程安全技术、土石方爆破工程安全技术、地下水控制安全技术以及建筑基坑支护工程安全技术。

历年真题考查过土石方开挖的作业要求、深孔起爆技术要点、基坑检测要求等。

另外,岩土分类常以选择题形式考查,可直接记忆,关于土石方作业安全要求以及基坑监测需重点掌握,土石方爆破的几种类型以及地下降水的几种方法需了解。

考点解读

考点一　土的分类及其工程性质

(一)土的分类

“土的分类”是从土的基本特性出发,以土的颗粒尺寸、水理性质等为界定指标的分类体系,是土的基本分类。《土的工程分类标准》《岩土工程勘察规范》《建筑地基基础设计规范》对土的分类均有相关要求。

1.根据《土的工程分类标准》分类

《土的工程分类标准》规定,土按其不同粒组的相对含量可划分为巨粒类土、粗粒类土和细粒类土。

(1)巨粒类土应按粒组划分。土中巨粒组含量(按质量计)大于75%时,它们在土中所占体积已超过2/3,形成了骨架,对土性状起控制作用,这类土称巨粒土。巨粒含量为50%~75%时,称混合巨粒土。巨粒含量为15%~50%时,称巨粒混合土。

(2)粗粒类土应按粒组、级配、细粒土含量划分。试样中粗粒组含量大于50%的土称粗粒类土。其中,砾粒组含量大于砂粒组含量的土称砾类土;砾粒组含量不大于砂粒组含量的土称砂类土。

(3)细粒类土应按塑性图、所含粗粒类别以及有机质含量划分。试样中细粒组含量不小于50%的土为细粒类土。其中,粗粒组含量大于25%且不大于50%的土称含粗粒的细粒土。

2. 根据《岩土工程勘察规范》分类

《岩土工程勘察规范》规定,土可有以下分类方式:

(1)土按地质成因可分为残积土、坡积土、洪积土、冲积土、淤积土、冰积土和风积土等。

(2)土按粒径、颗粒质量和塑性指数可分为碎石土、砂土、粉土和黏性土。

①碎石土:粒径大于 2 mm 的颗粒质量超过总质量 50% 的土。

②砂土:粒径大于 2 mm 的颗粒质量不超过总质量的 50%,粒径大于 0.075 mm 的颗粒质量超过总质量 50% 的土。

③粉土:粒径大于 0.075 mm 的颗粒质量不超过总质量的 50%,且塑性指数等于或小于 10 的土。

④黏性土:塑性指数大于 10 的土应定名为黏性土。黏性土根据塑性指数可分为粉质黏土和黏土。塑性指数大于 10,且小于或等于 17 的土,应定名为粉质黏土;塑性指数大于 17 的土应定名为黏土。

(3)土按特殊性质可分为湿陷性土、红黏土、软土(包括淤泥和淤泥质土)、多年冻土、膨胀岩土、盐渍岩土、风化岩及残积土、污染土等。

3. 根据《建筑地基基础设计规范》分类

《建筑地基基础设计规范》规定,作为建筑地基的岩土,可分为岩石、碎石土、砂土、粉土、黏性土和人工填土。

提示

另外,岩石按坚硬程度分为坚硬岩、较硬岩、较软岩、软岩、极软岩。

链接

土按开挖的难易程度分为松软土、普通土、坚土、砂砾坚土、软石、次坚石、坚石、特坚硬石等八类。土的工程分类与现场鉴别方法如表 5-1 所示。

表 5-1 土的工程分类与现场鉴别方法

土的分类	土的名称	可松性系数		现场鉴别方法
		K_s	K'_s	
一类(松软土)	砂,亚砂土,冲积砂土层,种植土,泥炭(淤泥)	1.08~1.17	1.01~1.03	能用锹、锄头挖掘
二类(普通土)	亚黏土,潮湿的黄土,夹有碎石、卵石的砂,种植土,填筑土及亚砂土	1.14~1.28	1.02~1.05	用锹、锄头挖掘,少许用镐翻松
三类土(坚土)	软及中等密实黏土,重亚黏土,粗砾石,干黄土及含碎石、卵石的黄土、亚黏土,压实的填筑土	1.24~1.30	1.04~1.07	主要用镐,少许用锹、锄头挖掘,部分用撬棍

（续表）

土的分类	土的名称	可松性系数		现场鉴别方法
		K_s	K'_s	
四类土（砂砾坚土）	重黏土及含碎石、卵石的黏土，粗卵石，密实的黄土，天然级配砂石，软泥灰岩及蛋白石	1.26～1.32	1.06～1.09	整个先用镐、撬棍，然后用锹挖掘，部分用楔子及大锤
五类土（软石）	硬石炭纪黏土，中等密实的页岩、泥灰岩、白垩土，胶结不紧的砾岩，软的石炭岩	1.30～1.45	1.10～1.20	用镐或撬棍、大锤挖掘，部分使用爆破方法
六类土（次坚石）	泥岩，砂岩，砾岩，坚实的页岩，泥灰岩，密实的石灰岩，风化花岗岩，片麻岩	1.30～1.45	1.10～1.20	用爆破方法开挖，部分用风镐
七类土（坚石）	大理岩，辉绿岩，玢岩，粗、中粒花岗岩，坚实的白云岩、砂岩、砾岩、片麻岩、石灰岩，风化痕迹的安山岩、玄武岩	1.30～1.45	1.10～1.20	用爆破方法开挖
八类土（特坚硬石）	安山岩，玄武岩，花岗片麻岩，坚实的细粒花岗岩、闪长岩、石英岩、辉长岩、辉绿岩、玢岩	1.45～1.50	1.20～1.30	用爆破方法开挖

（二）土的工程性质

土的含水量：土中水的质量与固体颗粒质量之比的百分率。土的含水量随气候条件、雨雪和地下水的影响而变化，对土方边坡的稳定性及填方密实程度有直接的影响。

土的天然密度：在天然状态下，单位体积土的质量。它与土的密实程度和含水量有关。

土的干密度：土的固体颗粒质量与总体积的比值。在一定程度上，土的干密度反映了土的颗粒排列紧密程度。土的干密度愈大，表示土愈密实。土的密实程度主要通过检验填方土的干密度和含水量来控制。

土的密实度：土被固体颗粒所充实的程度，反映了土的紧密程度。土的紧密程度用土的压实系数表示。填土压实后，必须要达到要求的密实度，压实填土的质量以设计规定的压实系数 λ_c 的大小作为控制标准。

土的可松性：天然土经开挖后，其体积因松散而增加，虽经振动夯实，仍然不能完全复原的这种性质。土的可松性是计算回填土方量、土方机械生产率、土方平衡调配、运输机具数量和场地平整规划竖向设计的重要参数。

土的渗透性：土体被水透过的性质，用渗透系数表示。土的渗透系数表示单位时间内水穿透土层的能力，以 m/d 表示；它同土的颗粒级配、密实程度等有关，是人工降低地下水位及选择各类井点的主要参数。

土的抗剪强度：土体抵抗剪切破坏的极限能力，其数值等于剪切滑动面上的极限剪应力。土的强度准则中的材料参数，一般是指在不同试验条件下的莫尔－库仑强度理论中的黏聚力和内摩擦角。

黏聚力:当剪切面上的正应力为零时,土体具有的抗剪强度,即土的强度包线在剪应力坐标轴上的截距。黏聚力能使物质聚集成液体或固体。

内摩擦角:由土的表面摩擦力和咬合力组成的土的内摩擦特性强度指标,即土的强度包线与正应力坐标轴间的夹角。

考点二　土石方开挖工程安全技术

(一)基本规定

建筑深基坑工程施工应根据深基坑工程地质条件、水文地质条件、周边环境保护要求、支护结构类型及使用年限、施工季节等因素,注重地区经验、因地制宜、精心组织,确保安全。

当基坑施工过程中发现地质情况或环境条件与原地质报告、环境调查报告不相符合,或环境条件发生变化时,应暂停施工,及时会同相关设计、勘察单位经过补充勘察、设计验算或设计修改后方可恢复施工。对涉及方案选型等重大设计修改的基坑工程,应重新组织评审和论证。

在支护结构未达到设计强度前进行基坑开挖时,严禁在设计预计的滑(破)裂面范围内堆载;临时土石方的堆放应进行包括自身稳定性、邻近建筑物地基承载力、变形、稳定性和基坑稳定性验算。

链接

《建筑施工土石方工程安全技术规范》规定,土石方工程施工应由具有相应资质及安全生产许可证的企业承担。

土石方工程应编制专项施工安全方案,并应严格按照方案实施。

施工前应针对安全风险进行安全教育及安全技术交底。特种作业人员必须持证上岗,机械操作人员应经过专业技术培训。

施工现场发现危及人身安全和公共安全的隐患时,必须立即停止作业,排除隐患后方可恢复施工。

(二)施工环境调查

基坑工程现场勘查与环境调查应在已有勘察报告和基坑设计文件的基础上,根据工程条件及采用的施工方法、工艺,初步判定需补充查明的地下埋藏物及周边环境条件。

现场勘查与环境调查结果应及时反馈设计和监理单位。

(三)施工安全专项方案

应根据施工、使用与维护过程的危险源分析结果编制基坑工程施工安全专项方案。施工安全专项方案应通过专家论证。

基坑工程施工安全专项方案应与基坑工程施工组织设计同步编制。基坑工程专项施工方案应经施工单位技术负责人审批,项目总监理工程师认可后方可实施。基坑工程施工安全专项方案应包括下列主要内容:工程概况;工程地质与水文地质条件;危险源分析;各施工阶段与危险源控制相对应的安全技术措施;信息施工法实施细则;安全控制技术措施、处理预案;安全管理措施;对突发事件的应急响应机制。

危险源分析应根据基坑工程周边环境条件和控制要求、工程地质条件、支护设计与施工方案、地下水与地表水控制方案、施工能力与管理水平、工程经验等进行，并应根据危险程度和发生的频率，识别为重大危险源和一般危险源。

当坑体渗水、积水或有渗流时，应及时进行疏导、排泄、截断水源。

基坑工程发生险情时，应采取下列应急措施：

(1)基坑变形超过报警值时，应调整分层、分段土方开挖等施工方案，并宜采取坑内回填反压后增加临时支撑、锚杆等。

(2)周围地表或建筑物变形速率急剧加大，基坑有失稳趋势时，宜采取卸载、局部或全部回填反压，待稳定后再进行加固处理。

(3)坑底隆起变形过大时，应采取坑内加载反压、调整分区、分步开挖、及时浇筑快硬混凝土垫层等措施。

(4)坑外地下水位下降速率过快引起周边建筑物与地下管线沉降速率超过警戒值，应调整抽水速度减缓地下水位下降速度或采用回灌措施。

(5)围护结构渗水、流土，可采用坑内引流、封堵或坑外快速注浆的方式进行堵漏；情况严重时应立即回填，再进行处理。

(6)开挖底面出现流砂、管涌时，应立即停止挖土施工，根据情况采取回填、降水法降低水头差、设置反滤层封堵流土点等方式进行处理。

基坑工程施工引起邻近建筑物开裂及倾斜事故时，应根据具体情况采取下列处置措施：立即停止基坑开挖，回填反压；增设锚杆或支撑；采取回灌、降水等措施调整降深；在建筑物基础周围采用注浆加固土体；制订建筑物的纠偏方案并组织实施；情况紧急时应及时疏散人员。

基坑工程引起邻近地下管线破裂，应采取下列应急措施：立即关闭危险管道阀门，采取措施防止产生火灾、爆炸、冲刷、渗流破坏等安全事故；停止基坑开挖，回填反压、基坑侧壁卸载；及时加固、修复或更换破裂管线。

应急响应应根据应急预案采取抢险准备、信息报告、应急启动和应急终止四个程序统一执行。

施工前应进行技术交底，并应做好交底记录。

施工过程中各工序开工前，施工技术管理人员必须向所有参加作业的人员进行施工组织与安全技术交底，如实告知危险源、防范措施、应急预案，形成文件并签署。

安全技术交底应包括下列内容：现场勘查与环境调查报告；施工组织设计；主要施工技术、关键部位施工工艺工法、参数；各阶段危险源分析结果与安全技术措施；应急预案及应急响应等。

(四)支护结构施工

钢支撑吊装就位时，吊车及钢支撑下方严禁人员入内，现场应做好防下坠措施。钢支撑吊装过程中应缓慢移动，操作人员应监视周围环境，避免钢支撑刮碰坑壁、冠梁、上部钢支撑等。起吊钢支撑应先进行试吊，检查起重机的稳定性、制动的可靠性、钢支撑的平衡性、绑扎的牢固性，确认无误后，方可起吊。当起重机出现倾覆迹象时，应快速使钢支撑落回基座。

链接

支撑的防坠钢丝绳的使用安全规定：钢丝绳绳卡数目一般不少于3～5个，绳卡的间距应不小于钢丝绳绳径的6～7倍，最后一个卡子距绳头距离应不小于140 mm。一般情况下，绳卡的数量选用如下：直径≤18 mm，3个；直径为19～26 mm，4个；直径为27～36 mm，5个；直径为37～44 mm，6个；直径为45～60 mm，7个。

(五)地下水与地表水控制

地下水与地表水控制在后文第五章中"考点四 地下水控制安全技术"有讲解,此处不再叙述。

(六)土石方开挖

1. 一般规定

土石方开挖前应对围护结构和降水效果进行检查,满足设计要求后方可开挖,开挖中应对临时开挖侧壁的稳定性进行验算。

基坑开挖除应满足设计工况要求按分层、分段、限时、限高和均衡、对称开挖的方法进行外,尚应符合下列规定:当挖土机械、运输车辆等直接进入基坑进行施工作业时,应采取措施保证坡道稳定,坡道坡度不应大于1:7,坡道宽度应满足行车要求;基坑周边、放坡平台的施工荷载应按设计要求进行控制;基坑开挖的土方不应在邻近建筑及基坑周边影响范围内堆放,当需堆放时应进行承载力和相关稳定性验算;邻近基坑边的局部深坑宜在大面积垫层完成后开挖;挖土机械不得碰撞工程桩、围护墙、支撑、立柱和立柱桩、降水井管、监测点等;当基坑开挖深度范围内有地下水时,应采取有效的降水与排水措施,地下水宜在每层土方开挖面以下800~1 000 mm。

基坑开挖过程中,当基坑周边相邻工程进行桩基、基坑支护、土方开挖、爆破等施工作业时,应根据相互之间的施工影响,采取可靠的安全技术措施。

基坑开挖应采用信息施工法,根据基坑周边环境等监测数据,及时调整开挖的施工顺序和施工方法。

在土石方开挖施工过程中,当发现有毒有害液体、气体、固体时,应立即停止作业,进行现场保护,并应报有关部门处理后方可继续施工。

链接

除了上述内容外还需要掌握下列内容:

(1)深基坑工程的开挖方式主要有放坡开挖、岛式开挖、盆式开挖、逆作法开挖等。其中,面积较大的基坑宜采用盆式开挖法。

(2)土石方开挖的顺序、方法必须与设计工况和施工方案相一致,并应遵循"开槽支撑,先撑后挖,分层开挖,严禁超挖"的原则。内支撑有多道的基坑开挖应遵循"先撑后挖、限时支撑、分层支撑、分层开挖"的原则。

(3)基坑(槽)土方采用人工开挖时,作业人员之间要保持安全距离,两人操作间距不得小于2.5 m。采用多台机械开挖时,挖土机间距不得小于10 m;工作区域内,不得进行其他作业。

(4)石方开挖应根据岩石的类别、风化程度和节理发育程度等确定开挖方式。对软地质岩石和强风化岩石,可以采用机械开挖或人工开挖;对于坚硬岩石宜采取爆破开挖;对开挖区周边有防震要求的重要结构或设施的地区进行开挖,宜采用机械和人工开挖或控制爆破。

2. 无内支撑的基坑开挖

放坡开挖的基坑,边坡表面护坡应符合下列规定:坡面可采用钢丝网水泥砂浆或现浇钢筋混凝土覆盖，现浇混凝土可采用钢板网喷射混凝土，护坡面层的厚度不应小于 50 mm、混凝土强度等级不宜低于 C20，配筋应根据计算确定，混凝土面层应采用短土钉固定；护坡面层宜扩展至坡顶和坡脚一定的距离，坡顶可与施工道路相连，坡脚可与垫层相连；护坡坡面应设置泄水孔，间距应根据设计确定。当无设计要求时，可采用 1.5 ~ 3.0 m；当进行分级放坡开挖时，在上一级基坑坡面处理完成之前，严禁下一级基坑坡面土方开挖。

放坡开挖基坑的坡顶和坡脚应设置截水明沟、集水井。

采用土钉或复合土钉墙支护的基坑开挖施工应符合下列规定：截水帷幕、微型桩的强度和龄期应达到设计要求后方可进行土方开挖；基坑开挖应与土钉施工分层交替进行，并应缩短无支护暴露时间；面积较大的基坑可采用岛式开挖方式，应先挖除距基坑边 8 ~ 10 m的土方，再挖除基坑中部的土方；采用分层分段方法进行土方开挖，每层土方开挖的底标高应低于相应土钉位置，距离宜为 200 ~ 500 mm，每层分段长度不应大于 30 m；应在土钉承载力或龄期达到设计要求后开挖下一层土方。

3. 有内支撑的基坑开挖

基坑开挖应按先撑后挖、限时、对称、分层、分区等的开挖的方法确定开挖顺序，严禁超挖，应减小基坑无支撑暴露开挖时间和空间。混凝土支撑应在达到设计要求的强度后。进行下层土方开挖；钢支撑应在质量验收并按设计要求施加预应力后。进行下层土方开挖。

挖土机械不应停留在水平支撑上方进行挖土作业，当在支撑上部行走时，应在支撑上方回填不少于 300 mm 厚的土层，并应采取铺设路基箱等措施。

4. 土石方开挖与爆破

岛式土方开挖应符合下列规定：边部土方的开挖范围应根据支撑布置形式、围护墙变形控制等因素确定。边部土方应采用分段开挖的方法，应减小围护墙无支撑或无垫层暴露时间；中部岛状土体的各级放坡和总放坡应验算稳定性；中部岛状土体的开挖应均衡对称进行。

盆式土方开挖应符合下列规定：中部土方的开挖范围应根据支撑形式、围护墙变形控制、坑边土体加固等因素确定；中部有支撑时应先完成中部支撑，再开挖盆边土方；盆边开挖形成的临时放坡应进行稳定性验算；盆边土体应分块对称开挖，分块大小应根据支撑平面布置确定，应限时完成支撑；软土地基盆式开挖的坡面可采取降水、支护、土体加固等措施。

当采用爆破法施工时，应采取合理的爆破施工工艺以减小对周边环境的影响。当坡体顶部边缘有建筑物或岩体抗拉强度较低时，坡体的上部宜采用锚杆支护控制岩体开挖后的卸荷裂隙。有锚杆支护的爆破开挖，应采取防止锚杆应力松弛措施。

链接

《土方与爆破工程施工及验收规范》规定，土方开挖的坡度应符合下列规定：

(1) 永久性挖方边坡坡度应符合设计要求。当工程地质与设计资料不符，需修改边坡坡度或采取加固措施时，应由设计单位确定。

(2) 临时性挖方边坡坡度应根据工程地质和开挖边坡高度要求，结合当地同类土体的稳定坡度确定。

(3) 在坡体整体稳定的情况下，如地质条件良好、土(岩)质较均匀，高度在 3 m 以内的临时性挖方边坡坡度如表 5-2 所示。

表 5-2 临时性挖方边坡坡度值

土的类别		边坡坡度
砂土	不包括细砂、粉砂	1∶1.25～1∶1.50
一般黏性土	坚硬	1∶0.75～1∶1.00
	硬塑	1∶1.00～1∶1.25
碎石类土	密实、中密	1∶0.50～1∶1.00
	稍密	1∶1.00～1∶1.50

采用放坡开挖的基坑，边坡坡度应根据土层性质、开挖深度确定，各级边坡坡度不宜大于1∶1.5。特别注意，当基坑中的土层为淤泥质土时，各级边坡坡度不宜大于1∶2.0。

(七)基坑安全使用与维护

基坑开挖完毕后，应组织验收，经验收合格并进行安全使用与维护技术交底后，方可使用。基坑使用与维护过程中应按施工安全专项方案要求落实安全措施。

主体结构施工过程中，不应损坏基坑支护结构。当需改变支护结构工作状态时，应经设计单位复核。

基坑工程应按设计要求进行地面硬化，并在周边设置防水围挡和防护栏杆。**对膨胀性土及冻土的坡面和坡顶 3 m 以内应采取防水及防冻措施。**

雨期施工时，应有防洪、防暴雨措施及排水备用材料和设备。

基坑临边、临空位置及周边危险部位，应设置明显的安全警示标识，并应安装可靠围挡和防护。

基坑内应设置作业人员上下坡道或爬梯，数量不应少于 2 个。作业位置的安全通道应畅通。

邻近建(构)筑物、市政管线出现渗漏损伤时，应立即采取措施，阻止渗漏并应进行加固修复，排除危险源。

《建筑施工土石方工程安全技术规范》规定，**开挖深度超过 2 m 的基坑周边必须安装防护栏杆。**防护栏杆高度不应低于 1.2 m。防护栏杆应由横杆及立杆组成，横杆应设 2～3 道，下杆离地高度宜为 0.3～0.6 m，上杆离地高度宜为 1.2～1.5 m；立杆间距不宜大于2.0 m，立杆离坡边距离宜大于 0.5 m。防护栏杆宜加挂密目安全网和挡脚板；安全网应自上而下封闭设置；挡脚板高度不应小于 180 mm，挡脚板下沿离地高度不应大于 10 mm。防护栏杆应安装牢固，材料应有足够的强度。

基坑内应设置供施工人员上下的专用梯道；梯道应设置扶手栏杆，**梯道的宽度不应小于 1 m**，梯道搭设应符合规范要求。

基坑支护结构及边坡顶面等有坠落可能的物件时，应先行拆除或加以固定。

同一垂直作业面的上下层不宜同时作业。需同时作业时，上下层之间应采取隔离防护措施。

采用井点降水时，井口应设置防护盖板或围栏，设置明显的警示标志。降水完成后，应及时将井填实。

施工现场应采用防水型灯具，夜间施工的作业面及进出道路应有足够的照明措施和安全警示标志。

链接

除了上述内容外还需要掌握下列内容：

(1)开挖基坑土体含水量大而不稳定时，应采用临时性支撑加固。

(2)相邻基坑、基槽、管沟开挖时，应遵循先深后浅或同时进行的施工顺序，并应及时做好基础。

(3)基坑周边设立防护栏杆，且在危险处设置红色警示灯和悬挂警告标志。

(4)发生暴雨、台风等灾害天气后，及时对基坑安全进行现场检查。

(5)基坑周边原有建筑物设置监测点，安排专人负责监测。

考点三　土石方爆破工程安全技术

(一)基本规定

在土方与爆破工程施工前，应具备施工图、工程地质与水文地质、气象、施工测量控制点等资料，并查明施工场地影响范围内原有建(构)筑物及地下管线等情况。

土方与爆破工程施工前，对施工场地及其周边可能发生崩塌、滑坡、泥石流等危及安全的情况，建设单位应组织进行地质灾害危险性评估，并实施处理措施。

施工单位应结合工程实际情况，在土方与爆破工程施工前编制专项施工方案。

在有地上或地下管线及设施的地段进行土方与爆破工程施工时，建设单位应事先取得相关管理部门或单位的同意，并在施工中采取保护措施。

爆破工程所用的爆破器材，应根据使用条件选用，并符合国家标准或行业标准。严禁使用过期、变质的爆破器材，严禁擅自配制炸药。

在爆破作业区域内有两个及以上爆破施工单位同时实施爆破作业时，必须由建设单位负责统一协调指挥。

土石方爆破工程应由具有相应爆破资质和安全生产许可证的企业承担。爆破作业人员应取得有关部门颁发的资格证书，做到持证上岗。爆破工程作业现场应由具有相应资格的技术人员负责指导施工。

A 级、B 级、C 级和对安全影响较大的 D 级爆破工程均应编制爆破设计书，并对爆破方案进行专家论证。

爆破前应对爆区周围的自然条件和环境状况进行调查，了解危及安全的不利环境因素，采取必要的安全防范措施。

严禁硬拉或拔出起爆药包中的导爆索、导爆管或电雷管脚线。

爆破后应检查有无盲炮及其他险情。当有盲炮及其他险情时，应及时上报并处理，同时在现场设立危险标志。

链接

爆破警戒范围应经过设计计算，在危险区边界设明显标志，并设置警戒人员。

(二)起爆方法

起爆方法包括电力起爆、导爆索起爆、导爆管起爆。

同一电爆网路应使用同厂、同型号、同批次的电雷管，各雷管间电阻差值不得大于产品说明书的规定。对表面有压痕、锈蚀、裂缝，脚线绝缘损坏、锈蚀，封口塞松动和脱出的电雷管严禁使用。

导爆索的连接方法必须严格执行出厂说明书的相关规定。当采用搭接时，其搭接长度不宜小于150 mm，中间不得夹有异物或炸药，并应绑扎牢固。当采用继爆管连接时，应保证前一段网路爆破时，不得损坏其后各段的网路。

导爆管与雷管连接，应按出厂说明书的要求进行。用于同一起爆网路的导爆管应选用同厂、同型号、同批次产品。

(三)爆破作业要求

露天爆破按孔径、孔深的不同分为深孔爆破和浅孔爆破。控制爆破包括边坡控制爆破、拆除爆破等。其中，边坡控制爆破宜采用预裂爆破和光面爆破。

1. 深孔爆破

深孔爆破应符合下列规定：

(1)露天深孔爆破应采用台阶爆破，在台阶形成之前进行爆破时应加大警戒范围。

(2)台阶高度依据地质情况、开挖条件、钻孔机械、装载设备匹配及经济合理等因素确定，宜为8～15 m。

(3)孔径依据钻机类型、台阶高度、岩石性质和作业条件等因素确定，底盘抵抗线应依据岩石性质、炮孔深度、炸药性能、起爆形式经过计算或试爆确定，宜为炮孔直径的30～40倍。

(4)炮孔深度依据岩石性质、台阶高度和底盘抵抗线等因素确定，钻孔超深宜为底盘抵抗线的30%。

(5)采用两排及以上炮孔爆破时，炮孔间距宜为底盘抵抗线的1.0～1.25倍。

(6)炮孔装药后应进行堵塞，堵塞长度宜为30～40倍的孔径。

链接

《建筑施工土石方工程安全技术规范》规定，深孔爆破宜采用电爆网路或导爆管网路起爆；大规模深孔爆破应预先进行网路模拟试验。装药和填塞过程中，应保护好起爆网路；当发生装药卡堵时，不得用钻杆捣捅药包。起爆后，应至少经过15 min并等待炮烟消散后方可进入爆破区检查。当发现问题时，应立即上报并提出处理措施。

2. 浅孔爆破

钻孔时，应将孔口周围的碎石、杂物清除干净，保持孔口稳定。当炮孔有水时，应采取吹孔等措施，并在有水部位装填防水炸药。

炮孔的位置、角度和深度应符合设计要求，钻孔前应检查布孔区内有无盲炮，确认作业环境安全后方可钻孔作业，严禁钻入爆破后的残孔。装药前应清除炮孔中的泥浆或岩粉。

炮孔采用人工装药时，不应过度挤压或分散装药；使用机械装填炸药时，应防止静电引起早爆。

链接

《建筑施工土石方工程安全技术规范》规定，浅孔爆破宜采用台阶法爆破，台阶高度不超过5 m，在台阶形成之前进行爆破时应加大警戒范围。装药前应进行验孔，对于炮孔间距和深度偏差大于设计允许范围的炮孔，应由爆破技术负责人提出处理意见。装填的炮孔数量，应以当天一次爆破为限。起爆前，现场负责人应对防护体和起爆网路进行检查，并对不合格处提出整改措施。起爆后，应至少5 min后方可进入爆破区检查；当发现问题时，应立即上报并提出处理措施。

3. 边坡控制爆破

预裂爆破应符合下列规定：需要设置隔振带的开挖区，边坡开挖宜采取预裂爆破；预裂爆破的炮孔应沿设计开挖边界布置，炮孔倾斜角度应与设计边坡坡度一致，炮孔底应处在同一高程；炮孔直径根据台阶高度、地质条件和钻机设备确定；炮孔超钻深度宜为0.5～2.0 m，坚硬岩石宜取大值，反之宜取小值。

光面、预裂爆破装药结构设计应符合下列规定：光面、预裂爆破的炮孔均应采用不耦合装药，不耦合系数宜为2～5；光面、预裂爆破宜采用普通药卷和导爆索制成药串进行间隔装药，也可用光面、预裂爆破专用药卷进行连续装药；光面、预裂爆破炮孔的装药结构宜分为底部加强装药段、正常装药段和上部减弱装药段。减弱装药段长度宜为加强段长段的1～4倍。

光面、预裂爆破起爆网路宜用导爆索连接，组成同时起爆或多组接力分段起爆网路。当环境不允许时可用相应段别的电雷管或非电导爆管雷管直接绑入孔内导爆索或药串上起爆。

4. 拆除爆破

拆除爆破的预拆除设计，应通过结构力学计算确保结构稳定，预拆除工作应在工程技术人员的现场指导下进行。

重要工程或结构材质不明的拆除爆破，应进行必要的试爆确定爆破有关参数。

（四）爆后检查

爆后检查等待时间应符合下列要求：

（1）露天浅孔、深孔、特种爆破，爆后应超过5 min方准许检查人员进入爆破作业地点；如不能确认有无盲炮，应经15 min后才能进入爆区检查。

（2）露天爆破经检查确认爆破点安全后，经当班爆破班长同意，方准许作业人员进入爆区。

（3）地下工程爆破后，经通风除尘排烟确认井下空气合格，等待时间超过15 min后，方准许检查人员进入爆破作业地点。

爆破后应检查的内容有：

(1)确认有无盲炮。

(2)露天爆破爆堆是否稳定，有无危坡、危石、危墙、危房及未炸倒建(构)筑物。

(3)地下爆破有无瓦斯及地下水突出、有无冒顶、危岩，支撑是否破坏，有害气体是否排除。

(4)在爆破警戒区内公用设施及重点保护建(构)筑物安全情况。

A，B级及复杂环境的爆破工程，爆后检查工作应由现场技术负责人、起爆组长和有经验的爆破员、安全员组成检查小组实施。

其他爆破工程的爆后检查工作由安全员、爆破员共同实施。

检查人员发现盲炮或怀疑盲炮，应向爆破负责人报告后组织进一步检查和处理；发现其他不安全因素应及时排查处理；在上述情况下，不得发出解除警戒信号，经现场指挥同意，可缩小警戒范围。

发现残余爆破器材应收集上缴，集中销毁。

发现爆破作业对周边建（构）筑物、公用设施造成安全威胁时，应及时组织抢险、治理、排除安全隐患。

盲炮处理应符合下列规定：

(1)处理盲炮前应由爆破技术负责人定出警戒范围，并在该区域边界设置警戒，处理盲炮时无关人员不许进入警戒区。

(2)应派有经验的爆破员处理盲炮，硐室爆破的盲炮处理应由爆破工程技术人员提出方案并经单位主要负责人批准。

(3)**电力起爆网路发生盲炮时，应立即切断电源，及时将盲炮电路短路。**

(4)导爆索和导爆管起爆网路发生盲炮时，应首先检查导爆索和导爆管是否有破损或断裂，发现有破损或断裂的应修复后重新起爆。

(五)爆破工程监测与验收

爆破工程监测应由有相关资质的机构承担。

进行爆破工程监测时，应编制爆破工程监测方案。

爆破工程监测应采取仪器监测和现场调查相结合的方法。复杂环境爆破工程监测，宜采取仪表监测、巡视检查和宏观调查相结合的方法。

考点四　地下水控制安全技术

(一)一般规定

地下水控制应根据工程地质和水文地质条件、基坑周边环境要求及支护结构形式选用截水、降水、集水明排方法或其组合。

当降水会对基坑周边建(构)筑物、地下管线、道路等造成危害或对环境造成长期不利影响时，应采用截水方法控制地下水。采用悬挂式帷幕时，应同时采用坑内降水，并宜根据水文地质条件结合坑外回灌措施。

地下水控制设计应符合《建筑基坑支护技术规程》规范对基坑周边建(构)筑物、地下管线、道路等沉降控制值的要求。

当坑底以下有水头高于坑底的承压水时，各类支护结构均应按规定进行承压水作用下的坑底突涌稳定性验算。当不满足突涌稳定性要求时，应对该承压水含水层采取截水、减压措施。

（二）截水

基坑截水应根据工程地质条件、水文地质条件及施工条件等，选用水泥土搅拌桩帷幕、高压旋喷或摆喷注浆帷幕、地下连续墙或咬合式排桩。支护结构采用排桩时，可采用高压旋喷或摆喷注浆与排桩相互咬合的组合帷幕。对碎石土、杂填土、泥炭质土、泥炭、pH值较低的土或地下水流速较大时，水泥土搅拌桩帷幕、高压喷射注浆帷幕宜通过试验确定其适用性或外加剂品种及掺量。

当坑底以下存在连续分布、埋深较浅的隔水层时，应采用落底式帷幕。

当坑底以下含水层厚度大而需采用悬挂式帷幕时，帷幕进入透水层的深度应满足规定对地下水从帷幕底绕流的渗透稳定性要求，并应对帷幕外地下水位下降引起的基坑周边建（构）筑物、地下管线沉降进行分析。

截水帷幕在平面布置上应沿基坑周边闭合。当采用沿基坑周边非闭合的平面布置形式时，应对地下水沿帷幕两端绕流引起的渗流破坏和地下水位下降进行分析。

采用高压旋喷、摆喷注浆帷幕时，注浆固结体的有效半径宜通过试验确定；缺少试验时，可根据土的类别及其密实程度、高压喷射注浆工艺，按工程经验采用。

高压喷射注浆水泥浆液的水灰比宜取0.9～1.1，水泥掺量宜取土的天然质量的25%～40%。

高压喷射注浆应按水泥土固结体的设计有效半径与土的性状确定喷射压力、注浆流量、提升速度、旋转速度等工艺参数，对较硬的黏性土、密实的砂土和碎石土宜取较小提升速度、较大喷射压力。当缺少类似土层条件下的施工经验时，应通过现场试验确定施工工艺参数。

高压喷射注浆帷幕的施工应符合下列要求：

（1）采用与排桩咬合的高压喷射注浆帷幕时，应先进行排桩施工，后进行高压喷射注浆施工。

（2）高压喷射注浆的施工作业顺序应采用隔孔分序方式，相邻孔喷射注浆的间隔时间不宜小于24 h。

（3）喷射注浆时，应由下而上均匀喷射，停止喷射的位置宜高于帷幕设计顶面1 m。

（4）可采用复喷工艺增大固结体半径、提高固结体强度。

（5）喷射注浆时，当孔口的返浆量大于注浆量的20%时，可采用提高喷射压力等措施。

（6）当因浆液渗漏而出现孔口不返浆的情况时，应将注浆管停置在不返浆处持续喷射注浆，并宜同时采用从孔口填入中粗砂、注浆液掺入速凝剂等措施，直至出现孔口返浆。

（7）喷射注浆后，当浆液析水、液面下降时，应进行补浆。

（8）当喷射注浆因故中途停喷后，继续注浆时应与停喷前的注浆体搭接，其搭接长度不应小于500 mm。

（9）当注浆孔邻近既有建筑物时，宜采用速凝浆液进行喷射注浆。

（10）高压旋转喷、摆喷注浆帷幕的施工应符合规定。

(三)降水

基坑降水可采用管井、真空井点、喷射井点等方法,并宜按表5-3的适用条件选用。

表5-3　各种降水方法的适用条件

方法	土类	渗透系数/($m \cdot d^{-1}$)	降水深度/m
管井	粉土、砂土、碎石土	0.1~200.0	不限
真空井点	黏性土、粉土、砂土	0.005~20.0	单级井点<6 多级井点<20
喷射井点	黏性土、粉土、砂土	0.005~20.0	<20

降水后基坑内的水位应低于坑底0.5 m。当主体结构有加深的电梯井、集水井时,坑底应按电梯井、集水井底面考虑或对其另行采取局部地下水控制措施。基坑采用截水结合坑外减压降水的地下水控制方法时,尚应规定降水井水位的最大降深值和最小降深值。

降水井在平面布置上应沿基坑周边形成闭合状。当地下水流速较小时,降水井宜等间距布置;当地下水流速较大时,在地下水补给方向宜适当减小降水井间距。对宽度较小的狭长形基坑,降水井也可在基坑一侧布置。

真空井点降水的井间距宜取0.8~2.0 m;喷射井点降水的井间距宜取1.5~3.0 m;当真空井点、喷射井点的井口至设计降水水位的深度大于6 m时,可采用多级井点降水,多级井点上下级的高差宜取4~5 m。

抽水系统在使用期的维护应符合下列要求:

(1)降水期间应对井水位和抽水量进行监测,当基坑侧壁出现渗水时,应检查井的抽水效果,并采取有效措施。

(2)采用管井时,应对井口采取防护措施,井口宜高于地面200 mm以上,应防止物体坠入井内。

(3)冬季负温环境下,应对抽排水系统采取防冻措施。

(四)集水明排

对坑底汇水、基坑周边地表汇水及降水井抽出的地下水,可采用明沟排水;对坑底渗出的地下水,可采用盲沟排水;当地下室底板与支护结构间不能设置明沟时,也可采用盲沟排水。

沿排水沟宜每隔30~50 m设置一口集水井;集水井的净截面尺寸应根据排水流量确定。集水井应采取防渗措施。

基坑坡面渗水宜采用渗水部位插入导水管排出。导水管的间距、直径及长度应根据渗水量及渗水土层的特性确定。

基坑排水设施与市政管网连接口之间应设置沉淀池。明沟、集水井、沉淀池使用时应排水畅通并应随时清理淤积物。

(五)降水引起的地层变形计算

基坑外土中各点降水引起的附加有效应力宜按地下水稳定渗流分析方法计算;当符合非稳定渗流条件时,可按地下水非稳定渗流计算。

确定土的压缩模量时,应考虑土的超固结比对压缩模量的影响。

考点五　建筑基坑支护安全技术

基坑支护是指为保护地下主体结构施工和基坑周边环境的安全，对基坑采用的临时性支挡、加固、保护与地下水控制的措施。

（一）基本规定

1. 设计原则

基坑支护设计应规定其设计使用期限。基坑支护的设计使用期限不应小于一年。

支护结构施工应采取对周边环境的保护措施，不得影响周边建（构）筑物及邻近市政管线与地下设施等的正常使用；支撑结构爆破拆除前，应对永久性结构及周边环境采取隔离防护措施。

基坑支护设计时，应综合考虑基坑周边环境和地质条件的复杂程度、基坑深度等因素，按表5-4采用支护结构的安全等级。对同一基坑的不同部位，可采用不同的安全等级。

表5-4　支护结构的安全等级

安全等级	破坏后果
一级	支护结构失效、土体过大变形对基坑周边环境或主体结构施工安全的影响很严重
二级	支护结构失效、土体过大变形对基坑周边环境或主体结构施工安全的影响严重
三级	支护结构失效、土体过大变形对基坑周边环境或主体结构施工安全的影响不严重

支护结构构件按承载能力极限状态设计时，作用基本组合的综合分项系数不应小于1.25。对安全等级为一级、二级、三级的支护结构，其结构重要性系数分别不应小于1.1、1.0、0.9。各类稳定性安全系数应按本规程各章的规定取值。

基坑支护应按实际的基坑周边建筑物、地下管线、道路和施工荷载等条件进行设计。设计中应提出明确的基坑周边荷载限值、地下水和地表水控制等基坑使用要求。

在季节性冻土地区，支护结构设计应根据冻胀、冻融对支护结构受力和基坑侧壁的影响采取相应的措施。

2. 勘察要求与环境调查

基坑支护设计前，应查明下列基坑周边环境条件：既有建筑物的结构类型、层数、位置、基础形式和尺寸、埋深、使用年限、用途等；各种既有地下管线、地下构筑物的类型、位置、尺寸、埋深等；对既有供水、污水、雨水等地下输水管线，尚应包括其使用状况及渗漏状况；道路的类型、位置、宽度、道路行驶情况、最大车辆荷载等；基坑开挖与支护结构使用期内施工材料、施工设备等临时荷载的要求；雨期时的场地周围地表水汇流和排泄条件。

3. 支护结构选型

支护结构选型时，应综合考虑下列因素：基坑深度；土的性状及地下水条件；基坑周边环境对基坑变形的承受能力及支护结构失效的后果；主体地下结构和基础形式及其施工方法、基坑平面尺寸及形状；支护结构施工工艺的可行性；施工场地条件及施工季节；经济指标、环保性能和施工工期。

支护结构应按表5-5选型。

表 5-5　各类支护结构的适用条件

<table>
<tr><th colspan="2" rowspan="2">结构类型</th><th colspan="3">适用条件</th></tr>
<tr><th>安全等级</th><th colspan="2">基坑深度、环境条件、土类和地下水条件</th></tr>
<tr><td rowspan="5">支挡式结构</td><td>锚拉式结构</td><td rowspan="5">一级
二级
三级</td><td>适用于较深的基坑</td><td rowspan="5">(1)排桩适用于可采用降水或截水帷幕的基坑。
(2)地下连续墙宜同时用作主体地下结构外墙，可同时用于截水。
(3)锚杆不宜用在软土层和高水位的碎石土、砂土层中。
(4)当邻近基坑有建筑物地下室、地下构筑物等，锚杆的有效锚固长度不足时，不应采用锚杆。
(5)当锚杆施工会造成基坑周边建(构)筑物的损害或违反城市地下空间规划等规定时，不应采用锚杆</td></tr>
<tr><td>支撑式结构</td><td>适用于较深的基坑</td></tr>
<tr><td>悬臂式结构</td><td>适用于较浅的基坑</td></tr>
<tr><td>双排桩</td><td>当锚拉式、支撑式和悬臂式结构不适用时，可考虑采用双排桩</td></tr>
<tr><td>支护结构与主体结构结合的逆作法</td><td>适用于基坑周边环境条件很复杂的深基坑</td></tr>
<tr><td rowspan="4">土钉墙</td><td>单一土钉墙</td><td rowspan="4">二级
三级</td><td>适用于地下水位以上或降水的非软土基坑，且基坑深度不宜大于 12 m</td><td rowspan="4">当基坑潜在滑动面内有建筑物、重要地下管线时，不宜采用土钉墙</td></tr>
<tr><td>预应力锚杆复合土钉墙</td><td>适用于地下水位以上或降水的非软土基坑，且基坑深度不宜大于 15 m</td></tr>
<tr><td>水泥土桩复合土钉墙</td><td>用于非软土基坑时，基坑深度不宜大于 12 m；用于淤泥质土基坑时，基坑深度不宜大于 6 m，不宜用在高水位的碎石土，砂土层中</td></tr>
<tr><td>微型桩复合土钉墙</td><td>适用于地下水位以上或降水的基坑，用于非软土基坑时，基坑深度不宜大于 12 m；用于淤泥质土基坑时，基坑深度不宜大于 6 m</td></tr>
<tr><td colspan="2">重力式水泥土墙</td><td>二级
三级</td><td colspan="2">适用于淤泥质土、淤泥基坑，且基坑深度不宜大于 7 m</td></tr>
<tr><td colspan="2">放坡</td><td>三级</td><td colspan="2">(1)施工场地满足放坡条件。
(2)放坡与上述支护结构形式结合</td></tr>
</table>

注：a. 当基坑不同部位的周边环境条件、土层性状、基坑深度等不同时，可在不同部位分别采用不同的支护形式。

b. 支护结构可采用上、下部以不同结构类型组合的形式。

链接

除此之外，还需了解从基坑深浅的角度来选支护结构。深、浅基坑的划分，在我国还没有统一的标准。一般就建筑物来说，浅基础是指埋深小于基础宽度的或小于一定深度的基础，国外建议把深度超过6 m的基坑定为深基坑，国内有些地区建议把深度超过5 m的基坑定为深基坑，即基础埋深小于基础宽度、深度小于5 m的基坑为浅基坑。

深基坑的支护形式主要有排桩（用在采取降水、止水帷幕的一级、二级、三级基坑）、板桩围护墙（用在黏性土、砂土、粉土等较深的一级、二级、三级基坑）、咬合桩围护墙（用在较深的一级、二级、三级基坑）、型钢水泥土搅拌墙（用在黏性土、砂土、粉土、砂砾土等较深的一级、二级、三级基坑）、土钉墙（用在二级、三级基坑）、地下连续墙（用在周边环境条件复杂、且较深的一级、二级、三级基坑）、重力式水泥土墙（用在淤泥质土、淤泥的二级、三级基坑）、土体加固、内支撑、锚杆以及与主体结构相结合的基坑支护。

浅基坑的支护形式主要有斜柱（用在大型但深度浅的基坑或机械挖土上）、型钢桩横挡板（用在地下水位低、深度浅的普通黏性土或砂土里）、锚拉（用在大型但深度浅的基坑、机械挖土以及禁止设置横撑时）、短桩横隔板和临时挡土墙（用在宽度大的基坑，也可以用在某些地段下方坡位不足的时候）、挡土灌注桩（用于大型、较浅的基坑，也可用在附近有建筑物、禁止背面地基下沉、位移的情况）等。

4. 水平荷载

计算作用在支护结构上的水平荷载时，应考虑下列因素：基坑内外土的自重（包括地下水）；基坑周边既有和在建的建（构）筑物荷载；基坑周边施工材料和设备荷载；基坑周边道路车辆荷载；冻胀、温度变化及其他因素产生的作用。

（二）基坑开挖与监测

1. 基坑开挖

基坑开挖应符合下列规定：

（1）当支护结构构件强度达到开挖阶段的设计强度时，方可下挖基坑；对采用预应力锚杆的支护结构，应在锚杆施加预加力后，方可下挖基坑。

（2）对土钉墙，应在土钉、喷射混凝土面层的养护时间大于2天后，方可下挖基坑。

（3）应按支护结构设计规定的施工顺序和开挖深度分层开挖；锚杆、土钉的施工作业面与锚杆、土钉的高差不宜大于500 mm。

（4）开挖时，挖土机械不得碰撞或损害锚杆、腰梁、土钉墙面、内支撑及其连接件等构件，不得损害已施工的基础桩。

（5）当基坑采用降水时，应在降水后开挖地下水位以下的土方，地下水应位于开挖面50 cm以下。

（6）当开挖揭露的实际土层性状或地下水情况与设计依据的勘察资料明显不符，或出现异常现象、不明物体时，应停止开挖，在采取相应处理措施后方可继续开挖。

（7）**挖至坑底时，应避免扰动基底持力土层的原状结构。**

软土基坑开挖尚应符合下列规定：

(1)**应按分层、分段、对称、均衡、适时的原则开挖。**

(2)当主体结构采用桩基础且基础桩已施工完成时，**应根据开挖面下软土的性状，限制每层开挖厚度，不得造成基础桩偏位。**

(3)对采用内支撑的支护结构，宜采用局部开槽方法浇筑混凝土支撑或安装钢支撑；开挖到支撑作业面后，应及时进行支撑的施工。

(4)**对重力式水泥土墙，沿水泥土墙方向应分区段开挖，每一开挖区段的长度不宜大于** 40 m。

基坑土方开挖的顺序应与设计工况相一致，严禁超挖；基坑开挖应分层进行，内支撑结构基坑开挖尚应均衡进行；基坑开挖不得损坏支护结构、降水设施和工程桩等。

基坑周边施工材料、设施或车辆荷载严禁超过设计要求的地面荷载限值。

基坑开挖至坑底标高时，应及时进行坑底封闭，并采取防止水浸、暴露和扰动基底原状土的措施。

基坑开挖和支护结构使用期内，应按下列要求对基坑进行维护：

(1)雨期施工时，**应在坑顶、坑底采取有效的截排水措施**；对地势低洼的基坑，应考虑周边汇水区域地面径流向基坑汇水的影响；排水沟、集水井应采取防渗措施。

(2)基坑周边地面宜作硬化或防渗处理。

(3)**基坑周边的施工用水应有排放措施，不得渗入土体内。**

(4)当坑体渗水、积水或有渗流时，应及时进行疏导、排泄、截断水源。

(5)开挖至坑底后，应及时进行混凝土垫层和主体地下结构施工。

(6)主体地下结构施工时，结构外墙与基坑侧壁之间应及时回填。

支护结构或基坑周边环境出现规定的报警情况或其他险情时，应立即停止开挖，并应根据危险产生的原因和可能进一步发展的破坏形式，采取控制或加固措施。危险消除后，方可继续开挖。必要时，应对危险部位采取基坑回填、地面卸土、临时支撑等应急措施。当危险由地下水管道渗漏、坑体渗水造成时，应及时采取截断渗漏水源、疏排渗水等措施。

链接

除了上述内容外还需要掌握下列内容：

(1)微型桩深入坑底的长度宜大于桩径的5倍，且不应小于1 m。

(2)喷射混凝土时，钢筋网应随受喷面的起伏铺设，与受喷面的间隙一般不大于30 mm。

(3)软土基坑盆式开挖的取土口位置与基坑边的距离不宜小于8 m。

(4)基坑开挖时，以下项目经常进行复测检验：水准点；平面位置；水平标高；边坡坡度；平面控制桩；排水、降水系统等。

2. 基坑监测

基坑支护设计应根据支护结构类型和地下水控制方法，按表5-6选择基坑监测项目，并应根据支护结构的具体形式、基坑周边环境的重要性及地质条件的复杂性确定监测点部位及数量。选用的监测项目及其监测部位应能够反映支护结构的安全状态和基坑周边环境受影响的程度。

表 5-6　基坑监测项目选择

监测项目	支护结构的安全等级		
	一级	二级	三级
支护结构顶部水平位移	应测	应测	应测
基坑周边建(构)筑物、地下管线、道路沉降	应测	应测	应测
坑边地面沉降	应测	应测	宜测
支护结构深部水平位移	应测	应测	选测
锚杆拉力	应测	应测	选测
支撑轴力	应测	应测	选测
挡土构件内力	应测	宜测	选测
支撑立柱沉降	应测	宜测	选测
挡土构件、水泥土墙沉降	应测	宜测	选测
地下水位	应测	应测	选测
土压力	宜测	选测	选测
孔隙水压力	宜测	选测	选测

安全等级为一级、二级的支护结构，在基坑开挖过程与支护结构使用期内，必须进行支护结构的水平位移监测和基坑开挖影响范围内建(构)筑物、地面的沉降监测。

当挡土构件下部为软弱持力土层，或采用大倾角锚杆时，宜在挡土构件顶部设置沉降监测点。

各监测项目应在基坑开挖前或测点安装后测得稳定的初始值，且次数不应少于两次。

对基坑监测有特殊要求时，各监测项目的测点布置、量测精度、监测频度等应根据实际情况确定。

基坑监测数据、现场巡查结果应及时整理和反馈。当出现下列危险征兆时应立即报警：支护结构位移达到设计规定的位移限值；支护结构位移速率增长且不收敛；支护结构构件的内力超过其设计值；基坑周边建(构)筑物、道路、地面的沉降达到设计规定的沉降、倾斜限值；基坑周边建(构)筑物、道路、地面开裂；支护结构构件出现影响整体结构安全性的损坏；基坑出现局部坍塌；开挖面出现隆起现象；基坑出现流土、管涌现象。

《建筑基坑工程监测技术标准》规定，基坑工程设计文件应对监测范围、监测项目及测点布置、监测频率和监测预警值等做出规定。

基坑工程施工前，应由建设方委托具备相应能力的第三方对基坑工程实施现场监测。监测单位应编制监测方案，监测方案应经建设方、设计方等认可，必要时还应与基坑周边环境涉及的有关管理单位协商一致后方可实施。

基坑开挖前应编制基坑监控方案。监测方案应包括下列内容：工程概况；场地工程地质、水文地质条件及基坑周边环境状况；监测目的；编制依据；监测范围、对象及项目；基准点、工作基点、监测点的布设要求及测点布置图；监测方法和精度等级；监测人员配备和使用的主要仪器设备；监测期和监测频率；监测数据处理、分析与信息反馈；监测预警、异常及危险情况下的监测措施；质量管理、监测作业安全及其他管理制度。

基坑工程监测范围应根据基坑设计深度、地质条件、周边环境情况以及支护结构类型、施工工法等综合确定。

现场监测的对象宜包括：支护结构；基坑及周围岩土体；地下水；周边环境中的被保护对象，包括周边建筑、管线、轨道交通、铁路及重要的道路等；其他应监测的对象。

链接

基坑监测以地下水位、地下管线变形、周围建筑物、支护结构水平位移等项目为重点。

下列基坑工程的监测方案应进行专项论证：

(1)邻近重要建筑、设施、管线等破坏后果很严重的基坑工程。

(2)工程地质、水文地质条件复杂的基坑工程。

(3)已发生严重事故，重新组织施工的基坑工程。

(4)采用新技术、新工艺、新材料、新设备的一、二级基坑工程。

(5)其他需要论证的基坑工程。

监测项目应与基坑工程设计、施工方案相匹配，应针对监测对象的关键部位进行重点观测；各监测项目的选择应利于形成互为补充、验证的监测体系。

基坑工程施工和使用期内，每天均应由专人进行巡视检查，基坑工程巡视检查包括以下内容：

(1)支护结构：支护结构成型质量；冠梁、支撑、围檩或腰梁是否有裂缝；冠梁、围檩或腰梁的连续性，有无过大变形；围檩或腰梁与围护桩的密贴性，围檩与支撑的防坠落措施；锚杆垫板有无松动、变形；立柱有无倾斜、沉陷或隆起；止水帷幕有无开裂、渗漏水；基坑有无涌土、流砂、管涌；面层有无开裂、脱落。

(2)施工状况：开挖后暴露的岩土体情况与岩土勘察报告有无差异；开挖分段长度、分层厚度及支撑(锚杆)设置是否与设计要求一致；基坑侧壁开挖暴露面是否及时封闭；支撑、锚杆是否施工及时；边坡、侧壁及周边地表的截水、排水措施是否到位，坑边或坑底有无积水；基坑降水、回灌设施运转是否正常；基坑周边地面有无超载。

(3)周边环境：周边管线有无破损、泄漏情况；围护墙后土体有无沉陷、裂缝及滑移现象；周边建筑有无新增裂缝出现；周边道路(地面)有无裂缝、沉陷；邻近基坑施工(堆载、开挖、降水或回灌、打桩等)变化情况；存在水力联系的邻近水体(湖泊、河流、水库等)的水位变化情况。

(4)监测设施：基准点、监测点完好状况；监测元件的完好及保护情况；有无影响观测工作的障碍物。

(5)根据设计要求或当地经验确定的其他巡视检查内容。

监测点的布置不应妨碍监测对象的正常工作，并且便于监测，易于保护。

监测方法的选择应根据监测对象的监控要求、现场条件、当地经验和方法适用性等因素综合确定，监测方法应合理易行。仪器监测可采用现场人工监测或自动化实时监测。

当出现下列情况之一时，应提高监测频率：监测值达到预警值；监测值变化较大或者速率加快；存在勘察未发现的不良地质状况；超深、超长开挖或未及时加撑等违反设计工况施工；基坑及周边大量积水、长时间连续降雨、市政管道出现泄漏；基坑附近地面荷载突然增大或超过设计限值；支护结构出现开裂；周边地面突发较大沉降或出现严重开裂；邻近建筑突发较大沉降、不均匀沉降或出现严重开裂；基坑底部、侧壁出现管涌、渗漏或流沙等现象；膨胀土、湿陷性黄土等水敏性特殊土基坑出现防水、排水等防护设施损坏，开挖暴露面有被水浸湿的现象；多年冻土、季节性冻土等温度敏感性土基坑经历冻、融季节；高灵敏性软土基坑受施工扰动严重、支撑施作不及时、有软土侧壁挤出、开挖暴露面未及时封闭等异常情况；出现其他影响基坑及周边环境安全的异常情况。

当出现下列情况之一时，必须立即进行危险报警，并应通知有关各方对基坑支护结构和周边环境保护对象采取应急措施：基坑支护结构的位移值突然明显增大或基坑出现流砂、管涌、隆起、陷落等；基坑支护结构的支撑或锚杆体系出现过大变形、压屈、断裂、松弛或拔出的迹象；基坑周边建筑的结构部分出现危害结构的变形裂缝；基坑周边地面出现较严重的突发裂缝或地下空洞、地面下陷；基坑周边管线变形突然明显增长或出现裂缝、泄漏等；冻土基坑经受冻融循环时，基坑周边土体温度显著上升，发生明显的冻融变形；出现基坑工程设计方提出的其他危险报警情况，或根据当地工程经验判断，出现其他必须进行危险报警的情况。

案例分析

经典案例

某市输水隧道工程需设置独立盾构始发井，始发井东侧平行方向有一座相距 9 m 的变电所。盾构始发井基坑采用明挖顺作法施工，开挖深度 17.17 m，净空尺寸 13.60 m × 19.20 m，基坑围护结构采用钻孔灌注桩 ϕ1 000@1 200（ϕ：桩径，@：桩间距）、外侧采用高压旋喷桩 ϕ800@400 止水帷幕、三轴搅拌 ϕ850@600 和竖向垂直引孔注浆加固。钻孔灌注桩桩长 21.50 m，洞门范围内的钻孔灌注桩采用玻璃纤维筋替代钢筋。

盾构始发井围护结构顶部设置钢筋混凝土冠梁，基坑开挖过程采用挂网喷浆 + 临时钢支撑进行临时支护。自上而下分别在标高 −2.31 m、−5.97 m、−8.18 m、−10.40 m 和 −12.80 m位置处设置5 道 ϕ609 壁厚16 mm 临时钢支撑，支撑水平间距3.20 ~ 3.40 m，四角位置分别水平设置 2 道 ϕ609 钢斜撑，钢支撑通过钢托梁（钢牛腿）、钢围檩与护坡桩连接。基坑采用管井井点降水，基坑内水位降至开挖深度以下 1 m。管井直径 450 mm，基坑内设 2 口疏干井。

基坑采用 PC－220 挖掘机开挖，10 t 门式起重机和 25 t 汽车式起重机出渣土，自卸汽车外运，25 t 履带式起重机与 10 t 门式起重机配合吊运安装钢支撑。

常见考点

1. 各种事故对应的起因物分别如下：

（1）车辆伤害：挖掘机开挖行驶、自卸汽车运输物料时造成的伤害。

(2)起重伤害:门式起重机、汽车式起重机、履带式起重机进行起重作业时造成的伤害。

(3)淹溺事故:钻孔灌注桩、管井、疏干井内积水造成的淹溺。

2. 需编制专项施工方案的分部分项工程及是否需要进行专家论证的判断如下:

(1)深基坑工程(土方开挖、支护、降水工程):需要专家论证。因为开挖深度超过5 m(含5 m)的基坑(槽)的土方开挖、支护、降水工程,属于超过一定规模的危险性较大的分部分项工程,需进行专家论证。本工程开挖深度为17.17 m,超过5 m,因此需要专家论证。

(2)10 t门式起重机安装和拆卸工程:不需要专家论证。10 t门式起重机安装和拆卸工程不属于超过一定规模的危险性较大的分部分项工程(起重量300 kN及以上,或搭设总高度200 m及以上,或搭设基础标高在200 m及以上的起重机械安装和拆卸工程),因此不需要专家论证。

(3)25 t履带式起重机与10 t门式起重机配合吊装工程:需要专家论证。因为采用非常规起重设备、方法,且单件起吊重量在100 kN及以上的起重吊装工程,属于超过一定规模的危险性较大的分部分项工程,需进行专家论证。本工程25 t履带式起重机与10 t门式起重机配合吊装工程属于该范围,因此需要专家论证。

提示

该部分内容在后文“专项工程施工安全”中会详细讲解。

3. 基坑安全等级为一级。理由:该工程基坑开挖深度17.17 m,大于10 m,所以基坑安全等级为一级。

第三方监测单位实施基坑监测的应测项目:支护结构顶部水平位移,基坑周边建(构)筑物、地下管线、道路沉降,坑边地面沉降,支护结构深部水平位移,锚杆拉力,支撑轴力,挡土构件内力,支撑立柱沉降,挡土构件、水泥土墙沉降,地下水位。

4. 吊运、安装钢支撑时应采取的安全措施:钢支撑吊装就位时,吊车及钢支撑下方严禁人员入内,现场应做好防下坠措施。钢支撑吊装过程中应缓慢移动,操作人员应监视周围环境,避免钢支撑刮碰坑壁、冠梁、上部钢支撑等。起吊钢支撑应先进行试吊,检查起重机的稳定性、制动的可靠性、钢支撑的平衡性、绑扎的牢固性,确认无误后,方可起吊。当起重机出现倾覆迹象时,应快速使钢支撑落回基座。

同步自测

一、单项选择题(每题的备选项中,只有1个最符合题意)

1. 根据《岩土工程勘察规范》,下列选项正确的是(　　)。

A. 岩石按坚硬程度可分为坚硬岩、较硬岩、较软岩、软岩、极软岩

B. 土按特殊性质可分为残积土、坡积土、洪积土、冲击土、淤积土、冰积土和风积土等

C. 塑性指数大于10的土应定名为粉质黏土

D. 粒径大于2 mm的颗粒质量超过总质量50%的土称为砂土

2. 基坑工程专项施工方案应经(　　)审批,项目总监理工程师认可后方可实施。

A. 建设单位技术负责人　　B. 施工单位项目负责人

C. 施工单位技术负责人　　D. 设计院技术负责人

3. 开挖深度超过 2 m 的基坑周边必须安装防护栏杆。防护栏杆高度不应低于(　　)。

A. 1.0 m　　B. 1.2 m

C. 1.5 m　　D. 1.8 m

4. 关于石方爆破的说法,正确的是(　　)。

A. A 级、B 级、C 级、D 级爆破工程均应编制爆破设计书,并对爆破方案进行专家论证

B. 在爆破作业区域内有两个及以上爆破施工单位同时实施爆破作业时,必须由监理单位负责统一协调指挥

C. 深孔爆破宜采用光面爆破或预裂爆破

D. 浅孔爆破宜采用台阶法爆破

5. 根据《建筑基坑支护技术规程》的规定,关于各类支护结构的适用条件,下列说法正确的是(　　)。

A. 单一土钉墙适用于地下水位以上或经降水的非软土基坑,且基坑深度不宜大于 15 m

B. 锚拉式结构适用于较浅的基坑

C. 水泥土桩垂直复合土钉墙宜用在高水位的碎石土、砂土、粉土层中

D. 重力式水泥土墙适用于淤泥质土、淤泥基坑,且基坑深度不宜大于 7 m

6. 根据《建筑基坑支护技术规程》的规定,软土基坑开挖应按(　　)、对称、均衡、适时的原则开挖。

A. 分层、分段　　B. 限时、限高

C. 全部　　D. 分段、限高

二、案例分析题

某省会城市的图书馆大楼工程建筑高度为 40 m,层数为 11 层,为框架剪力墙结构,设两层地下室。该深基坑工程平面长 40 m,宽 30 m,基坑开挖面积约 1 200 m^2,开挖平均深度为 6.0 m。

1. 主要土层

场地主要土层分布如下:①粉质黏土,层厚 1.2 ~ 3.9 m,可塑状态。②淤泥质粉质黏土,层厚 3.9 ~ 4.5 m,软塑 – 流塑状态。③粉质黏土夹粉土粉砂层,4.5 ~ 6 m,粉质黏土呈软塑状态,粉土粉砂呈松散状态。

2. 地下水情况

场区内地下水主要为粉质黏土中的上层滞水和赋存于粉质黏土夹粉土粉砂层中的承压水。

A 施工单位在编制基坑工程施工组织设计的同时,编制了基坑工程施工安全专项方案。该安全专项方案经过了相关部门审核通过,内容包括:①基坑边坡采用复合土钉墙支护。②基坑截水根据工程地质条件、水文地质条件及施工条件等,基坑截水选用高压喷射注浆帷幕法施工等。

本工程基坑于 2020 年 6 月份土方开挖到 –5.2 m 深度时,恰逢一场暴雨,边坡即发生破坏。造成了北侧长 30 m 一段、南侧长 20 m 一段发生边坡滑移现象。此次事故未造成人员伤亡。

根据以上场景,回答下列问题:

1. 简述深基坑安全专项施工方案的内容。
2. 简述复合土钉墙支护时土方开挖的要求。
3. 简述基坑支护时,支护结构选型应综合考虑的因素。
4. 简述高压喷射注浆帷幕法施工的要求。

答案详解

一、单项选择题

1. A。【解析】根据地质成因,土可划分为残积土、坡积土、洪积土、冲积土、淤积土、冰积土和风积土等。故选项B错误。塑性指数大于10的土应定名为黏性土。黏性土应根据塑性指数分为粉质黏土和黏土。塑性指数大于10,且小于或等于17的土,应定名为粉质黏土;塑性指数大于17的土应定名为黏土。故选项C错误。粒径大于2 mm的颗粒质量超过总质量50%的土,称为碎石土。故选项D错误。

2. C。【解析】基坑工程施工安全专项方案应与基坑工程施工组织设计同步编制。基坑工程专项施工方案应经施工单位技术负责人审批,项目总监理工程师认可后方可实施。

3. B。【解析】《建筑施工土石方工程安全技术规范》规定,开挖深度超过2 m的基坑周边必须安装防护栏杆。防护栏杆高度不应低于1.2 m;防护栏杆应由横杆及立杆组成,横杆应设2~3道,下杆离地高度宜为0.3~0.6 m,上杆离地高度宜为1.2~1.5 m;立杆间距不宜大于2.0 m。立杆离坡边距离宜大于0.5 m。防护栏杆宜加挂密目安全网和挡脚板;安全网应自上而下封闭设置;挡脚板高度不应小于180 mm。挡脚板下沿离地高度不应大于10 mm。防护栏杆应安装牢固,材料应有足够的强度。

4. D。【解析】《建筑施工土石方工程安全技术规范》规定,A级、B级、C级和对安全影响较大的D级爆破工程均应编制爆破设计书,并对爆破方案进行专家论证。深孔爆破宜采用电爆网路或导爆管网路起爆,大规模深孔爆破应预先进行网路模拟实验。故选项A,C错误。《土方与爆破工程施工及验收规范》规定,在爆破作业区域内有两个及以上爆破施工单位同时实施爆破作业时,必须由建设单位负责统一协调指挥。故选项B错误。

5. D。【解析】单一土钉墙适用于地下水位以上或降水的非软土基坑,且基坑深度不宜大于12 m。故选项A错误。锚拉式结构适用于较深的基坑。故选项B错误。水泥土桩复合土钉墙用于非软土基坑时,基坑深度不宜大于12 m;用于淤泥质土基坑时,基坑深度不宜大于6 m,不宜用在高水位的碎石土,砂土层中。故选项C错误。

提示

各类支护结构的具体适用条件见考点解读。

6. A。【解析】《建筑基坑支护技术规程》规定,软土基坑开挖除应符合相应规定外,尚应符合下列规定:(1)应按分层、分段、对称、均衡、适时的原则开挖。(2)当主体结构采用桩基础且基础桩已施工完成时,应根据开挖面下软土的性状,限制每层开挖厚度,不得造成基础桩偏位。(3)对采用内支撑的支护结构,宜采用局部开槽方法浇筑混凝土支撑或安装钢支撑;开挖到支撑作业面后,应及时进行支撑的施工。(4)对重力式水泥土墙,沿水泥土墙方向应分区段开挖,每一开挖区段的长度不宜大于40 m。

二、案例分析题

【答案】

1. 深基坑工程安全专项施工方案主要包括工程概况,工程地质与水文条件,危险源分析,各施工阶段与危险源控制相对应的安全技术措施,信息施工法实施细则,安全控制技术措施、处理预案,安全管理措施,对突发事件的应急响应。
2. 采用复合土钉墙支护的基坑开挖时应注意以下要求:

   (1)截水帷幕、微型桩的强度和龄期应达到设计要求后方可进行土方开挖。

   (2)基坑开挖应与土钉施工分层交替进行,并应缩短无支护暴露时间。

   (3)面积较大的基坑可采用岛式开挖方式,应先挖除距基坑边8~10 m的土方,再挖除基坑中部的土方。

   (4)采用分层分段方法进行土方开挖,每层土方开挖的底标高应低于相应土钉位置,距离宜为200~500 mm,每层分段长度不应大于30 m。

   (5)应在土钉承载力或龄期达到设计要求后开挖下一层土方。
3. 支护结构选型时,应综合考虑下列因素:基坑深度;土的性状及地下水条件;基坑周边环境对基坑变形的承受能力及支护结构失效的后果;主体地下结构和基础形式及其施工方法、基坑平面尺寸及形状;支护结构施工工艺的可行性;施工场地条件及施工季节;经济指标、环保性能和施工工期。
4. 高压喷射注浆帷幕的施工应符合下列要求:

   (1)采用与排桩咬合的高压喷射注浆帷幕时,应先进行排桩施工,后进行高压喷射注浆施工。

   (2)高压喷射注浆的施工作业顺序应采用隔孔分序方式,相邻孔喷射注浆的间隔时间不宜小于24 h。

   (3)喷射注浆时,应由下而上均匀喷射,停止喷射的位置宜高于帷幕设计顶面1 m。

   (4)采用复喷工艺增大固结体半径、提高固结体强度。

   (5)喷射注浆时,当孔口的返浆量大于注浆量的20%时,可采用提高喷射压力等措施。

   (6)当因浆液渗漏而出现孔口不返浆的情况时,应将注浆管停置在不返浆处持续喷射注浆,并宜同时采用从孔口填入中粗砂、注浆液掺入速凝剂等措施,直至出现孔口返浆。

   (7)喷射注浆后,当浆液析水、液面下降时,应进行补浆。

   (8)当喷射注浆因故中途停喷后,继续注浆时应与停喷前的注浆体搭接,其搭接长度不应小于500 mm。

   (9)当注浆孔邻近既有建筑物时,宜采用速凝浆液进行喷射注浆。

第六章　脚手架、模板工程安全

考情解读 

考·纲·要·求

掌握脚手架、模板工程在施工、检查与验收过程中的安全技术要点。运用脚手架、模板工程安全技术和相关标准，分析脚手架、模板工程施工过程中存在的危险、有害因素，制定相应安全技术措施。

命·题·分·析

本章知识点在选择题和案例分析题中均有考查。其中，选择题每年基本考查2～3道，案例分析题至少考查1道。本章内容包括脚手架统一安全技术、扣件式钢管脚手架安全技术、承插型盘扣式钢管脚手架安全技术、碗扣式钢管脚手架安全技术、工具式脚手架安全技术、建筑施工模板工程安全技术。

历年真题考查过脚手架的搭设与拆除、建筑施工扣件式钢管脚手架的纵向水平杆的构造和剪刀撑和横向斜撑的设置、建筑施工工具式脚手架的高处作业吊篮技术要点和安全装置的检查标准、模板工程的拆除等。

因此，对于脚手架应重点掌握建筑施工扣件式钢管脚手架的构造要求，对于模板应重点掌握安装和拆除的相关内容，此部分内容在案例分析题中经常涉及。

考点解读

考点一　脚手架统一安全技术

该部分内容主要依据《建筑施工脚手架安全技术统一标准》对脚手架统一安全技术进行叙述。

（一）相关术语

脚手架是指由杆件或结构单元、配件通过可靠连接而组成，能承受相应荷载，具有安全防护功能，为建筑施工提供作业条件的结构架体，包括作业脚手架和支撑脚手架。

作业脚手架是指由杆件或结构单元、配件通过可靠连接而组成，支承于地面、建筑物上或附着于工程结构上，为建筑施工提供作业平台和安全防护的脚手架，包括以各类不同杆件（构件）和节点形式构成的落地作业脚手架、悬挑脚手架、附着式升降脚手架等，简称作业架。

支撑脚手架是指由杆件或结构单元、配件通过可靠连接而组成，支承于地面或结构上，可承受各种荷载，具有安全保护功能，为建筑施工提供支撑和作业平台的脚手架，包括以各类不同杆件（构件）和节点形式构成的结构安装支撑脚手架、混凝土施工用模板支撑脚手架等，简称支撑架。

封闭式作业脚手架是指采用密目安全网或钢丝网等材料将外侧立面全部遮挡封闭的作业脚手架。

敞开式支撑脚手架是指架体外侧立面无遮挡封闭的支撑脚手架。

(二)基本规定

脚手架搭设和拆除作业前,应根据工程特点编制专项施工方案,并应经审批后组织实施。

提示

脚手架的搭设和拆除作业是一项技术性、安全性要求很高的工作,专项施工方案是指导脚手架搭拆作业的技术文件。如果无专项施工方案而盲目进行脚手架的搭拆作业,极易引发安全事故。

根据工程特点是指编制的专项施工方案应符合工程实际,满足施工要求和安全承载、安全防护要求;应根据工程结构形状、构造、总荷载、施工条件、环境条件等因素,经过设计和计算确定脚手架搭设和拆除施工方案。

应经过审批是强调对专项施工方案进行审核把关,按专项施工方案的审批程序进行审查批准。对于按住房和城乡建设部《关于印发〈危险性较大的分部分项工程安全管理规定〉的通知》和《建设工程高大模板支撑系统施工安全监督管理导则》规定需进行审核论证的专项施工方案,应组织专家审核论证,并应按专家的意见对专项施工方案进行修改。

组织实施是指搭设、检查验收、使用、维护与管理、拆除的作业过程落实,强调按方案指导施工。

脚手架的构造设计应能保证脚手架结构体系的稳定。

提示

脚手架是由多个稳定结构单元组成的。对于作业脚手架,是由按计算和构造要求设置的连墙件和剪刀撑、斜撑杆等将架体分割成若干个相对独立的稳定结构单元,这些相对独立的稳定结构单元牢固连接组成了作业脚手架。对于支撑脚手架,是由按构造要求设置的竖向(纵、横)和水平剪刀撑、斜撑杆及其他加固件将架体分割成若干个相对独立的稳定结构单元,这些相对独立的稳定结构单元牢固连接组成了支撑脚手架。只有当架体是由多个相对独立的稳定结构单元体组成时,才可能保证脚手架是稳定结构体系。脚手架的承力结构件基本上都是长细比较大的杆件,其结构件必须是在组成空间稳定的结构体系时,才能充分发挥作用。

架体的构造设计应注意的是:

(1)脚手架的构造应满足设计计算基本假定条件(边界条件)的要求。脚手架设计计算的基本假定是脚手架设计计算的前提条件,是靠构造设置来满足的。对于作业脚手架而言,边界条件主要是连墙件、水平杆、剪刀撑(斜撑杆)、扫地杆的设置;对于支撑脚手架而言,边界条件主要是纵向和横向水平杆、竖向(纵、横)剪刀撑、水平剪刀撑、斜撑杆、扫地杆的设置。

(2)脚手架的设计计算模型与脚手架的构造相对应。当构造发生变化时,设计计算的技术参数也要发生变化。

(3)当剪刀撑、水平杆、扫地杆、节点连接形式等按不同构造方式设置时,架体的稳定承载力会存在很大差别。基于上述原因,本标准提出对架体构造应进行设计。

脚手架性能应符合下列规定:应满足承载力设计要求;不应发生影响正常使用的变形;应满足使用要求,并应具有安全防护功能;附着或支承在工程结构上的脚手架.不应使所附着的工程结构或支承脚手架的工程结构受到损害。

脚手架应构造合理、连接牢固、搭设与拆除方便、使用安全可靠。

脚手架所使用的钢丝绳承载力应具有足够的安全储备,重要结构用的钢丝绳安全系数不应小于9;一般结构用的钢丝绳安全系数应为6。

(三)材料、构配件

脚手架所用材料、构配件应符合表6-1所示的规定。

表6-1　脚手架所用材料、构配件的基本规定

材料、构配件	基本规定
钢管	脚手架所用钢管宜采用现行国家标准《直缝电焊钢管》或《低压流体输送用焊接钢管》中规定的普通钢管,其材质应符合现行国家标准《碳素结构钢》中Q235级钢或《低合金高强度结构钢》中Q345级钢的规定。钢管外径、壁厚、外形允许偏差应符合规定
型钢、钢板、圆钢	脚手架所使用的型钢、钢板、圆钢应符合国家现行相关标准的规定,其材质应符合现行国家标准《碳素结构钢》中Q235级钢或《低合金高强度结构钢》中Q345级钢的规定
铸铁或铸钢制作构配件	铸铁或铸钢制作的构配件材质应符合现行国家标准《可锻铸铁件》或《一般工程用铸造碳钢件》的规定
受力杆	木脚手架主要受力杆件应选用剥皮杉木或落叶松木,其材质应符合下列规定:立杆、斜撑杆应符合现行国家标准《木结构设计规范》中承重结构原木Ⅲa级的规定;水平杆及连墙杆应符合现行国家标准《木结构设计规范》中承重结构原木Ⅱa级的规定。竹脚手架主要受力杆件应选用生长期为3~4年的毛竹,竹杆应挺直、坚韧,不得使用枯脆、腐烂、虫蛀及裂纹连通两节以上的竹杆
脚手板	脚手板应满足强度、耐久性和重复使用要求,钢脚手板材质应符合现行国家标准《碳素结构钢》中Q235级钢的规定;冲压钢板脚手板的钢板厚度不宜小于1.5 mm,板面冲孔内切圆直径应小于25 mm
底座和托座	底座和托座应经设计计算后加工制作,其材质应符合现行国家标准《碳素结构钢》中Q235级钢或《低合金高强度结构钢》中Q345级钢的规定,并应符合下列要求: (1)底座的钢板厚度不得小于6 mm,托座U形钢板厚度不得小于5 mm,钢板与螺杆应采用环焊,焊缝高度不应小于钢板厚度,并宜设置加劲板。 (2)可调底座和可调托座螺杆插入脚手架立杆钢管的配合公差应小于2.5 mm。 (3)可调底座和可调托座螺杆与可调螺母啮合的承载力应高于可调底座和可调托座的承载力,应通过计算确定螺杆与调节螺母啮合的齿数,螺母厚度不得小于30 mm

（续表）

材料、构配件	基本规定
其他要求	(1)材料、构配件几何参数的标准值,应采用设计规定的公称值;工厂化生产的构配件几何参数实测平均值应符合设计公称值。 (2)脚手架挂扣式连接、承插式连接的连接件应有防止退出或防止脱落的措施。 (3)周转使用的脚手架杆件、构配件应制定维修检验标准,每使用一个安装拆除周期后,应及时检查、分类、维护、保养,对不合格品应及时报废
外观质量	脚手架构配件应具有良好的互换性,且可重复使用。构配件出厂质量应符合国家现行相关产品标准的要求,杆件、构配件的外观质量应符合下列规定: (1)不得使用带有裂纹、折痕、表面明显凹陷、严重锈蚀的钢管。 (2)铸件表面应光滑,不得有砂眼、气孔、裂纹、浇冒口残余等缺陷,表面粘砂应清除干净。 (3)冲压件不得有毛刺、裂纹、明显变形、氧化皮等缺陷。 (4)焊接件的焊缝应饱满,焊渣应清除干净,不得有未焊透、夹渣、咬肉、裂纹等缺陷

(四)荷载

作用于脚手架的荷载应分为永久荷载和可变荷载。

脚手架的永久荷载应包含下列项目:脚手架结构件自重;脚手板、安全网、栏杆等附件的自重;支撑脚手架的支承体系自重;支撑脚手架之上的建筑结构材料及堆放物的自重;其他可按永久荷载计算的荷载。

脚手架的可变荷载应包含下列项目:施工荷载;风荷载;其他可变荷载。

(五)设计

脚手架设计应采用以概率理论为基础的极限状态设计方法,以分项系数设计表达式进行计算。

脚手架应按正常搭设和正常使用条件进行设计,可不计入短暂作用、偶然作用、地震荷载作用。

(六)结构试验与分析

脚手架的结构分析应包括脚手架结构、脚手架构配件及杆件连接节点的荷载作用效应分析和抗力分析,可采用模拟计算、模型试验和结构试验等方法进行。

(七)构造要求

脚手架的构造和组架工艺应能满足施工需求,并应保证架体牢固、稳定。

脚手架杆件连接节点应满足其强度和转动刚度要求,应确保架体在使用期内安全,节点无松动。

脚手架的竖向和水平剪刀撑应根据其种类、荷载、结构和构造设置,剪刀撑斜杆应与相邻立杆连接牢固;可采用斜撑杆、交叉拉杆代替剪刀撑。门式钢管脚手架设置的纵向交叉拉杆可替代纵向剪刀撑。

(八)搭设与拆除

脚手架搭设和拆除作业应按专项施工方案施工。

脚手架搭设作业前,应向作业人员进行安全技术交底。

脚手架的搭设场地应平整、坚实,场地排水应顺畅,不应有积水。脚手架附着于建筑结构处的混凝土强度应满足安全承载要求。

脚手架应按顺序搭设,并应符合下列规定:落地作业脚手架、悬挑脚手架的搭设应与工程施工同步,一次搭设高度不应超过最上层连墙件两步,且自由高度不应大于4 m;支撑脚手架应逐排、逐层进行搭设;剪刀撑、斜撑杆等加固杆件应随架体同步搭设,不得滞后安装;构件组装类脚手架的搭设应自一端向另一端延伸,自下而上按步架设,并应逐层改变搭设方向;每搭设完一步架体后,应按规定校正立杆间距、步距、垂直度及水平杆的水平度。

作业脚手架连墙件安装应符合下列规定:连墙件的安装应随作业脚手架搭设同步进行;当作业脚手架操作层高出相邻连墙件2个步距及以上时,在上层连墙件安装完毕前,应采取临时拉结措施。

附着式升降脚手架组装就位后,应按规定进行检验和升降调试,符合要求后方可投入使用。

脚手架的拆除作业应符合下列规定:架体拆除应按自上而下的顺序按步逐层进行,不应上下同时作业;同层杆件和构配件应按先外后内的顺序拆除;剪刀撑、斜撑杆等加固杆件应在拆卸至该部位杆件时拆除;作业脚手架连墙件应随架体逐层、同步拆除,不应先将连墙件整层或数层拆除后再拆架体;作业脚手架拆除作业过程中,当架体悬臂段高度超过2步时,应加设临时拉结。

脚手架在使用过程中应分阶段进行检查、监护、维护、保养。

链接

拆除脚手架应遵循"先搭后拆,后搭先拆"的原则,在拆除过程中,施工人员应密切配合,相互协调,以安全的方式拆卸和运出,禁止单人进行拆除较重杆件等危险性的作业。

(九)质量控制

施工现场应建立健全脚手架工程的质量管理制度和搭设质量检查验收制度。

脚手架工程应按下列规定进行质量控制:

(1)对搭设脚手架的材料、构配件和设备应进行现场检验。

(2)脚手架搭设过程中应分步校验,并应进行阶段施工质量检查。

(3)在脚手架搭设完工后应进行验收,并应在验收合格后方可使用。

搭设脚手架的材料、构配件和设备应按进入施工现场的批次分品种、规格进行检验,检验合格后方可搭设施工,并应符合下列规定:

(1)新产品应有产品质量合格证,工厂化生产的主要承力杆件、涉及结构安全的构件应具有型式检验报告。

(2)材料、构配件和设备质量应符合国家现行相关标准的规定。

(3)按规定应进行施工现场抽样复验的构配件,应经抽样复验合格。

(4)周转使用的材料、构配件和设备,应经维修检验合格。

在对脚手架材料、构配件和设备进行现场检验时,应采用随机抽样的方法抽取样品进行外观检验、实量实测检验、功能测试检验。抽样比例应符合下列规定：

(1)按材料、构配件和设备的品种、规格应抽检1%～3%。

(2)安全锁扣、防坠装置、支座等重要构配件应全数检验。

(3)经过维修的材料、构配件抽检比例不应少于3%。

脚手架在进行阶段施工质量检查时，应依据脚手架相关的国家现行标准的要求，采用外观检查、实量实测检查、性能测试等方法进行检查。

(十)安全管理

施工现场应建立脚手架工程安全管理体系和安全检查、安全考核制度。

脚手架工程应按下列规定实施安全管理：搭设和拆除作业前，应审核专项施工方案；应查验搭设脚手架的材料、构配件、设备检验和施工质量检查验收结果；使用过程中，应检查脚手架安全使用制度的落实情况。

脚手架的搭设和拆除作业应由专业架子工担任；并应持证上岗。

搭设和拆除脚手架作业应有相应的安全设施，操作人员应佩戴个人防护用品，穿防滑鞋。

脚手架作业层上的荷载不得超过荷载设计值。

严禁将支撑脚手架、缆风绳、混凝土输送泵管、卸料平台及大型设备的支承件等固定在作业脚手架上。严禁在作业脚手架上悬挂起重设备。

链接

除了上述内容外，还需要掌握脚手架安全管理以下内容：

(1)设置安全扶梯、爬梯或斜道，方便操作人员上下使用。

(2)搭设完毕后应进行检查验收，经检查合格后才可使用。拆除时，应严格遵守脚手架拆除的方案和措施。

(3)及时对脚手架进行维修和加固。

(4)多层作业同时在脚手架上进行时，应设置可靠的防护棚。

考点二 扣件式钢管脚手架安全技术

该部分内容主要依据《建筑施工扣件式钢管脚手架安全技术规范》对扣件式钢管脚手架安全技术进行叙述。

扣件式钢管脚手架是指为建筑施工而搭设的、承受荷载的由扣件和钢管等构成的脚手架与支撑架，包含本规范各类脚手架与支撑架，统称脚手架。

(一)构配件

扣件式钢管脚手架构配件包括钢管、扣件、脚手板、可调托撑、悬挑脚手架用型钢。

(二)荷载

作用于脚手架的荷载可分为永久荷载(恒荷载)与可变荷载(活荷载)，具体内容如表6-2所示。

表 6-2 荷载分类

<table>
<tr><th colspan="2">类别</th><th>内容</th></tr>
<tr><td rowspan="2">脚手架永久荷载</td><td>单排架、双排架与满堂脚手架</td><td>(1)架体结构自重,包括立杆、纵向水平杆、横向水平杆、剪刀撑、扣件等的自重。
(2)构、配件自重,包括脚手板、栏杆、挡脚板、安全网等防护设施的自重</td></tr>
<tr><td>满堂支撑架</td><td>(1)架体结构自重,包括立杆、纵向水平杆、横向水平杆、剪刀撑、可调托撑、扣件等的自重。
(2)构、配件及可调托撑上主梁、次梁、支撑板等的自重</td></tr>
<tr><td rowspan="2">脚手架可变荷载</td><td>单排架、双排架与满堂脚手架</td><td>(1)施工荷载,包括作业层上的人员、器具和材料等的自重。
(2)风荷载</td></tr>
<tr><td>满堂支撑架</td><td>(1)作业层上的人员、设备等的自重。
(2)结构构件、施工材料等的自重。
(3)风荷载</td></tr>
</table>

永久荷载标准值的取值要求:单、双排脚手架立杆承受的每米结构自重标准值,满堂脚手架立杆承受的每米结构自重标准值,满堂支撑架立杆承受的每米结构自重标准值;冲压钢脚手板、木脚手板、竹串片脚手板与竹笆脚手板自重标准值;栏杆与挡脚板自重标准值,需要根据相关规定采用;脚手架上吊挂的安全设施(安全网)的自重标准值应按实际情况采用,密目式安全立网自重标准值不应低于 0.01 kN/m^2;支撑架上可调托撑上主梁、次梁、支撑板等自重应按实际计算。

单、双排与满堂脚手架作业层上的施工荷载标准值应根据实际情况确定,且不应低于表 6-3 的规定。

表 6-3 施工均布荷载标准值

类别	标准值/(kN/m^2)
装修脚手架	2.0
混凝土、砌筑结构脚手架	3.0
轻型钢结构及空间网格结构脚手架	2.0
普通钢结构脚手架	3.0

注:斜道上的施工均布荷载标准值不应低于 2.0 kN/m^2。

钢管脚手架的荷载是由立杆、横向水平杆、纵向水平杆组成的承载力构架承受。

(三)设计计算

计算构件的强度、稳定性与连接强度时,应采用荷载效应基本组合的设计值。永久荷载分项系数应取 1.2,可变荷载分项系数应取 1.4。

脚手架中的受弯构件,尚应根据正常使用极限状态的要求验算变形。验算构件变形时,应采用荷载效应的标准组合的设计值,各类荷载分项系数均应取 1.0。

(四)构造要求

1. 常用单、双排脚手架设计尺寸

常用密目式安全立网全封闭单、双排脚手架结构的设计尺寸,可按表 6-4、表 6-5 采用。

表 6-4 常用密目式安全立网全封闭式双排脚手架的设计尺寸

连墙件设置	立杆横距 l_b/m	步距 h/m	下列荷载时的立杆纵距 l_a/m				脚手架允许搭设高度[H]/m
			2 +0.35/(kN/m²)	2 +2 +2 ×0.35/(kN/m²)	3 +0.35/(kN/m²)	3 +2 +2 ×0.35/(kN/m²)	
二步三跨	1.05	1.50	2.0	1.5	1.5	1.5	50
		1.80	1.8	1.5	1.5	1.5	32
	1.30	1.50	1.8	1.5	1.5	1.5	50
		1.80	1.8	1.2	1.5	1.2	30
	1.55	1.50	1.8	1.5	1.5	1.5	38
		1.80	1.8	1.2	1.5	1.2	22
三步三跨	1.05	1.50	2.0	1.5	1.5	1.5	43
		1.80	1.8	1.2	1.5	1.2	24
	1.30	1.50	1.8	1.5	1.5	1.2	30
		1.80	1.8	1.2	1.5	1.2	17

注:a. 表中所示 2 +2 +2 ×0.35(kN/m²),包括下列荷载:2 +2(kN/m²)为二层装修作业层施工荷载标准值;2 ×0.35(kN/m²)为二层作业层脚手板自重荷载标准值。

b. 作业层横向水平杆间距,应按不大于 $l_a/2$ 设置。

c. 地面粗糙度为 B 类,基本风压 w_0 =0.4 kN/m²。

表 6-5 常用密目式安全立网全封闭式单排脚手架的设计尺寸

连墙件设置	立杆横距 l_b/m	步距 h/m	下列荷载时的立杆纵距 l_a/m		脚手架允许搭设高度[H]/m
			2 +0.35/(kN/m²)	3 +0.35/(kN/m²)	
二步三跨	1.20	1.50	2.0	1.8	24
		1.80	1.5	1.2	24
	1.40	1.50	1.8	1.5	24
		1.80	1.5	1.2	24
三步三跨	1.20	1.50	2.0	1.8	24
		1.80	1.2	1.2	24
	1.40	1.50	1.8	1.5	24
		1.80	1.2	1.2	24

注:同表 6-4。

单排脚手架搭设高度不应超过 24 m;双排脚手架搭设高度不宜超过 50 m,高度超过 50 m 的双排脚手架,应采用分段搭设等措施。

2. 纵向水平杆、横向水平杆、脚手板

纵向水平杆的构造应符合下列规定:

(1)纵向水平杆应设置在立杆内侧,单根杆长度不应小于 3 跨。

(2)纵向水平杆接长应采用对接扣件连接或搭接,并应符合下列规定:

①两根相邻纵向水平杆的接头不应设置在同步或同跨内;不同步或不同跨两个相邻接头在水平方向错开的距离不应小于500 mm;各接头中心至最近主节点的距离不应大于纵距的1/3。纵向水平杆对接接头布置如图6-1所示。

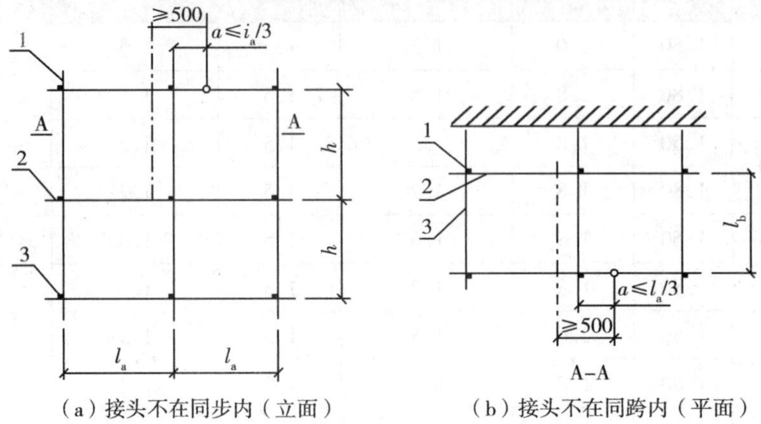

(a)接头不在同步内(立面)　　(b)接头不在同跨内(平面)

1—立杆;2—纵向水平杆;3—横向水平杆

图6-1　纵向水平杆对接接头布置

②搭接长度不应小于1 m,应等间距设置3个旋转扣件固定;端部扣件盖板边缘至搭接纵向水平杆杆端的距离不应小于100 mm。

(3)当使用冲压钢脚手板、木脚手板、竹串片脚手板时,纵向水平杆应作为横向水平杆的支座,用直角扣件固定在立杆上;当使用竹笆脚手板时,纵向水平杆应采用直角扣件固定在横向水平杆上,并应等间距设置,间距不应大于400 mm。铺竹笆脚手板时纵向水平杆的构造如图6-2所示。

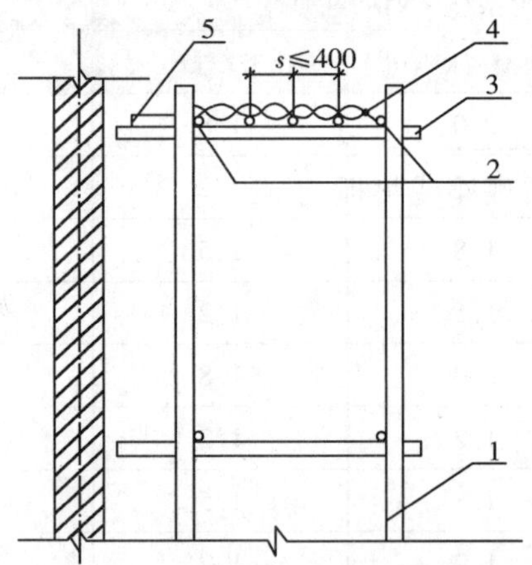

1—立杆;2—纵向水平杆;3—横向水平杆;4—竹笆脚手板;5—其他脚手板

图6-2　铺竹笆脚手板时纵向水平杆的构造

横向水平杆应符合下列规定:

(1)作业层上非主节点处的横向水平杆,宜根据支承脚手板的需要等间距设置,最大间距不应大于纵距的1/2。

(2)当使用冲压钢脚手板、木脚手板、竹串片脚手板时,双排脚手架的横向水平杆两端均应采用直角扣件固定在纵向水平杆上;单排脚手架的横向水平杆的一端应用直角扣件固定在纵向水平杆上,另一端应插入墙内,插入长度不应小于 180 mm。

(3)当使用竹笆脚手板时,双排脚手架的横向水平杆的两端,应用直角扣件固定在立杆上;单排脚手架的横向水平杆的一端,应用直角扣件固定在立杆上,另一端插入墙内,插入长度不应小于 180 mm。

脚手板的设置应符合下列规定:

(1)作业层脚手板应铺满、铺稳、铺实。

(2)冲压钢脚手板、木脚手板等,应设置在三根横向水平杆上。当脚手板长度小于 2 m时,可采用两根横向水平杆支承,但应将脚手板两端与横向水平杆可靠固定,严防倾翻。脚手板的铺设应采用对接平铺或搭接铺设。脚手板对接平铺时,接头处应设两根横向水平杆,脚手板外伸长度应取 130 ~ 150 mm,两块脚手板外伸长度的和不应大于 300 mm,脚手板对接如图 6-3(a)所示;脚手板搭接铺设时,接头应支在横向水平杆上,搭接长度不应小于 200 mm,其伸出横向水平杆的长度不应小于 100 mm。脚手板搭接如图 6-3(b)所示。

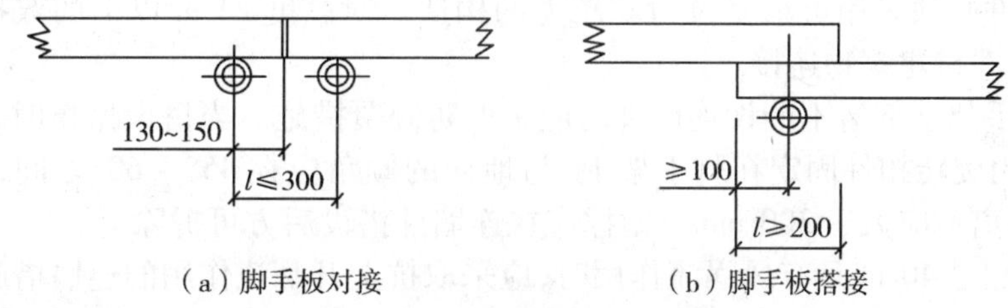

图 6-3 脚手板对接、搭接构造

(3)竹笆脚手板应按其主竹筋垂直于纵向水平杆方向铺设,且应对接平铺,四个角应用直径不小于 1.2 mm 的镀锌钢丝固定在纵向水平杆上。

(4)作业层端部脚手板探头长度应取 150 mm,其板的两端均应固定于支承杆件上。

3. 立杆

立杆的设置应符合下列规定:

(1)每根立杆底部宜设置底座或垫板。

(2)脚手架必须设置纵、横向扫地杆。纵向扫地杆应采用直角扣件固定在距钢管底端不大于 200 mm 处的立杆上。横向扫地杆应采用直角扣件固定在紧靠纵向扫地杆下方的立杆上。

(3)单、双排脚手架底层步距均不应大于 2 m。

(4)脚手架立杆的对接、搭接应符合下列规定:当立杆采用对接接长时,立杆的对接扣件应交错布置,两根相邻立杆的接头不应设置在同步内,同步内隔一根立杆的两个相隔接头在高度方向错开的距离不宜小于 500 mm,各接头中心至主节点的距离不宜大于步距的 1/3;当立杆采用搭接接长时,搭接长度不应小于 1 m,并应采用不少于 2 个旋转扣件固定。端部扣件盖板的边缘至杆端距离不应小于 100 mm。

(5)脚手架立杆顶端栏杆宜高出女儿墙上端 1 m,宜高出檐口上端 1.5 m。

4. 连墙件

连墙件的设置应符合下列规定:

(1)脚手架连墙件设置的位置、数量应按专项施工方案确定。

(2)脚手架连墙件数量的设置除应满足计算要求外,还应符合表 6-6 的规定。

表 6-6 连墙件布置最大间距

搭设方法	高度/m	竖向间距	水平间距	每根连接件覆盖面积/m^2
双排落地	≤50	$3h$	$3l_a$	≤40
双排悬挑	>50	$2h$	$3l_a$	≤27
单排	≤24	$3h$	$3l_a$	≤40

注:h—步距;l_a—纵距。

(3)连墙件的布置应符合下列规定:应靠近主节点设置,偏离主节点的距离不应大于300 mm;应从底层第一步纵向水平杆处开始设置,当该处设置有困难时,应采用其他可靠措施固定;应优先采用菱形布置,或采用方形、矩形布置。

(4)在架体的转角处、开口型作业脚手架端部应增设连墙件,连墙件竖向间距不应大于建筑物层高,且不应大于4 m。

(5)连墙件中的连墙杆应呈水平设置,当不能水平设置时,应向脚手架一端下斜连接。

(6)连墙件必须采用可承受拉力和压力的构造。对高度24 m以上的双排脚手架,应采用刚性连墙件与建筑物连接。

(7)当脚手架下部暂不能设连墙件时应采取防倾覆措施。当搭设抛撑时,抛撑应采用通长杆件,并用旋转扣件固定在脚手架上,与地面的倾角应在45°~60°之间;连接点中心至主节点的距离不应大于300 mm。抛撑应在连墙件搭设后方可拆除。

(8)架高超过40 m且有风涡流作用时,应采取抗上升翻流作用的连墙措施。

5. 门洞

门洞的设置应符合下列规定:

(1)单、双排脚手架门洞宜采用上升斜杆、平行弦杆桁架结构形式,斜杆与地面的倾角应在45°~60°之间。门洞桁架的形式宜按下列要求确定:当步距(h)小于纵距(l_a)时,应采用A型。当步距(h)大于纵距(l_a)时,应采用B型,并应符合下列规定:h=1.8 m时,纵距不应大于1.5 m;h=2.0 m时,纵距不应大于1.2 m。

(2)单、双排脚手架门洞桁架的构造应符合下列规定:

①单排脚手架门洞处,应在平面桁架的每一节间设置一根斜腹杆;双排脚手架门洞处的空间桁架,除下弦平面外,应在其余5个平面内的图示节间设置一根斜腹杆,如图6-4中1-1、2-2、3-3剖面图所示。

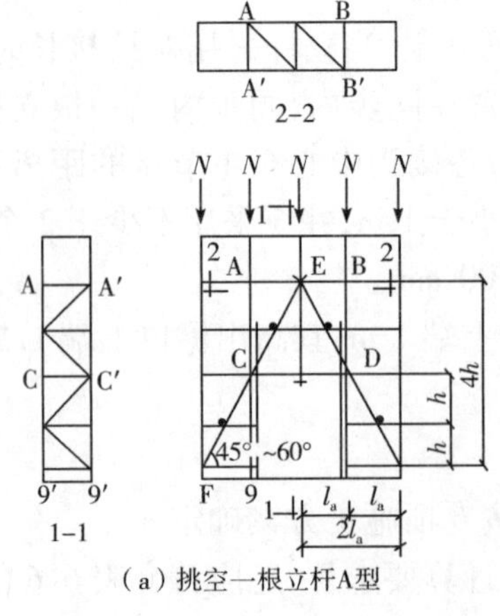

(a)挑空一根立杆A型

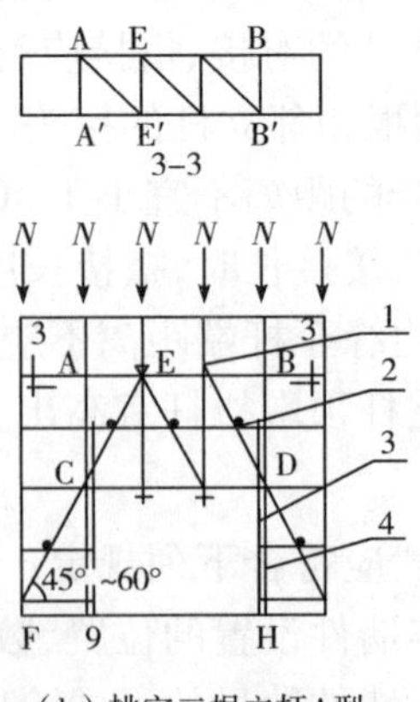

(b)挑空二根立杆A型

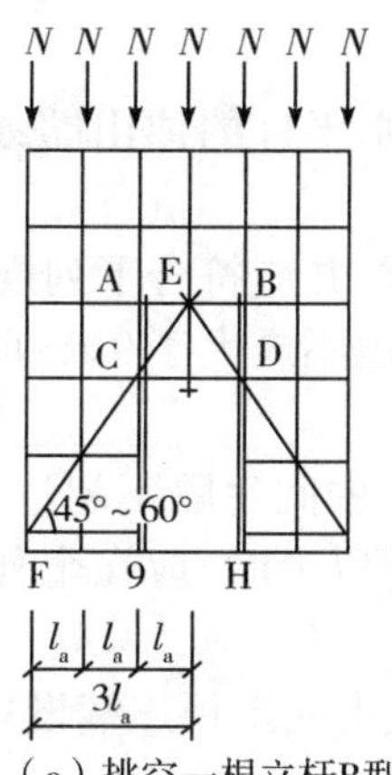

（c）挑空一根立杆B型

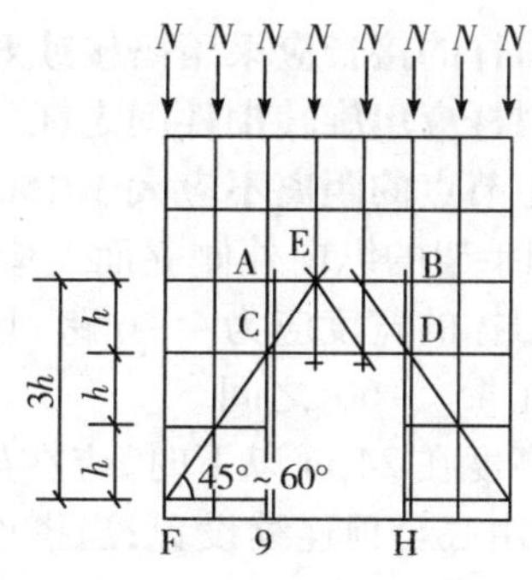

（d）挑空二根立杆B型

1—防滑扣件；2—增设的横向水平杆；3—副立杆；4—主立杆

图6-4　门洞处上升斜杆、平行弦杆桁架

②斜腹杆宜采用旋转扣件固定在与之相交的横向水平杆的伸出端上，旋转扣件中心线至主节点的距离不宜大于 150 mm。当斜腹杆在 1 跨内跨越 2 个步距时，宜在相交的纵向水平杆处，增设一根横向水平杆，将斜腹杆固定在其伸出端上。

③斜腹杆宜采用通长杆件，当必须接长使用时，宜采用对接扣件连接，也可采用搭接。

（3）单排脚手架过窗洞时应增设立杆或增设一根纵向水平杆。单排脚手架过窗洞构造如图 6-5 所示。

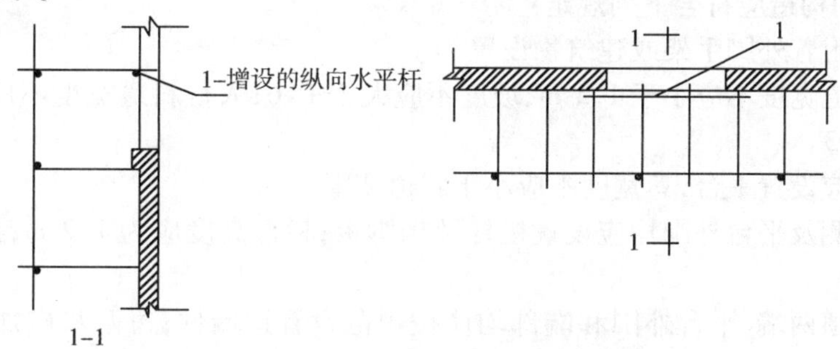

图6-5　单排脚手架过窗洞构造

（4）门洞桁架下的两侧立杆应为双管立杆，副立杆高度应高于门洞口 1～2 步。

（5）门洞桁架中伸出上下弦杆的杆件端头，均应增设一个防滑扣件，该扣件宜紧靠主节点处的扣件。

6. 剪刀撑与横向斜撑

剪刀撑与横向斜撑的设置应符合下列规定：

（1）双排脚手架应设置剪刀撑与横向斜撑，单排脚手架应设置剪刀撑。

（2）单、双排脚手架剪刀撑的设置应符合下列规定：

①每道剪刀撑跨越立杆的根数应按表 6-7 的规定确定。每道剪刀撑宽度不应小于 4 跨，且不应小于 6 m，斜杆与地面的倾角应在 45°～60°之间。

表 6-7　剪刀撑跨越立杆的最多根数

剪刀撑斜杆与地面的倾角 α	45°	50°	60°
剪刀撑跨越立杆的最多根数 n	7	6	5

②剪刀撑斜杆的接长应采用搭接或对接。

③剪刀撑斜杆应用旋转扣件固定在与之相交的横向水平杆的伸出端或立杆上，旋转扣件中心线至主节点的距离不应大于150 mm。

(3)作业脚手架的纵向外侧立面上应设置竖向剪刀撑，并应符合下列规定：

①每道剪刀撑的宽度应为4~6跨，且不应小于6 m，也不应大于9 m；剪刀撑斜杆与水平面的倾角应在45°~60°之间。

②当搭设高度在24 m以下时，应在架体两端、转角及中间每隔不超过15 m各设置一道剪刀撑，并应由底至顶连续设置；当搭设高度在24 m及以上时，应在全外侧立面上由底至顶连续设置。

③悬挑脚手架、附着式升降脚手架应在全外侧立面上由底至顶连续设置。

(4)双排脚手架横向斜撑的设置应符合下列规定：

①横向斜撑应在同一节间，由底至顶层呈之字形连续布置。

②高度在24 m以下的封闭型双排脚手架可不设横向斜撑，高度在24 m以上的封闭型脚手架，除拐角应设置横向斜撑外，中间应每隔6跨距设置一道。

7. 斜道

斜道的设置应符合下列规定：

(1)人行并兼作材料运输的斜道的形式宜按下列要求确定：高度不大于6 m的脚手架，宜采用一字形斜道；高度大于6 m的脚手架，宜采用之字形斜道。

(2)斜道的构造应符合下列规定：

①斜道应附着外脚手架或建筑物设置。

②运料斜道宽度不应小于1.5 m，坡度不应大于1∶6；人行斜道宽度不应小于1 m，坡度不应大于1∶3。

③拐弯处应设置平台，其宽度不应小于斜道宽度。

④斜道两侧及平台外围均应设置栏杆及挡脚板；栏杆高度应为1.2 m，挡脚板高度不应小于180 mm。

⑤运料斜道两端、平台外围和端部均应按规范设置连墙件；每两步应加设水平斜杆；应按规范设置剪刀撑和横向斜撑。

⑥斜道脚手板构造应符合下列规定：脚手板横铺时，应在横向水平杆下增设纵向支托杆，纵向支托杆间距不应大于500 mm；脚手板顺铺时，接头应采用搭接，下面的板头应压住上面的板头，板头的凸棱处应采用三角木填顺；人行斜道和运料斜道的脚手板上应每隔250~300 mm设置一根防滑木条，木条厚度应为20~30 mm。

8. 满堂脚手架

满堂脚手架的设置应符合下列规定：

(1)满堂脚手架搭设高度不宜超过36 m；满堂脚手架施工层不得超过1层。

(2)满堂脚手架应在架体外侧四周及内部纵、横向每6 m至8 m由底至顶设置连续竖向剪刀撑。当架体搭设高度在8 m以下时，应在架顶部设置连续水平剪刀撑；当架体搭设高度在8 m及以上时，应在架体底部、顶部及竖向间隔不超过8 m分别设置连续水平剪刀撑。水平剪刀撑宜在竖向剪刀撑斜杆相交平面设置。剪刀撑宽度应为6~8 m。

(3)剪刀撑应用旋转扣件固定在与之相交的水平杆或立杆上，旋转扣件中心线至主节点的距离不宜大于150 mm。

(4)满堂脚手架的高宽比不宜大于3,当高宽比大于2时,应在架体的外侧四周和内部水平间隔6~9 m、竖向间隔4~6 m设置连墙件与建筑结构拉结,当无法设置连墙件时,应采取设置钢丝绳张拉固定等措施。

(5)满堂脚手架应设爬梯,爬梯踏步间距不得大于300 mm。

9. 满堂支撑架

竖向剪刀撑斜杆与地面的倾角应为45°~60°,水平剪刀撑与支架纵(或横)向夹角应为45°~60°。

满堂支撑架的可调底座、可调托撑螺杆伸出长度不宜超过300 mm,插入立杆内的长度不得小于150 mm。

10. 型钢悬挑脚手架

一次悬挑脚手架高度不宜超过20 m。

型钢悬挑梁宜采用双轴对称截面的型钢。悬挑钢梁型号及锚固件应按设计确定,钢梁截面高度不应小于160 mm。悬挑梁尾端应在两处及以上固定于钢筋混凝土梁板结构上。锚固型钢悬挑梁的U形钢筋拉环或锚固螺栓直径不宜小于16 mm。

用于锚固的U形钢筋拉环或螺栓应采用冷弯成型。U形钢筋拉环、锚固螺栓与型钢间隙应用钢楔或硬木楔楔紧。

每个型钢悬挑梁外端宜设置钢丝绳或钢拉杆与上一层建筑结构斜拉结。钢丝绳、钢拉杆不参与悬挑钢梁受力计算;钢丝绳与建筑结构拉结的吊环应使用HPB235级钢筋,其直径不宜小于20 mm,吊环预埋锚固长度应符合现行国家标准《混凝土结构设计规范》中钢筋锚固的规定。

悬挑钢梁悬挑长度应按设计确定,**固定段长度不应小于悬挑段长度的1.25倍**。型钢悬挑梁固定端应采用2个(对)及以上U形钢筋拉环或锚固螺栓与建筑结构梁板固定,U形钢筋拉环或锚固螺栓应预埋至混凝土梁、板底层钢筋位置,并应与混凝土梁、板底层钢筋焊接或绑扎牢固,其锚固长度应符合现行国家标准《混凝土结构设计规范》中钢筋锚固的规定。**型钢悬挑梁悬挑端应设置能使脚手架立杆与钢梁可靠固定的定位点,定位点离悬挑梁端部不应小于100 mm。**

当型钢悬挑梁与建筑结构采用螺栓钢压板连接固定时,钢压板尺寸不应小于100 mm×10 mm(宽×厚);当采用螺栓角钢压板连接时,角钢的规格不应小于63 mm×63 mm×6 mm。

锚固位置设置在楼板上时,楼板的厚度不宜小于120 mm。如果楼板的厚度小于120 mm应采取加固措施。

悬挑梁间距应按悬挑架架体立杆纵距设置,每一纵距设置一根。

悬挑架的外立面剪刀撑应自下而上连续设置。剪刀撑设置应符合规定,横向斜撑设置应符合规定。连墙件设置应符合规定。

锚固型钢的主体结构混凝土强度等级不得低于C20。

链接

悬挑钢梁的选型计算、锚固长度、设置间距、斜拉措施等对悬挑架体稳定有着重要影响;型钢悬挑梁宜采用双轴对称截面的型钢,现场多使用工字钢;悬挑钢梁前端应采用吊拉卸荷,结构预埋吊环应使用HPB235级钢筋制作,但钢丝绳、钢拉杆卸荷不参与悬挑钢梁受力计算。

(五)施工

脚手架搭设前,应按专项施工方案向施工人员进行交底。

经检验合格的构配件应按品种、规格分类,堆放整齐、平稳,堆放场地不得有积水。

脚手架基础经验收合格后,应按施工组织设计或专项方案的要求放线定位。

单、双排脚手架必须配合施工进度搭设,一次搭设高度不应超过相邻连墙件以上两步;如果超过相邻连墙件以上两步,无法设置连墙件时,应采取撑拉固定等措施与建筑结构拉结。

扣件安装应符合下列规定:

(1)扣件规格应与钢管外径相同。

(2)螺栓拧紧扭力矩不应小于40 N·m,且不应大于65 N·m。

(3)在主节点处固定横向水平杆、纵向水平杆、剪刀撑、横向斜撑等用的直角扣件、旋转扣件的中心点的相互距离不应大于150 mm。

(4)对接扣件开口应朝上或朝内。

(5)各杆件端头伸出扣件盖板边缘的长度不应小于100 mm。

(六)检查与验收

新钢管的检查应符合下列规定:

(1)**应有产品质量合格证。**

(2)应有质量检验报告,钢管材质检验方法应符合现行国家标准《金属材料 室温拉伸试验方法》的有关规定,其质量应符合规定。

(3)**钢管表面应平直光滑,不应有裂缝、结疤、分层、错位、硬弯、毛刺、压痕和深的划道。**

(4)钢管外径、壁厚、端面等的偏差,应分别符合规定。

(5)钢管应涂有防锈漆。

扣件验收应符合下列规定:

(1)扣件应有生产许可证、法定检测单位的测试报告和产品质量合格证。当对扣件质量有怀疑时,应按现行国家标准《钢管脚手架扣件》的规定抽样检测。

(2)新、旧扣件均应进行防锈处理。

(3)扣件的技术要求应符合现行国家标准《钢管脚手架扣件》的相关规定。

对搭设脚手架的材料、构配件质量,应按进场批次分品种、规格进行检验,检验合格后方可使用。

脚手架材料、构配件质量现场检验应采用随机抽样的方法进行外观质量、实测实量检验。

脚手架及其地基基础应在下列阶段进行检查与验收:基础完工后及脚手架搭设前;作业层上施加荷载前;每搭设完6~8 m高度后;达到设计高度后;遇有六级强风及以上风或大雨后,冻结地区解冻后;停用超过一个月。

(七)安全管理

脚手架施工时应注意以下事项:

(1)当在脚手架上架设临时施工用电线路时,应有绝缘措施,操作人员应穿绝缘防滑鞋;脚手架与架空输电线路之间应设有安全距离,并应设置接地、防雷设施。

(2)搭拆脚手架人员必须戴安全帽、系安全带、穿防滑鞋。

(3)脚手架的构配件质量与搭设质量,应按规范进行检查验收,并应确认合格后使用。

(4)满堂支撑架在使用过程中,应设有专人监护施工,当出现异常情况时,应立即停止施工,并应迅速撤离作业面上人员。应在采取确保安全的措施后,查明原因、做出判断和处理。

(5)当有六级强风及以上风、浓雾、雨或雪天气时应停止脚手架搭设与拆除作业。雨、雪后上架作业应有防滑措施,并应扫除积雪。

(6)夜间不宜进行脚手架搭设与拆除作业。

(7)脚手板应铺设牢靠、严实,并应用安全网双层兜底。施工层以下每隔 10 m 应用安全网封闭。

(8)单、双排脚手架,悬挑式脚手架沿架体外围应用密目式安全网全封闭,密目式安全网宜设置在脚手架外立杆的内侧,并应与架体绑扎牢固。

(9)脚手架使用期间,严禁在脚手架量杆基础下方及附近实施挖掘作业。

(10)满堂脚手架与满堂支撑架在安装过程中,应采取防倾覆的临时固定措施。

(11)临街搭设脚手架时,外侧应有防止坠物伤人的防护措施。

(12)在脚手架上进行电、气焊作业时,应有防火措施和专人看守。

(13)搭拆脚手架时,地面应设围栏和警戒标志,并应派专人看守,严禁非操作人员入内。

考点三　承插型盘扣式钢管脚手架安全技术

该部分内容主要依据《建筑施工承插型盘扣式钢管脚手架安全技术标准》对承插型盘扣式钢管脚手架安全技术进行叙述。

承插型盘扣式钢管脚手架根据使用用途可分为支撑脚手架和作业脚手架。立杆之间采用外套管或内插管连接,水平杆和斜杆采用杆端扣接头卡入连接盘,用楔形插销连接,能承受相应的荷载,并具有作业安全和防护功能的结构架体,简称脚手架。

(一)基本规定

根据立杆外径大小,脚手架可分为标准型(B 型)和重型(Z 型)。脚手架构件、材料及其制作质量应符合现行行业标准《承插型盘扣式钢管支架构件》的规定。

杆端扣接头与连接盘的插销连接锤击自锁后不应拔脱。搭设脚手架时,宜采用不小于0.5 kg 锤子敲击插销顶面不少于 2 次,直至插销销紧。销紧后应再次击打,插销下沉量不应大于 3 mm。

(二)构造要求

1. 一般规定

脚手架的构造体系应完整,脚手架应具有整体稳定性。应根据施工方案计算得出的立杆纵横向间距选用定长的水平杆和斜杆,并应根据搭设高度组合立杆、基座、可调托撑和可调底座。脚手架搭设步距不应超过 2 m。脚手架的竖向斜杆不应采用钢管扣件。

当标准型(B 型)立杆荷载设计值大于 40 kN,或重型(Z 型)立杆荷载设计值大于65 kN时,脚手架顶层步距应比标准步距缩小 0.5 m。

2. 支撑架

支撑架的高宽比宜控制在 3 以内,高宽比大于 3 的支撑架应采取与既有结构进行刚性连接等抗倾覆措施。

对标准步距为 1.5 m 的支撑架,应根据支撑架搭设高度、支撑架型号及立杆轴向力设计值进行竖向斜杆布置，竖向斜杆布置形式选用应符合表6-8、表6-9的要求。

表6-8　标准型(B型)支撑架竖向斜杆布置形式

立杆轴力设计值 N/kN	搭设高度 H/m			
	$H \leqslant 8$	$8 < H \leqslant 16$	$16 < H \leqslant 24$	$H > 24$
$N \leqslant 25$	间隔3跨	间隔3跨	间隔2跨	间隔1跨
$25 < N \leqslant 40$	间隔2跨	间隔1跨	间隔1跨	间隔1跨
$N > 40$	间隔1跨	间隔1跨	间隔1跨	每跨

表6-9　重型(Z型)支撑架竖向斜杆布置形式

立杆轴力设计值 N/kN	搭设高度 H/m			
	$H \leqslant 8$	$8 < H \leqslant 16$	$16 < H \leqslant 24$	$H > 24$
$N \leqslant 40$	间隔3跨	间隔3跨	间隔2跨	间隔1跨
$40 < N \leqslant 65$	间隔2跨	间隔1跨	间隔1跨	间隔1跨
$N > 65$	间隔1跨	间隔1跨	间隔1跨	每跨

注：立杆轴力设计值和脚手架搭设高度为同一独立架体内的最大值。

当支撑架搭设高度大于16 m时，顶层步距内应每跨布置竖向斜杆。

支撑架可调托撑伸出顶层水平杆或双槽托架中心线的悬臂长度不应超过650 mm，且丝杆外露长度不应超过400 mm，可调托撑插入立杆或双槽托梁长度不得小于150 mm。

支撑架可调底座丝杆插入立杆长度不得小于150 mm，**丝杆外露长度不宜大于300 mm，作为扫地杆的最底层水平杆中心线距离可调底座的底板不应大于550 mm**。

当支撑架搭设高度超过8 m、周围有既有建筑结构时，应沿高度每间隔4～6个步距与周围已建成的结构进行可靠拉结。

3. 作业架

作业架的高宽比宜控制在3以内；当作业架高宽比大于3时，应设置抛撑或缆风绳等抗倾覆措施。

当搭设双排外作业架时或搭设高度24 m及以上时，应根据使用要求选择架体几何尺寸，相邻水平杆步距不宜大于2 m。

双排外作业架首层立杆宜采用不同长度的立杆交错布置，立杆底部宜配置可调底座或垫板。

连墙件的设置应符合下列规定：

(1)连墙件应采用可承受拉、压荷载的刚性杆件，并应与建筑主体结构和架体连接牢固。

(2)连墙件应靠近水平杆的盘扣节点设置。

(3)同一层连墙件宜在同一水平面，水平间距不应大于3跨；连墙件之上架体的悬臂高度不得超过2步。

(4)在架体的转角处或开口型双排脚手架的端部应按楼层设置，且竖向间距不应大于4 m。

(5)连墙件宜从底层第一道水平杆处开始设置。

(6)连墙件宜采用菱形布置，也可采用矩形布置。

(7)连墙点应均匀分布。

(8)当脚手架下部不能搭设连墙件时,宜外扩搭设多排脚手架并设置斜杆,形成外侧斜面状附加梯形架。

(三)安装与拆除

1. 施工准备

脚手架施工前应根据施工现场情况、地基承载力、搭设高度编制专项施工方案,并应经审核批准后实施。

操作人员应经过专业技术培训和专业考试合格后,持证上岗。脚手架搭设前,应按专项施工方案的要求对操作人员进行技术和安全作业交底。

经验收合格的构配件应按品种、规格分类码放,并应标挂数量、规格铭牌。构配件堆放场地应排水畅通、无积水。

作业架连墙件、托架、悬挑梁固定螺栓或吊环等预埋件的设置,应按设计要求预埋。

脚手架搭设场地应平整、坚实,并应有排水措施。

2. 施工方案

专项施工方案应包括下列内容:编制依据;工程概况;施工计划;施工工艺技术;施工安全质量保证措施;施工管理及作业人员配备和分工;验收要求;应急处置措施;计算书及相关施工图纸。

3. 地基与基础

土层地基上的立杆下应采用可调底座和垫板,垫板的长度不宜少于2跨。

当地基高差较大时,可利用立杆节点位差配合可调底座进行调整。

4. 支撑架安装与拆除

支撑架立杆搭设位置应按专项施工方案放线确定。

支撑架搭设应根据立杆放置可调底座,应按**先立杆后水平杆再斜杆**的顺序搭设,形成基本的架体单元,应以此扩展搭设成整体脚手架体系。

可调底座和土层基础上垫板应水平放置在定位线上,应保持水平。垫板应平整、无翘曲,不得采用已开裂木垫板。

在多层楼板上连续设置支撑架时,上下层支撑立杆宜在同一轴线上。

支撑架搭设完成后应对架体进行验收,并应确认符合专项施工方案要求后再进入下道工序施工。

可调底座和可调托撑安装完成后,立杆外表面应与可调螺母吻合,立杆外径与螺母台阶内径差不应大于2 mm。

水平杆及斜杆插销安装完成后,应采用锤击方法抽查插销,连续下沉量不应大于3 mm。

当架体吊装时,立杆间连接应增设立杆连接件。

架体搭设与拆除过程中,可调底座、可调托撑、基座等小型构件宜采用人工传递。吊装作业应由专人指挥信号,不得碰撞架体。

脚手架搭设完成后,立杆的垂直偏差不应大于支撑架总高度的1/500,且不得大于50 mm。

拆除作业应按先装后拆、后装先拆的原则进行,应从顶层开始、逐层向下拆除,不得上下同时作业,不应抛掷。

当分段或分立面拆除时,应确定分界处的技术处理方案,分段后架体应稳定。

5. 作业架安装与拆除

作业架应分段搭设、分段使用，应经验收合格后方可使用。作业架应经单位工程负责人确认并签署拆除许可令后，方可拆除。当作业架拆除时，应划出安全区，应设置警戒标志，并应派专人看管。拆除前应清理脚手架上的器具、多余的材料和杂物。

作业架拆除应按**先装后拆、后装先拆**的原则进行，不应上下同时作业。双排外脚手架连墙件应随脚手架逐层拆除，分段拆除的高度差不应大于两步。当作业条件限制，出现高度差大于两步时，应增设连墙件加固。

（四）检查与验收

对进入施工现场的脚手架构配件的检查与验收应符合下列规定：应有脚手架产品标识及产品质量合格证、型式检验报告；应有脚手架产品主要技术参数及产品使用说明书；当对脚手架及构件质量有疑问时，应进行质量抽检和整架试验。

当出现下列情况之一时，支撑架应进行检查和验收：基础完工后及支撑架搭设前；**超过 8m 的高支模每搭设完成 6m 高度后**；搭设高度达到设计高度后和混凝土浇筑前；停用一个月以上，恢复使用前；遇 6 级以上强风、大雨及冻结地区解冻后。

（五）安全管理与维护

脚手架搭设作业人员应正确佩戴使用安全帽、安全带和防滑鞋。应执行施工方案要求，遵循脚手架安装及拆除工艺流程。脚手架使用过程应明确专人管理。

脚手架受荷过程中，应按对称、分层、分级的原则进行，不应集中堆载、卸载；并应派专人在安全区域内监测脚手架的工作状态。

脚手架使用期间，不得擅自拆改架体结构杆件或在架体上增设其他设施。不得在脚手架基础影响范围内进行挖掘作业。

在脚手架上进行电气焊作业时，应有防火措施和专人监护。

链接

《承插型盘扣式钢管支架构件》规定，立杆、水平杆、斜杆及构配件内外表面应热浸镀锌，不应涂刷油漆和电镀锌，构件表面应光滑，在连接处不应有毛刺、滴瘤和结块，镀层应均匀、牢固。冲压件应去毛刺，无裂纹和氧化皮等缺陷。制作构件的钢管不应接长使用。钢管应检查直线度，直线度允许偏差为管长的 1.5L/1 000，两端面应平整。构件长度 L 允许偏差为 ±1.0 mm，其直线度允许偏差为 1.5L/1 000。

另外，支撑体系相邻立杆连接套管接头的位置宜错开；水平杆扣接头与连接盘的插销应用铁锤击紧至规定插入刻度。

考点四　碗扣式钢管脚手架安全技术

该部分内容主要依据《建筑施工碗扣式钢管脚手架安全技术规范》对碗扣式钢管脚手架安全技术进行叙述。

碗扣式钢管脚手架是指节点采用碗扣方式连接的钢管脚手架，根据其用途主要可分为双排脚手架和模板支撑架两类。

(一)构造要求

脚手架地基应符合下列规定:

(1)地基应坚实、平整,场地应有排水措施,不应有积水。

(2)土层地基上的立杆底部应设置底座和混凝土垫层,垫层混凝土标号不应低于C15,厚度不应小于150 mm;当采用垫板代替混凝土垫层时,垫板宜采用厚度不小于50 mm、宽度不小于200 mm、长度不少于两跨的木垫板。

(3)混凝土结构层上的立杆底部应设置底座或垫板。

(4)对承载力不足的地基土或混凝土结构层,应进行加固处理。

(5)湿陷性黄土、膨胀土、软土地基应有防水措施。

(6)当基础表面高差较小时,可采用可调底座调整;当基础表面高差较大时,可利用立杆碗扣节点位差配合可调底座进行调整,且高处的立杆距离坡顶边缘不宜小于500 mm。

脚手架的水平杆应按步距沿纵向和横向连续设置,不得缺失。在立杆的底部碗扣处应设置一道纵向水平杆、横向水平杆作为扫地杆,扫地杆距离地面高度不应超过400 mm,水平杆和扫地杆应与相邻立杆连接牢固。

脚手架作业层设置应符合下列规定:

(1)作业平台脚手板应铺满、铺稳、铺实。

(2)工具式钢脚手板必须有挂钩,并应带有自锁装置与作业层横向水平杆锁紧,严禁浮放。

(3)**作业层脚手板下应采用安全平网兜底,以下每隔10 m应采用安全平网封闭。**

(4)作业平台外侧应采用密目安全网进行封闭,网间连接应严密,密目安全网宜设置在脚手架外立杆的内侧,并应与架体绑扎牢固。密目安全网应为阻燃产品。

双排脚手架的搭设高度不宜超过50 m;当搭设高度超过50 m时,应采用分段搭设等措施。

双排脚手架立杆顶端防护栏杆宜高出作业层1.5 m。

模板支撑架每根立杆的顶部应设置可调托撑。当被支撑的建筑结构底面存在坡度时,应随坡度调整架体高度,可利用立杆碗扣节点位差增设水平杆,并应配合可调托撑进行调整。

立杆顶端可调托撑伸出顶层水平杆的悬臂长度不应超过650 mm。可调托撑和可调底座螺杆插入立杆的长度不得小于150 mm,伸出立杆的长度不宜大于300 mm,安装时其螺杆应与立杆钢管上下同心,且螺杆外径与立杆钢管内径的间隙不应大于3 mm。

(二)施工

脚手架每搭完一步架体后,应校正水平杆步距、立杆间距、立杆垂直度和水平杆水平度。架体立杆在1.8 m高度内的垂直度偏差不得大于5 mm,架体全高的垂直度偏差应小于架体搭设高度的1/600,且不得大于35 mm;相邻水平杆的高差不应大于5 mm。

当脚手架分段、分立面拆除时,应确定分界处的技术处理措施,分段后的架体应稳定。

脚手架拆除前,应清理作业层上的施工机具及多余的材料和杂物。

脚手架拆除作业应设专人指挥,当有多人同时操作时,应明确分工、统一行动,且应具有足够的操作面。

拆除的脚手架构配件应采用起重设备吊运或人工传递到地面,严禁抛掷。

(三)检查与验收

根据施工进度，脚手架应在下列环节进行检查与验收：

(1)施工准备阶段，构配件进场时。

(2)地基与基础施工完后，架体搭设前。

(3)首层水平杆搭设安装后。

(4)双排脚手架每搭设一个楼层高度，投入使用前。

(5)模板支撑架每搭设完4步或搭设至6 m高度时。

(6)双排脚手架搭设至设计高度后。

(7)模板支撑架搭设至设计高度后。

(四)安全管理

当遇六级及以上强风、浓雾、雨或雪天气时,应停止脚手架的搭设与拆除作业。凡雨、霜、雪后,上架作业应有防滑措施,并应及时清除水、冰、霜、雪。

夜间不宜进行脚手架搭设与拆除作业。

在搭设和拆除脚手架作业时,应设置安全警戒线和警戒标志,并应设专人监护,严禁非作业人员进入作业范围。

考点五　工具式脚手架安全技术

该部分内容主要依据《建筑施工工具式脚手架安全技术规范》对工具式脚手架安全技术进行叙述。

工具式脚手架是指为操作人员搭设或设立的作业场所或平台,其主要架体构件为工厂制作的专用的钢结构产品,在现场按特定的程序组装后,附着在建筑物上自行或利用机械设备,沿建筑物可整体或部分升降的脚手架。

(一)构配件性能

工具式脚手架主要的构配件应包括:水平支承桁架、竖向主框架、附墙支座、悬臂梁、钢拉杆、竖向桁架、三角臂等。

当室外温度大于或等于-20 ℃时,宜采用Q345钢。

工具式脚手架的构配件,当出现下列情况之一时,应更换或报废:构配件出现塑性变形的;构配件锈蚀严重,影响承载能力和使用功能的;防坠落装置的组成部件任何一个发生明显变形的;弹簧件使用一个单体工程后;穿墙螺栓在使用一个单体工程后,凡发生变形、磨损、锈蚀的;钢拉杆上端连接板在单项工程完成后,出现变形和裂纹的;电动葫芦链条出现深度超过0.5 mm咬伤的。

(二)附着式升降脚手架

1.荷载

作用于附着式升降脚手架的荷载可分为永久荷载(即恒载)和可变荷载(即活载)两类。

2.设计计算基本规定

附着式升降脚手架架体结构、附着支承结构、防倾装置、防坠装置的承载能力应按概率极限状态设计法的要求采用分项系数设计表达式进行设计。

3.构造措施

附着式升降脚手架应由竖向主框架、水平支承桁架、架体构架、附着支承结构、防倾装置、防坠装置等组成。

附着式升降脚手架应在附着支承结构部位设置与架体高度相等的与墙面垂直的定型的竖向主框架,竖向主框架应是桁架或刚架结构,其杆件连接的节点应采用焊接或螺栓连接,并应与水平支承桁架和架体构架构成有足够强度和支撑刚度的空间几何不可变体系的稳定结构。竖向主框架结构构造应符合下列规定:

(1)竖向主框架可采用整体结构或分段对接式结构。结构形式应为竖向桁架或门型刚架形式等。各杆件的轴线应汇交于节点处,并应采用螺栓或焊接连接,如不交汇于一点,应进行附加弯矩验算。

(2)当架体升降采用中心吊时,在悬臂梁行程范围内竖向主框架内侧水平杆去掉部分的断面,应采取可靠的加固措施。

(3)主框架内侧应设有导轨。

(4)竖向主框架宜采用单片式主框架;或可采用空间桁架式主框架。

在竖向主框架的底部应设置水平支承桁架,其宽度应与主框架相同,平行于墙面,其高度不宜小于1.8 m。水平支承桁架结构构造应符合下列规定:

(1)桁架各杆件的轴线应相交于节点上,并宜采用节点板构造连接,节点板的厚度不得小于6 mm。

(2)桁架上下弦应采用整根通长杆件或设置刚性接头。腹杆上下弦连接应采用焊接或螺栓连接。

(3)桁架与主框架连接处的斜腹杆宜设计成拉杆。

(4)架体构架的立杆底端应放置在上弦节点各轴线的交汇处。

(5)内外两片水平桁架的上弦和下弦之间应设置水平支撑杆件,各节点应采用焊接或螺栓连接。

(6)水平支承桁架的两端与主框架的连接,可采用杆件轴线交汇于一点,且为能活动的铰接点;或可将水平支承桁架放在竖向主框架的底端的桁架底框中。

架体构架宜采用扣件式钢管脚手架,其结构构造应符合相关规定。架体构架应设置在两竖向主框架之间,并应以纵向水平杆与之相连,其立杆应设置在水平支承桁架的节点上。

水平支承桁架最底层应设置脚手板,并应铺满铺牢,与建筑物墙面之间也应设置脚手板全封闭,宜设置可翻转的密封翻板。在脚手板的下面应采用安全网兜底。

架体悬臂高度不得大于架体高度的2/5,且不得大于6 m。

当水平支承桁架不能连续设置时,局部可采用脚手架杆件进行连接,但其长度不得大于2.0 m,且应采取加强措施,确保其强度和刚度不得低于原有的桁架。

当架体遇到塔吊、施工升降机、物料平台需断开或开洞时,断开处应加设栏杆和封闭,开口处应有可靠的防止人员及物料坠落的措施。

架体外立面应沿全高连续设置剪刀撑,并应将竖向主框架、水平支承桁架和架体构架连成一体,剪刀撑斜杆水平夹角应为45°~60°;应与所覆盖架体构架上每个主节点的立杆或横向水平杆伸出端扣紧;悬挑端应以竖向主框架为中心成对设置对称斜拉杆,其水平夹角不应小于45°。

架体结构应在以下部位采取可靠的加强构造措施:与附墙支座的连接处;架体上提升

机构的设置处；架体上防坠、防倾装置的设置处；架体吊拉点设置处；架体平面的转角处；架体因碰到塔吊、施工升降机、物料平台等设施而需要断开或开洞处；其他有加强要求的部位。

附着式升降脚手架的安全防护措施应符合下列规定：

(1)架体外侧应采用密目式安全立网全封闭，密目式安全立网的网目密度不应低于2 000目/100 cm^2，且应可靠地固定在架体上。

(2)作业层外侧应设置1.2 m高的防护栏杆和180 mm高的挡脚板。

(3)作业层应设置固定牢靠的脚手板，其与结构之间的间距应满足现行行业标准《建筑施工扣件式钢管脚手架安全技术规范》的相关规定。

附着式升降脚手架构配件的制作应符合下列规定：

(1)应具有完整的设计图纸、工艺文件、产品标准和产品质量检验规程；制作单位应有完善有效的质量管理体系。

(2)制作构配件的原材料和辅料的材质及性能应符合设计要求，并应按规定对其进行验证和检验。

(3)加工构配件的工装、设备及工具应满足构配件制作精度的要求，并应定期进行检查，工装应有设计图纸。

(4)构配件应按工艺要求及检验规程进行检验；对附着支承结构、防倾、防坠落装置等关键部件的加工件应进行100%检验；构配件出厂时，应提供出厂合格证。

附着式升降脚手架应在每个竖向主框架处设置升降设备，升降设备应采用电动葫芦或电动液压设备，单跨升降时可采用手动葫芦，并应符合下列规定：

(1)升降设备应与建筑结构和架体有可靠连接。

(2)固定电动升降动力设备的建筑结构应安全可靠。

(3)设置电动液压设备的架体部位，应有加强措施。

两主框架之间架体的搭设应符合现行行业标准《建筑施工扣件式钢管脚手架安全技术规范》的规定。

4. 安全装置

附着式升降脚手架在使用过程中不得拆除防倾、防坠、停层、荷载、同步升降控制装置。

防倾覆装置应符合下列规定：

(1)防倾覆装置中应包括导轨和两个以上与导轨连接的可滑动的导向件。

(2)在防倾导向件的范围内应设置防倾覆导轨，且应与竖向主框架可靠连接。

(3)在升降和使用两种工况下，最上和最下两个导向件之间的最小间距不得小于2.8 m或架体高度的1/4。

(4)应具有防止竖向主框架倾斜的功能。

(5)应采用螺栓与附墙支座连接，其装置与导轨之间的间隙应小于5 mm。

同步控制装置应符合下列规定：

(1)附着式升降脚手架升降时，必须配备有限制荷载或水平高差的同步控制系统。连续式水平支承桁架，应采用限制荷载自控系统；简支静定水平支承桁架，应采用水平高差同步自控系统；当设备受限时，可选择限制荷载自控系统。

(2)限制荷载自控系统应具有下列功能：

①当某一机位的荷载超过设计值的15%时，应采用声光形式自动报警和显示报警机位；当超过30%时，应能使该升降设备自动停机。

②应具有超载、失载、报警和停机的功能；宜增设显示记忆和储存功能。

③应具有自身故障报警功能，并应能适应施工现场环境。

④性能应可靠、稳定，控制精度应在5%以内。

(3)水平高差同步控制系统应具有下列功能：当水平支承桁架两端高差达到30 mm时，应能自动停机；应具有显示各提升点的实际升高和超高的数据，并应有记忆和储存的功能；不得采用附加重量的措施控制同步。

5. 安装

附着式升降脚手架应按专项施工方案进行安装，可采用单片式主框架的架体，也可采用空间桁架式主框架的架体。

附着式升降脚手架在首层安装前应设置安装平台，安装平台应有保障施工人员安全的防护设施，安装平台的水平精度和承载能力应满足架体安装的要求。

安装时应符合下列规定：

(1)相邻竖向主框架的高差不应大于20 mm。

(2)竖向主框架和防倾导向装置的垂直偏差不应大于0.5%，且不得大于60 mm。

(3)预留穿墙螺栓孔和预埋件应垂直于建筑结构外表面，其中心误差应小于15 mm。

(4)连接处所需要的建筑结构混凝土强度应由计算确定，但不应小于C10。

(5)升降机构连接应正确且牢固可靠。

(6)安全控制系统的设置和试运行效果应符合设计要求。

(7)升降动力设备工作正常。

附着支承结构的安装应符合设计规定，不得少装和使用不合格螺栓及连接件。

安全保险装置应全部合格，安全防护设施应齐备，且应符合设计要求，并应设置必要的消防设施。

电源、电缆及控制柜等的设置应符合有关规定。采用扣件式脚手架搭设的架体构架，其构造应符合有关要求。

升降设备、同步控制系统及防坠落装置等专项设备，均应采用同一厂家的产品。

升降设备、控制系统、防坠落装置等应采取防雨、防砸、防尘等措施。

6. 升降

附着式升降脚手架可采用手动、电动和液压三种升降形式，并应符合下列规定：

(1)单跨架体升降时，可采用手动、电动和液压三种升降形式。

(2)当两跨以上的架体同时整体升降时，应采用电动或液压设备。

附着式升降脚手架每次升降前，应进行检查，经检查合格后，方可进行升降。

附着式升降脚手架的升降操作应符合下列规定：

(1)应按升降作业程序和操作规程进行作业。

(2)操作人员不得停留在架体上。

(3)升降过程中不得有施工荷载。

(4)所有妨碍升降的障碍物应已拆除。

(5)所有影响升降作业的约束应已解除。

(6)各相邻提升点间的高差不得大于 30 mm,整体架最大升降差不得大于 80 mm。

升降过程中应实行统一指挥、统一指令。升降指令应由总指挥一人下达;当有异常情况出现时,任何人均可立即发出停止指令。

当采用环链葫芦作升降动力时,应严密监视其运行情况,及时排除翻链、绞链和其他影响正常运行的故障。

当采用液压设备作升降动力时,应排除液压系统的泄漏、失压、颤动、油缸爬行和不同步等问题和故障,确保正常工作。

架体升降到位后,应及时按使用状况要求进行附着固定;在没有完成架体固定工作前,施工人员不得擅自离岗或下班。

附着式升降脚手架架体升降到位固定后,应进行检查,合格后方可使用;遇 5 级及以上大风和大雨、大雪、浓雾和雷雨等恶劣天气时,不得进行升降作业。

7. 使用

附着式升降脚手架应按设计性能指标进行使用,不得随意扩大使用范围;架体上的施工荷载应符合设计规定,不得超载,不得放置影响局部杆件安全的集中荷载。

架体内的建筑垃圾和杂物应及时清理干净。

附着式升降脚手架在使用过程中不得进行下列作业:

(1)利用架体吊运物料。

(2)在架体上拉结吊装缆绳(或缆索)。

(3)在架体上推车。

(4)任意拆除结构件或松动连接件。

(5)拆除或移动架体上的安全防护设施。

(6)利用架体支撑模板或卸料平台。

(7)其他影响架体安全的作业。

当附着式升降脚手架停用超过 3 个月时,应提前采取加固措施。

当附着式升降脚手架停用超过 1 个月或遇 6 级及以上大风后复工时,应进行检查,确认合格后方可使用。

螺栓连接件、升降设备、防倾装置、防坠落装置、电控设备、同步控制装置等应每月进行维护保养。

8. 拆除

附着式升降脚手架的拆除工作应按专项施工方案及安全操作规程的有关要求进行。

应对拆除作业人员进行安全技术交底。

拆除时应有可靠的防止人员或物料坠落的措施,拆除的材料及设备不得抛扔。

拆除作业应在白天进行。遇 5 级及以上大风和大雨、大雪、浓雾和雷雨等恶劣天气时,不得进行拆除作业。

(三)高处作业吊篮

高处作业吊篮应由悬挂机构、吊篮平台、提升机构、防坠落机构、电气控制系统、钢丝绳和配套附件、连接件组成。

1. 吊篮的形式和参数

吊篮按驱动方式分为手动、气动和电动。

吊篮的主参数用额定载重量表示。

吊篮型号由类、组、型代号、特性代号、主参数代号、悬吊平台结构层数和更新变型代号组成。

2. 吊篮的安全装置

安全锁或具有相同作用的独立安全装置,在锁绳状态下不应自动复位,且安全锁应在有效标定期内。

安全钢丝绳应独立于工作钢丝绳另行悬挂。

行程限位装置应灵敏可靠。

钢丝绳安全系数不应小于9,并应符合使用说明书规定。

应设置紧急状态下能切断电源控制回路的急停按钮。

链接

高处作业吊篮应重点检查安全锁(是一种当悬吊平台下滑速度达到锁绳速度或悬吊平台倾斜角度达到锁绳角度时,能自动锁住安全钢丝绳,使悬吊平台停止下滑或倾斜的装置)、上行程限位装置、手动滑降装置、安全钢丝绳等安全装置。安全装置的检查标准:

(1)安全锁灵敏可靠,在标定有效期内。离心触发式制动距离小于等于200 mm,摆臂防倾3°~8°锁绳。

(2)独立设置涤纶安全绳,涤纶绳直径不小于16 mm,锁绳器符合要求,安全绳与结构固定点的连接可靠。

(3)行程限位装置是否正确稳固,灵敏可靠。

(4)超高限位器止挡安装在距顶端80 cm处固定。悬挑机构的检查标准:抗倾覆系数大于等于2。

3. 吊篮的安装作业

安装作业人员应按施工安全技术交底内容进行作业。

安装单位的专业技术人员、专职安全生产管理人员应进行现场指导与监督。

吊篮的安装作业范围应设置警戒线或明显的警示标志。非作业人员不得进入警戒范围。

安装作业中应明确分工,统一指挥。当指挥信号传递困难时,应使用对讲机等通信工具进行指挥。安装吊篮的危险部位时应采取可靠的防护措施。

吊篮电气系统应可靠接地,接地电阻应不大于4 Ω。

一台吊篮的两组悬挂机构之间的安装距离应不小于悬吊平台两吊点间距,其误差不大于100 mm。

前后支架的组装高度与女儿墙高度相适应,不允许不安装前支架而将横梁直接担在女儿墙或其他支撑物上作为支点。当施工现场无法满足产品使用说明书规定的安装条件时,应采取相应的安全技术措施,确保抗倾覆力矩、结构强度和稳定性均达到标准要求。

安装在钢丝绳上端的上行程限位挡块应紧固可靠，其与钢丝绳悬挂点之间应保持不小于0.5 m的安全距离。

安全钢丝绳的下端应安装重锤，以使钢丝绳绷直。重锤底部至地面高度100～200 mm为宜。

在建筑物屋面上进行悬挂机构的组装时，作业人员应与屋面边缘保持2 m以上的距离。组装场地狭小时应采取防坠落措施。

悬挂机构宜采用刚性联结方式进行拉结固定。

当使用两个以上的悬挂机构时，悬挂机构吊点水平间距与吊篮平台的吊点间距应相等，其误差不应大于50 mm。

高处作业吊篮安装和使用时，在10 m范围内如有高压输电线路，应按照现行行业标准《施工现场临时用电安全技术规范》的规定，采取隔离措施。

4. 吊篮的安装自检和验收

吊篮整机安装完毕且经调试后，安装单位按规范及使用说明书的有关要求对安装质量进行自检，并应向使用单位进行安全使用交底。

安装单位自检合格后，由建设单位、总包单位和监理单位或具有资质的检验单位组织有关人员进行验收检查，由相关人员签字后方可投入使用。

安装自检表、检测报告和验收记录等纳入设备档案。

链接

吊篮验收须进行安全锁的锁绳试验和承载能力试验。

5. 吊篮的使用

吊篮在下述条件下应能正常工作，即工作环境温度：-20～+40 ℃；工作环境相对湿度：不大于90%（25 ℃）；工作处阵风风速：不大于8.3 m/s（相当于5级风力）；工作地点高度：不大于海拔1 000 m；工作电压偏差：不大于±5%额定电压；吊篮不宜在夜间使用；在吊篮运行范围内，应与高压线或高压装置保持10 m以上的安全距离；在吊篮作业下方，应设置警示线或安全护栏，必要时设置安全警戒人员。

吊篮平台应能通过提升机构沿动力钢丝绳升降。

高处作业吊篮应设置作业人员专用的挂设安全带的安全绳及安全锁扣。**安全绳应固定在建筑物可靠位置上不得与吊篮上任何部位有连接**，并应符合下列规定：

（1）安全绳应符合现行国家标准《安全带》的要求，其直径应与安全锁扣的规格相一致。

（2）**安全绳不得有松散、断股、打结现象**。

（3）安全锁扣的配件应完好、齐全，规格和方向标识应清晰可辨。

吊篮宜安装防护棚，防止高处坠物造成作业人员伤害。

吊篮应安装上限位装置，宜安装下限位装置。

使用吊篮作业时，应排除影响吊篮正常运行的障碍。**在吊篮下方可能造成坠落物伤害的范围，应设置安全隔离区和警告标志**，人员、车辆不得停留、通行。

不得将吊篮作为垂直运输设备，不得采用吊篮运送物料。

吊篮正常工作时，人员应从地面进入吊篮内，不得从建筑物顶部、窗口等处或其他

孔洞处出入吊篮。

使用离心触发式安全锁的吊篮在空中停留作业时，应将安全锁锁定在安全绳上；空中启动吊篮时，应先将吊篮提升使安全绳松弛后再开启安全锁。不得在安全绳受力时强行扳动安全锁开启手柄；不得将安全锁开启手柄固定于开启位置。

链接

吊篮投入使用前应检查验收的保证项目有悬挑机构、吊篮平台、操控系统、安全装置、钢丝绳。

（四）管理

工具式脚手架防坠落装置应经法定检测机构标定后方可使用；使用过程中，使用单位应定期对其有效性和可靠性进行检测。安全装置受冲击载荷后应进行解体检验。

临街搭设时，外侧应有防止坠物伤人的防护措施。

安装、拆除时，在地面应设围栏和警戒标志，并应派专人看守，非操作人员不得入内。

在工具式脚手架使用期间，不得拆除下列杆件：架体上的杆件；与建筑物连接的各类杆件（如连墙件、附墙支座）等。

（五）验收

附着式升降脚手架应在下列阶段进行检查与验收：首次安装完毕；提升或下降前；提升、下降到位，投入使用前。

在附着式升降脚手架使用、提升和下降阶段均应对防坠、防倾装置进行检查，合格后方可作业。

链接

除了上述内容，关于高处作业吊篮还需要掌握吊篮配重悬挂支架稳定性的计算。《高处作业吊篮》规定，稳定性按下式进行校核：

$$C_{wr} \times W_{II} \times L_0 \leqslant M_w \times L_i + S_{wr} \times L_b$$

式中：C_{wr}表示配重悬挂支架稳定系数，大于或等于3；W_{II}表示起升机构极限工作载荷，单位为千克（kg）；M_w 表示配重质量，单位为千克（kg）；S_{wr}表示配重悬挂支架质量，单位为千克（kg）；L_0 表示配重悬挂支架外侧长度，单位为米（m）；L_b 表示支点到配重悬挂支架重心的距离，单位为米（m）；L_i 表示配重悬挂支架内侧长度，单位为米（m）。

考点六　建筑施工模板工程安全技术

该部分内容主要依据《建筑施工模板安全技术规范》对建筑施工模板工程安全技术进行叙述。

模板体系是指由面板、支架和连接件三部分系统组成的体系，可简称为“模板”。面板是指直接接触新浇混凝土的承力板，包括拼装的板和加肋楞带板。面板的种类有钢、木、胶合板、塑料板等。支架是指支撑面板用的楞梁、立柱、连接件、斜撑、剪刀撑和水平拉条等构件的总称。连接件是指面板与楞梁的连接、面板自身的拼接、支架结构自身的连接和其中二者相互间连接所用的零配件。包括卡销、螺栓、扣件、卡具、拉杆等。

(一)材料选用

1. 钢材

为保证模板结构的承载能力,防止在一定条件下出现脆性破坏,应根据模板体系的重要性、荷载特征、连接方法等不同情况,选用适合的钢材型号和材性,且宜采用 Q235 钢和 Q345 钢。对模板的支架材料宜优先选用钢材。

承重结构采用的钢材应具有抗拉强度、伸长率、屈服强度和硫、磷含量的合格保证,对焊接结构尚应具有碳含量的合格保证。焊接的承重结构以及重要的非焊接承重结构采用的钢材还应具有冷弯试验的合格保证。

当结构工作温度不高于 -20 ℃时,对 Q235 钢和 Q345 钢应具有 0 ℃冲击韧性的合格保证;对 Q390 钢和 Q420 钢应具有 -20 ℃冲击韧性的合格保证。

2. 冷弯薄壁型钢

用于承重模板结构的冷弯薄壁型钢的带钢或钢板,应采用符合现行国家标准《碳素结构钢》规定的 Q235 钢和《低合金高强度结构钢》规定的 Q345 钢。

用于承重模板结构的冷弯薄壁型钢的带钢或钢板,应具有抗拉强度、伸长率、屈服强度、冷弯试验和硫、磷含量的合格保证;对焊接结构尚应具有碳含量的合格保证。

在冷弯薄壁型钢模板结构设计图中和材料订货文件中,应注明所采用钢材的牌号和质量等级、供货条件及连接材料的型号(或钢材的牌号)。必要时尚应注明对钢材所要求的机械性能和化学成分的附加保证项目。

3. 木材

模板结构或构件的树种应根据各地区实际情况选择质量好的材料,不得使用有腐朽、霉变、虫蛀、折裂、枯节的木材。

模板结构设计应根据受力种类或用途按表 6-10 的要求选用相应的木材材质等级。木材材质标准应符合现行国家标准《木结构设计规范》的规定。

表 6-10 模板结构或构件的木材材质等级

主要用途	材质等级
受拉或拉弯构件	I_a
受弯或压弯构件	II_a
受压构件	III_a

用于模板结构或构件的木材,应从规定所列树种中选用。主要承重构件应选用针叶材;重要的木制连接件应采用细密、直纹、无节和无其他缺陷的耐腐蚀的硬质阔叶材。

4. 铝合金型材

当建筑模板结构或构件采用铝合金型材时,应采用纯铝加入锰、镁等合金元素构成的铝合金型材,并应符合国家现行标准《铝及铝合金型材》的规定。

铝合金型材的机械性能及横向、高向机械性能应符合规定。

5. 竹、木胶合模板板材

胶合模板板材表面应平整光滑,具有防水、耐磨、耐酸碱的保护膜,并应有保温性能好、易脱模和可两面使用等特点。板材厚度不应小于 12 mm,并应符合国家现行标准《混凝土模板用胶合板》的规定。

各层板的原材含水率不应大于15%，且同一胶合模板各层原材间的含水率差别不应大于5%。

胶合模板应采用耐水胶，其胶合强度不应低于木材或竹材顺纹抗剪和横纹抗拉的强度，并应符合环境保护的要求。

进场的胶合模板除应具有出厂质量合格证外，还应保证外观及尺寸合格。

木胶合模板、复合纤维模板的技术性能如表6-11所示。

表6-11　木胶合模板、复合纤维模板的技术性能

类型	木胶合模板	复合纤维模板
技术性能	(1)厚度：宜为12 mm、15 mm、18 mm。 (2)不浸泡，不蒸煮：剪切强度1.4～1.8 N/mm^2。 (3)室温水浸泡：剪切强度1.2～1.8 N/mm^2。 (4)沸水煮24 h：剪切强度1.2～1.8 N/mm^2。 (5)含水率：5%～13%。 (6)密度：450～880 kg/m^3。 (7)弹性模量：4.5×10^3～11.5×10^3 N/mm^2	(1)厚度：宜为12 mm、15 mm、18 mm。 (2)静曲强度：横向28.22～32.3 N/mm^2；纵向52.62～67.21 N/mm^2。 (3)垂直表面抗拉强度：大于1.8 N/mm^2。 (4)72 h吸水率：小于5%。 (5)72 h吸水膨胀率：小于4%。 (6)耐酸碱腐蚀性：在1%苛性钠中浸泡24 h，无软化及腐蚀现象。 (7)耐水气性能：在水蒸气中喷蒸24 h表面无软化及明显膨胀。 (8)弹性模量：大于6.0×10^3 N/mm^2

(二)荷载及变形值的规定

1. 荷载标准值

永久荷载标准值应符合下列规定：模板及其支架自重标准值应根据模板设计图纸计算确定；新浇筑混凝土自重标准值，对普通混凝土可采用24 kN/m^3，其他混凝土可根据实际重力密度或规定确定；钢筋自重标准值应根据工程设计图确定，对一般梁板结构每立方米钢筋混凝土的钢筋自重标准值：楼板可取1.1 kN；梁可取1.5 kN；当采用内部振捣器时，新浇筑的混凝土作用于模板的侧压力标准值，可按规定计算，并取其中的较小值。

可变荷载标准值应符合下列规定：施工人员及设备荷载标准值，当计算模板和直接支承模板的小梁时，均布活荷载可取2.5 kN/m^2，再用集中荷载2.5 kN进行验算，比较两者所得的弯矩值取其大值；振捣混凝土时产生的荷载标准值，对水平面模板可采用2 kN/m^2，对垂直面模板可采用4 kN/m^2，且作用范围在新浇筑混凝土侧压力的有效压头高度之内；倾倒混凝土时，对垂直面模板产生的水平荷载标准值可按规定采用。

风荷载标准值应按现行国家标准《建筑结构荷载规范》中的规定计算。

2. 荷载设计值

计算模板及支架结构或构件的强度、稳定性和连接强度时，应采用荷载设计值(荷载标准值乘以荷载分项系数)。

计算正常使用极限状态的变形时，应采用荷载标准值。

钢面板及支架作用荷载设计值可乘以系数0.95进行折减。当采用冷弯薄壁型钢时，其荷载设计值不应折减。

3. 荷载组合

按极限状态设计时，其荷载组合应符合下列规定：对于承载能力极限状态，应按荷载效应的基本组合采用，并应采用规定表达式进行模板设计；对于正常使用极限状态应采用标准组合，并应按规定设计表达式进行设计。

4. 变形值规定

当验算模板及其支架的刚度时，其最大变形值不得超过下列容许值：对结构表面外露的模板，为模板构件计算跨度的1/400；对结构表面隐蔽的模板，为模板构件计算跨度的1/250；支架的压缩变形或弹性挠度，为相应的结构计算跨度的1/1 000。

液压滑模装置的部件，其最大变形值不得超过下列容许值：在使用荷载下，两个提升架之间围圈的垂直与水平方向的变形值均不得大于其计算跨度的1/500；在使用荷载下，提升架立柱的侧向水平变形值不得大于2 mm；支承杆的弯曲度不得大于$L/500$。

（三）设计

模板及其支架的设计应根据工程结构形式、荷载大小、地基土类别、施工设备和材料等条件进行。

模板及其支架的设计应符合下列规定：

(1)应具有足够的承载能力、刚度和稳定性，应能可靠地承受新浇混凝土的自重、侧压力和施工过程中所产生的荷载及风荷载。

(2)构造应简单，装拆方便，便于钢筋的绑扎、安装和混凝土的浇筑、养护。

(3)混凝土梁的施工应采用从跨中向两端对称进行分层浇筑，每层厚度不得大于400 mm。

(4)当验算模板及其支架在自重和风荷载作用下的抗倾覆稳定性时，应符合相应材质结构设计规范的规定。

模板设计应包括下列内容：

(1)根据混凝土的施工工艺和季节性施工措施，确定其构造和所承受的荷载。

(2)绘制配板设计图、支撑设计布置图、细部构造和异形模板大样图。

(3)按模板承受荷载的最不利组合对模板进行验算。

(4)制定模板安装及拆除的程序和方法。

(5)编制模板及配件的规格、数量汇总表和周转使用计划。

(6)编制模板施工安全、防火技术措施及设计、施工说明书。

模板中的钢构件设计应符合现行国家标准《钢结构设计标准》的规定，截面塑性发展系数应按下列规定取值：

(1)对工字形和箱形截面，当截面板件宽厚比等级为S4或S5级时，截面塑性发展系数应取为1.0，当截面板件宽厚比等级为S1级、S2级及S3级时，截面塑性发展系数应按下列规定取值：工字形截面（x轴为强轴，y轴为弱轴），$\gamma_x=1.05$，$\gamma_y=1.20$；箱形截面：$\gamma_x=\gamma_y=1.05$。

(2)其他截面的塑性发展系数可按规范规定采用。

(3)对需要计算疲劳的梁，宜取$\gamma_x=\gamma_y=1.0$。

模板中的木构件设计应符合现行国家标准《木结构设计规范》的规定，其中受压立杆应满足计算要求，且其梢径不得小于 80 mm。

用扣件式钢管脚手架作支架立柱时，应符合下列规定：

(1)连接扣件和钢管立杆底座应符合现行国家标准《钢管脚手架扣件》的规定。

(2)承重的支架柱，其荷载应直接作用于立杆的轴线上，严禁承受偏心荷载，并应按单立杆轴心受压计算；钢管的初始弯曲率不得大于 1/1 000，其壁厚应按实际检查结果计算。

(3)当露天支架立柱为群柱架时，高宽比不应大于 5；当高宽比大于 5 时，必须加设抛撑或缆风绳，保证宽度方向的稳定。

用门式钢管脚手架作支架立柱时，应符合下列规定：

(1)几种门架混合使用时，必须取支承力最小的门架作为设计依据。

(2)荷载宜直接作用在门架两边立杆的轴线上，必要时可设横梁将荷载传于两立杆顶端，且应按单榀门架进行承力计算。

(3)当门架使用可调支座时，调节螺杆伸出长度不得大于 150 mm。

(4)当露天门架支架立柱为群柱架时，高宽比不应大于 5；当高宽比大于 5 时，必须使用缆风绳，保证宽度方向的稳定。

遇有下列情况时，水平支承梁的设计应采取防倾倒措施，不得取消或改动销紧装置的作用，且应符合下列规定：

(1)水平支承如倾斜或由倾斜的托板支承以及偏心荷载情况存在时。

(2)梁由多杆件组成。

(3)当梁的高宽比大于 2.5 时，水平支承梁的底面严禁支承在 50 mm 宽的单托板面上。

(4)水平支承梁的高宽比大于 2.5 时，应避免承受集中荷载。

当采用卷扬机和钢丝绳牵拉进行爬模设计时，其支承架和锚固装置的设计能力，应为总牵引力的 3 ~ 5 倍。

烟囱、水塔和其他高大构筑物的模板工程，应根据其特点进行专项设计，制定专项施工安全措施。

面板可按简支跨计算，应验算跨中和悬臂端的最不利抗弯强度和挠度。

支承楞梁计算时，次楞一般为 2 跨以上连续楞梁，可按规定计算，当跨度不等时，应按不等跨连续楞梁或悬臂楞梁设计；主楞可根据实际情况按连续梁、简支梁或悬臂梁设计；同时次、主楞梁均应进行最不利抗弯强度与挠度计算。

对拉螺栓应确保内、外侧模能满足设计要求的强度、刚度和整体性。

柱箍应采用扁钢、角钢、槽钢和木楞制成，其受力状态应为拉弯杆件。

爬模模板应分别按混凝土浇筑阶段和爬升阶段验算。

(四)模板构造与安装

模板安装前必须做好下列安全技术准备工作：

(1)应审查模板结构设计与施工说明书中的荷载、计算方法、节点构造和安全措施，设计审批手续应齐全。

(2)应进行全面的安全技术交底，操作班组应熟悉设计与施工说明书，并应做好模板安装作业的分工准备。采用爬模、飞模、隧道模等特殊模板施工时，所有参加作业人员必须经过专门技术培训，考核合格后方可上岗。

(3)应对模板和配件进行挑选、检测，不合格者应剔除，并应运至工地指定地点堆放。

(4)备齐操作所需的一切安全防护设施和器具。

模板构造与安装应符合下列规定:

(1)模板安装应按设计与施工说明书顺序拼装。木杆、钢管、门架等支架立柱不得混用。

(2)竖向模板和支架立柱支承部分安装在基土上时,应加设垫板,垫板应有足够强度和支承面积,且应中心承载。基土应坚实,并应有排水措施。对湿陷性黄土应有防水措施;对特别重要的结构工程可采用混凝土、打桩等措施防止支架柱下沉。对冻胀性土应有防冻融措施。

(3)当满堂或共享空间模板支架立柱高度超过8 m时,若地基土达不到承载要求,无法防止立柱下沉,则应先施工地面下的工程,再分层回填夯实基土,浇筑地面混凝土垫层,达到强度后方可支模。

(4)模板及其支架在安装过程中,必须设置有效防倾覆的临时固定设施。

(5)现浇钢筋混凝土梁、板,当跨度大于4 m时,模板应起拱;当设计无具体要求时,起拱高度宜为全跨长度的1/1 000~3/1 000。

(6)现浇多层或高层房屋和构筑物,安装上层模板及其支架应符合下列规定:下层楼板应具有承受上层施工荷载的承载能力,否则应加设支撑支架;上层支架立柱应对准下层支架立柱,并应在立柱底铺设垫板;当采用悬臂吊模板、桁架支模方法时,其支撑结构的承载能力和刚度必须符合设计构造要求。

(7)当层间高度大于5 m时,应选用桁架支模或钢管立柱支模。当层间高度小于或等于5 m时,可采用木立柱支模。

安装模板应保证工程结构和构件各部分形状、尺寸和相互位置的正确,防止漏浆,构造应符合模板设计要求。模板应具有足够的承载能力、刚度和稳定性,应能可靠承受新浇混凝土自重和侧压力以及施工过程中所产生的荷载。

拼装高度为2 m以上的竖向模板,不得站在下层模板上拼装上层模板。安装过程中应设置临时固定设施。

当承重焊接钢筋骨架和模板一起安装时,应符合下列规定:梁的侧模、底模必须固定在承重焊接钢筋骨架的节点上;安装钢筋模板组合体时,吊索应按模板设计的吊点位置绑扎。

当支架立柱成一定角度倾斜,或其支架立柱的顶表面倾斜时,应采取可靠措施确保支点稳定,支撑底脚必须有防滑移的可靠措施。

除设计图另有规定者外,所有垂直支架柱应保证其垂直。

对梁和板安装二次支撑前,其上不得有施工荷载,支撑的位置必须正确。安装后所传给支撑或连接件的荷载不应超过其允许值。

施工时,在已安装好的模板上的实际荷载不得超过设计值。已承受荷载的支架和附件,不得随意拆除或移动。

安装模板时,安装所需各种配件应置于工具箱或工具袋内,严禁散放在模板或脚手板上;安装所用工具应系挂在作业人员身上或置于所配带的工具袋中,不得掉落。

当模板安装高度超过3.0 m时,必须搭设脚手架,除操作人员外,脚手架下不得站其他人。

吊运模板时,必须符合下列规定:

(1)作业前应检查绳索、卡具、模板上的吊环,必须完整有效,在升降过程中应设专人指挥,统一信号,密切配合。

(2)吊运大块或整体模板时,竖向吊运不应少于 2 个吊点,水平吊运不应少于 4 个吊点。吊运必须使用卡环连接,并应稳起稳落,待模板就位连接牢固后,方可摘除卡环。

(3)吊运散装模板时,必须码放整齐,待捆绑牢固后方可起吊。

(4)严禁起重机在架空输电线路下面工作。

(5)遇 5 级及以上大风时,应停止一切吊运作业。

木料应堆放在下风向,离火源不得小于 30 m,且料场四周应设置灭火器材。

柱模板应符合下列规定:

(1)现场拼装柱模时,应适时地安设临时支撑进行固定,斜撑与地面的倾角宜为 60°,严禁将大片模板系在柱子钢筋上。

(2)待四片柱模就位组拼经对角线校正无误后,应立即自下而上安装柱箍。

(3)若为整体预组合柱模,吊装时应采用卡环和柱模连接,不得采用钢筋钩代替。

(4)柱模校正(用四根斜支撑或用连接在柱模顶四角带花篮螺栓的揽风绳,底端与楼板钢筋拉环固定进行校正)后,应采用斜撑或水平撑进行四周支撑,以确保整体稳定。当高度超过 4 m 时,应群体或成列同时支模,并应将支撑连成一体,形成整体框架体系。当需单根支模时,柱宽大于 500 mm 应每边在同一标高上设置不得少于 2 根斜撑或水平撑。斜撑与地面的夹角宜为 45° ~60°,下端尚应有防滑移的措施。

(5)角柱模板的支撑,除满足上述要求外,还应在里侧设置能承受拉力和压力的斜撑。

进入施工现场的爬升模板系统中的大模板、爬升支架、爬升设备、脚手架及附件等,应按施工组织设计及有关图纸验收,合格后方可使用。

爬升模板安装时,应统一指挥,设置警戒区与通信设施,做好原始记录。并应符合下列规定:检查工程结构上预埋螺栓孔的直径和位置,并应符合图纸要求;**爬升模板的安装顺序应为底座、立柱、爬升设备、大模板、模板外侧吊脚手。**

大模板爬升时,新浇混凝土的强度不应低于 1.2 N/mm^2。 支架爬升时的附墙架穿墙螺栓受力处的新浇混凝土强度应达到 10 N/mm^2 以上。

爬模的外附脚手架或悬挂脚手架应满铺脚手板,脚手架外侧应设防护栏杆和安全网。爬架底部亦应满铺脚手板和设置安全网。

所有螺栓孔均应安装螺栓,螺栓应采用 50~60 N·m 的扭矩紧固。

飞模的制作组装必须按设计图进行。运到施工现场后,应按设计要求检查合格后方可使用安装。安装前应进行一次试压和试吊,检验确认各部件无隐患。

装好的半隧道模应按模板编号顺序吊装就位。并应将 2 个半隧道模顶板边缘的角钢用连接板和螺栓进行连接。

(五)模板拆除

模板拆除时应注意的主要内容:

(1)模板的拆除措施应经技术主管部门或负责人批准,拆除模板的时间可按现行国家标准《混凝土结构工程施工质量验收规范》的有关规定执行。冬期施工的拆模,应符合专门规定。

(2)当混凝土未达到规定强度或已达到设计规定强度,需提前拆模或承受部分超设计荷载时,必须经过计算和技术主管确认其强度能足够承受此荷载后,方可拆除。

(3)模板的拆除期限应符合下列规定:

①不承重的侧面模板应在混凝土强度能保证其表面及棱角不因拆模板而受损坏时方可拆除,拆除时间宜为12 h后。

②承重的模板应在混凝土强度符合表6-12的规定后,方可拆除。

表6-12 模板拆除时的混凝土强度要求

构件类型	构件跨度/m	达到设计的混凝土立方体抗压强度标准值的百分率/%
板	≤2	≥50
	>2,≤8	≥75
	>8	≥100

(4)大体积混凝土的拆模时间除应满足混凝土强度要求外,还应使混凝土内外温差降低到25 ℃以下时方可拆模。否则应采取有效措施防止产生温度裂缝。

(5)拆模前应检查所使用的工具有效和可靠,扳手等工具必须装入工具袋或系挂在身上,并应检查拆模场所范围内的安全措施。

(6)模板的拆除工作应设专人指挥。作业区应设围栏,其内不得有其他工种作业,并应设专人负责监护。拆下的模板、零配件严禁抛掷。

(7)拆模的顺序和方法应按模板的设计规定进行。当设计无规定时,可采取先支的后拆、后支的先拆、先拆非承重模板、后拆承重模板,并应从上而下进行拆除。拆下的模板不得抛扔,应按指定地点堆放。

(8)高处拆除模板时,应符合有关高处作业的规定。严禁使用大锤和撬棍,操作层上临时拆下的模板堆放不能超过3层。

(9)已拆除了模板的结构,应在混凝土强度达到设计强度值后方可承受全部设计荷载。若在未达到设计强度以前,需在结构上加置施工荷载时,应另行核算,强度不足时,应加设临时支撑。

对于多层楼板模板的立柱,当上层及以上楼板正在浇筑混凝土时,下层楼板立柱的拆除,应根据下层楼板结构混凝土强度的实际情况,经过计算确定。

拆除柱模应符合下列规定:

(1)柱模拆除应分别采用分散拆和分片拆2种方法。分散拆除的顺序应为:拆除拉杆或斜撑、自上而下拆除柱箍或横楞、拆除竖楞,自上而下拆除配件及模板、运走分类堆放、清理、拔钉、钢模维修、刷防锈油或脱模剂、入库备用。分片拆除的顺序应为:拆除全部支撑系统、自上而下拆除柱箍及横楞、拆掉柱角U形卡、分2片或4片拆除模板、原地清理、刷防锈油或脱模剂、分片运至新支模地点备用。

(2)柱子拆下的模板及配件不得向地面抛掷。

爬升模板拆除时应注意的主要内容:

(1)拆除爬模应有拆除方案,且应由技术负责人签署意见,应向有关人员进行安全技术交底后,方可实施拆除。

(2)拆除时应先清除脚手架上的垃圾杂物,并应设置警戒区由专人监护。

(3)拆除时应设专人指挥,严禁交叉作业。**拆除顺序应为:悬挂脚手架和模板、爬升设备、爬升支架。**

隧道模拆除时应注意的主要内容:

(1)**拆除前应对作业人员进行安全技术交底和技术培训。**

(2)拆除导墙模板时,应在新浇混凝土强度达到 1.0 N/mm² 后,方准拆模。

(3)拆除隧道模应按下列顺序进行:

①**新浇混凝土强度应在达到承重模板拆模要求后,方准拆模。**

②应采用长柄手摇螺帽杆将连接顶板的连接板上的螺栓松开,并应将隧道模分成 2 个半隧道模。

③拔除穿墙螺栓,并旋转垂直支撑杆和墙体模板的螺旋千斤顶,让滚轮落地,使隧道模脱离顶板和墙面。

④**放下支卸平台防护栏杆,先将一边的半隧道模推移至支卸平台上,然后再推另一边半隧道模。**

⑤**为使顶板不超过设计允许荷载,经设计核算后,应加设临时支撑柱。**

(4)半隧道模的吊运方法,可根据具体情况采用单点吊装法、两点吊装法、多点吊装法或鸭嘴形吊装法。

(六)安全管理

从事模板作业的人员,应经安全技术培训。从事高处作业人员,应定期体检,不符合要求的不得从事高处作业。

安装和拆除模板时,操作人员应佩戴安全帽、系安全带、穿防滑鞋。安全帽和安全带应定期检查,不合格者严禁使用。

模板及配件进场应有出厂合格证或当年的检验报告,安装前应对所用部件(立柱、楞梁、吊环、扣件等)进行认真检查,不符合要求者不得使用。

模板安装时,上下应有人接应,随装随运,严禁抛掷。且不得将模板支搭在门窗框上,也不得将脚手板支搭在模板上,并严禁将模板与上料井架及有车辆运行的脚手架或操作平台支成一体。

案例分析

经典案例

某住宅工程包含独立单位 11 栋,配套 3 栋及 1 座地下车库,建筑高度最高 53.55 m。2022 年 6 月,该工程进入装修阶段,外墙装修选用 ZLP-630 型高处作业吊篮(以下简称吊篮),根据现场实际工况,吊篮的最大限制负荷(W_1)为 400 kg(含吊篮平台自重 50 kg),吊篮平台为标准规格,为满足外立面保温及外墙涂料施工要求,吊篮悬挂机构安装在楼顶上,悬挂机构前梁长度 1.5 m。高处作业吊篮悬挂机构结构示意图如下图所示。

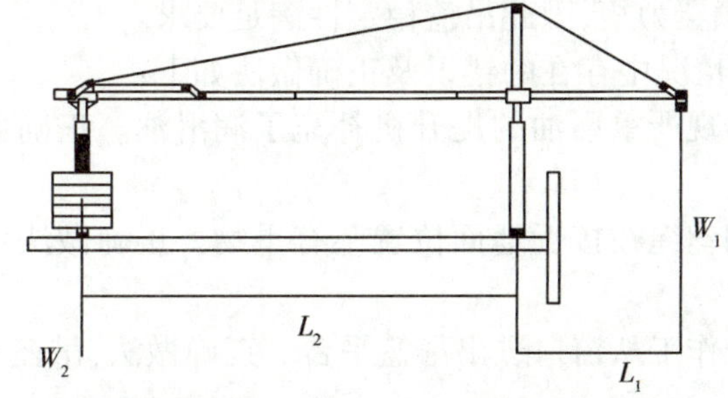

L_1—悬挂机构前梁长度(m);L_2—悬挂机构后梁长度(m);

W_1—最大限制载荷(kg);W_2—配重质量(kg)

高处作业吊篮悬挂机构结构示意图

工程项目部编制了吊篮安装专项施工方案，在安装作业中，明确了以下安全要求：

（1）安装单位应配备足够的作业人员，包括：高处作业吊篮操作工、高处作业吊篮安装拆卸工、电焊工、建筑电工、普工等。

（2）安装过程中作业人员应佩戴五点式安全带。

（3）安装前应对楼顶悬挂机构的安装位置做好防护。

（4）配重应安装牢固，重量（W_2）应满足说明书要求。

（5）悬挂机构的抗倾覆力矩应大于或等于3倍的倾覆力矩。

所需安装后，工程项目部对每台吊篮逐一进行了检查、验收，重点检查了安全装置的有效性；所需投入使用后，专职安全管理人员对1#楼吊篮进行了安全检查，发现以下情况：

（1）个别出现严重漏油的提升机补充了润滑油。

（2）安全钢丝绳在接近地面位置坠有重物。

（3）工作钢丝绳盘好后放在吊篮平台内，并采取了防止人员踩踏的措施。

（4）吊篮操作工从窗口进出吊篮平台。

（5）工作结束后将吊篮平台停置于地面。

（6）吊篮操作工专用安全绳固定在悬挂机构上。

（7）抽检现场8号吊篮悬挂机构实测数据如下表所示：

抽检现场8号吊篮悬挂机构实测数据表

项目	L_1	L_2	W_2
左侧悬挂机构	1.5 m	4 m	（25 kg/块）×20块
右侧悬挂机构	1.5 m	4 m	（25 kg/块）×20块

常见考点

1. 安装单位配备的作业人员中，应列入特种作业人员管理的有高处作业吊篮操作工、高处作业吊篮安装拆卸工、电焊工、建筑电工。

2. 高处作业吊篮应重点检查的安全装置有安全锁、上行程限位装置、手动滑降装置、安全钢丝绳。

3. 该项目明确规定悬挂机构的抗倾覆力矩应大于或等于3倍的倾覆力矩。

抗倾覆力矩为：$(2\times25\times20)\times4=4\,000$（kg·m）。

倾覆力矩为：$400\times1.5=600$（kg·m）。

抗倾覆力矩$>3\times$倾覆力矩，因此吊篮稳定性满足要求。

4. 工程项目部发现情况中存在的错误及正确做法如下：

（1）错误一：个别出现严重漏油的提升机补充了润滑油。正确做法：提升机出现漏油现象应立即停止使用。

（2）错误二：安全钢丝绳在接近地面位置坠有重物。正确做法：安全钢丝绳应在地面坠有重物。

（3）错误三：吊篮操作工从窗口进出吊篮平台。正确做法：吊篮正常工作时，人员应从地面进入吊篮内。

（4）错误四：吊篮操作工专用安全绳固定在悬挂机构上。正确做法：安全绳应固定在建筑物可靠位置上。

同步自测

一、单项选择题(每题的备选项中,只有1个最符合题意)

1. 脚手架的构造应满足设计计算基本假定条件(边界条件)的要求。对于支撑脚手架而言,边界条件主要是(　　)、竖向(纵、横)剪刀撑、水平剪刀撑、斜撑杆、扫地杆的设置。

A. 连墙件　　B. 节点连接形式

C. 扣件　　D. 纵向和横向水平杆

2. 关于脚手架的材料、构配件使用要求的说法,正确的是(　　)。

A. 木脚手架主要受力杆件应选用泡桐木或白松木

B. 竹脚手架的使用期限不宜超过2年

C. 可调底座和可调托座螺杆插入脚手架立杆钢管的配合公差应小于5 mm

D. 单根塑料篾的抗拉能力不得低于250 N

3. 根据《建筑施工脚手架安全技术统一标准》,关于脚手架的搭设顺序的说法,错误的是(　　)。

A. 构件组装类脚手架应逐排、逐层进行搭设,并应每层统一搭设方向

B. 落地作业脚手架、悬挑脚手架的搭设应与工程施工同步,一次搭设高度不应超过最上层连墙件两步,且自由高度不应大于4 m

C. 剪刀撑、斜撑杆等加固杆件应随架体同步搭设,不得滞后安装

D. 每搭设完一步架体后,应按规定校正立杆间距、步距、垂直度及水平杆的水平度

4. 根据《建筑施工扣件式钢管脚手架安全技术规范》,单排脚手架搭设高度不应超过(　　)。

A. 18 m　　B. 24 m

C. 30 m　　D. 50 m

5. 根据《建筑施工扣件式钢管脚手架安全技术规范》,下列不属于脚手架必须进行检查与验收的阶段是(　　)。

A. 达到设计高度后　　B. 作业层上施加荷载前

C. 每搭设完二层后　　D. 停用超过一个月

6. 根据《建筑施工扣件式钢管脚手架安全技术规范》,关于型钢悬挑脚手架构造要求的说法,正确的是(　　)。

A. 悬挑梁尾端应在两处及以上固定于钢筋混凝土柱结构上

B. 悬挑钢梁悬挑长度应按设计确定,固定段长度不应小于悬挑段长度的1.25倍

C. 每个型钢悬挑梁外端宜设置钢丝绳或钢拉杆与下一层建筑结构斜拉结

D. 钢丝绳、钢拉杆参与悬挑钢梁受力计算

7. 根据《建筑施工模板安全技术规范》,关于扣件式钢管脚手架作支架立柱的说法,错误的是(　　)。

A. 承重的支架柱,其荷载应直接作用于立杆的轴线上,严禁承受偏心荷载

B. 连接扣件和钢管立杆底座应符合现行国家标准《钢管脚手架扣件》的规定

C. 钢管的初始弯曲率不得大于1/1 000,其壁厚应按实际检查结果计算

D. 当露天支架立柱为群柱架时,高宽比不应大于3

8. 根据《建筑施工模板安全技术规范》,现浇混凝土模板的次、主楞梁均应进行最不利(　　)计算。

A. 抗弯强度与抗剪强度　　B. 抗剪强度与挠度

C. 抗弯强度与挠度　　D. 抗剪强度与抗拉强度

9. 根据《建筑施工模板安全技术规范》,现浇钢筋混凝土梁、板,当跨度大于(　　)时,模板应起拱。

A. 2 m　　B. 3 m

C. 4 m　　D. 5 m

二、案例分析题

某宾馆新建工程,建筑面积 6 300 m^2,地下二层,地上 16 层,钢筋混凝土框架剪力墙结构,基坑开挖深度 9.50 m,首层层高 4.80 m,二层以上为标准层,层高 3.60 m。

施工总承包单位 A 公司,成立了工程项目部,任命甲为项目经理,乙为技术负责人。

基础施工完毕后,A 公司组织 1 个木工班组,对地下二层混凝土柱、梁、板、墙的模板进行安装。模板安装前,乙组织相关部门对模板结构设计与施工说明书中的荷载、计算方法、节点构造和安全措施进行了编制和审查,随后按规定办理了设计审批手续。专职安全生产管理人员对木工班组,进行全面的安全技术交底。该班组熟悉了模板安装设计与施工说明书,并对模板安装作业进行了分工。

主体结构施工完成后,工程项目部组织拆除外墙双排脚手架。施工前,由乙组织编制了外墙双排脚手架拆除专项施工方案,方案编制完成后,由甲审核签字并报送监理单位审查后实施。

A 公司的 1 个木工班组进行脚手架和柱模板拆除,工程项目部专职安全生产管理人员对该木工班组进行安全技术交底并签字后安排施工作业,工程项目部按规定组织了验收。

根据以上场景,回答下列问题:

1. 简述编制脚手架搭设和拆除专项施工方案的要求。
2. 简述脚手架拆除作业的安全规定。
3. 简述柱模板的安装要求。
4. 简述现浇柱模板拆除顺序。

答案详解

一、单项选择题

1. D。【解析】《建筑施工脚手架安全技术统一标准》规定,脚手架是由多个稳定结构单元组成的。对于作业脚手架,是由按计算和构造要求设置的连墙件和剪刀撑、斜撑杆等将架体分割成若干个相对独立的稳定结构单元,这些相对独立的稳定结构单元牢固连接组成了作业脚手架。对于支撑脚手架,是由按构造要求设置的竖向(纵、横)和水平剪刀撑、斜撑杆及其他加固件将架体分割成若干个相对独立的稳定结构单元,这些相对独立的稳定结构单元牢固连接组成了支撑脚手架。只有当架体是由多个相对独立的稳定结构单元体组成时,才可能保证脚手架是稳定结构体系。脚手架的承力结构件基本上都是长细比较大的杆件,其结构件必须是在组成空间稳定的结构体系时,才能充分发挥作用。架体的构造设计应注意的是:(1)脚手架的构造应满足设计计算基本假定条件(边界条件）的要求。脚手架设计计算的基本假定是脚手架设计计算的前提条件，是靠构造设置来满足的。对于作业脚手架而言，边界条件主要是连墙件、水平杆、剪刀撑（斜撑杆）、扫地杆的设置；对于支撑脚手架而言，边界条件主要是纵向和横向水平杆、竖向（纵、横）剪刀撑、水平剪刀撑、斜撑杆、扫地杆的设置。（2）脚手架的设计计算模型与脚手架的构造相对应。当构造发生变化时，设计计算的技术参数也要发生变化。（3）当剪刀撑、水平杆、扫地杆、节点连接形式等按不同构造方式设置时，架体的稳定承载力会存在很大差别。基于上述原因，本标准提出对架体构造应进行设计。

2. D。**【解析】**《建筑施工脚手架安全技术统一标准》规定，木脚手架主要受力杆件应选用剥皮杉木或落叶松木。故选项 A 错误。《建筑施工竹脚手架安全技术规范》规定，竹脚手架的使用期限不宜超过 1 年。故选项 B 错误。《建筑施工脚手架安全技术统一标准》规定，可调底座和可调托座螺杆插入脚手架立杆钢管的配合公差应小于 2.5 mm。故选项 C 错误。

3. A。**【解析】**《建筑施工脚手架安全技术统一标准》规定，脚手架应按顺序搭设，并应符合下列规定：（1）落地作业脚手架、悬挑脚手架的搭设应与工程施工同步，一次搭设高度不应超过最上层连墙件两步，且自由高度不应大于 4 m。（2）支撑脚手架应逐排、逐层进行搭设。（3）剪刀撑、斜撑杆等加固杆件应随架体同步搭设，不得滞后安装。（4）构件组装类脚手架的搭设应自一端向另一端延伸，自下而上按步架设，并应逐层改变搭设方向。（5）每搭设完一步架体后，应按规定校正立杆间距、步距、垂直度及水平杆的水平度。

4. B。**【解析】**《建筑施工扣件式钢管脚手架安全技术规范》规定，单排脚手架搭设高度不应超过 24 m；双排脚手架搭设高度不宜超过 50 m，高度超过 50 m 的双排脚手架，应采用分段搭设等措施。

5. C。**【解析】**《建筑施工扣件式钢管脚手架安全技术规范》规定，脚手架及其地基基础应在下列阶段进行检查与验收：（1）基础完工后及脚手架搭设前。（2）作业层上施加荷载前。（3）每搭设完 6 ~ 8 m 高度后。（4）达到设计高度后。（5）遇有六级强风及以上风或大雨后，冻结地区解冻后。（6）停用超过一个月。

6. B。**【解析】**《建筑施工扣件式钢管脚手架安全技术规范》规定，型钢悬挑梁宜采用双轴对称截面的型钢。悬挑钢梁型号及锚固件应按设计确定，钢梁截面高度不应小于 160 mm。悬挑梁尾端应在两处及以上固定于钢筋混凝土梁板结构上。锚固型钢悬挑梁的 U 形钢筋拉环或锚固螺栓直径不宜小于 16 mm。故选项 A 错误。每个型钢悬挑梁外端宜设置钢丝绳或钢拉杆与上一层建筑结构斜拉结。钢丝绳、钢拉杆不参与悬挑钢梁受力计算。故选项 C，D 错误。

7. D。**【解析】**《建筑施工模板安全技术规范》规定，用扣件式钢管脚手架作支架立柱时，应符合下列规定：（1）连接扣件和钢管立杆底座应符合现行国家标准《钢管脚手架扣件》的规定。（2）承重的支架柱，其荷载应直接作用于立杆的轴线上，严禁承受偏心荷载，并应按单立杆轴心受压计算；钢管的初始弯曲率不得大于 1/1 000，其壁厚应按实际检查结果计算。（3）当露天支架立柱为群柱架时，高宽比不应大于 5；当高宽比大于 5 时，必须加设抛撑或缆风绳，保证宽度方向的稳定。

8. C。**【解析】**《建筑施工模板安全技术规范》规定，支承楞梁计算时，次楞一般为 2 跨以上连续楞梁，当跨度不等时，应按不等跨连续楞梁或悬臂楞梁设计；主楞可根据实际情况按连续梁、简支梁或悬臂梁设计；同时次、主楞梁均应进行最不利抗弯强度与挠度计算。

9. C。【解析】根据《建筑施工模板安全技术规范》规定，现浇钢筋混凝土梁、板，当跨度大于4 m时，模板应起拱；当设计无具体要求时，起拱高度宜为全跨长度的1/1 000～3/1 000。

二、案例分析题

【答案】

1. 专项施工方案的编制应满足施工要求和安全承载、安全防护要求，并根据工程结构形状、构造、总荷载、施工条件、环境条件等因素进行。

2. 脚手架的拆除作业应符合下列规定：

(1) 架体拆除应按自上而下的顺序按步逐层进行，不应上下同时作业。

(2) 同层杆件和构配件应按先外后内的顺序拆除；剪刀撑、斜撑杆等加固杆件应在拆卸至该部位杆件时拆除。

(3) 作业脚手架连墙件应随架体逐层、同步拆除，不应先将连墙件整层或数层拆除后再拆架体。

(4) 作业脚手架拆除作业过程中，当架体悬臂段高度超过2步时，应加设临时拉结。

3. 柱模板应符合下列规定：

(1) 现场拼装柱模时，应适时地安设临时支撑进行固定，斜撑与地面的倾角宜为60°，严禁将大片模板系在柱子钢筋上。

(2) 待四片柱模就位组拼经对角线校正无误后，应立即自下而上安装柱箍。

(3) 若为整体预组合柱模，吊装时应采用卡环和柱模连接，不得采用钢筋钩代替。

(4) 柱模校正(用四根斜支撑或用连接在柱模顶四角带花篮螺栓的揽风绳，底端与楼板钢筋拉环固定进行校正)后，应采用斜撑或水平撑进行四周支撑，以确保整体稳定。当高度超过4 m时，应群体或成列同时支模，并应将支撑连成一体，形成整体框架体系。当需单根支模时，柱宽大于500 mm应每边在同一标高上设置不得少于2根斜撑或水平撑。斜撑与地面的夹角宜为45°～60°，下端尚应有防滑移的措施。

(5) 角柱模板的支撑，除满足上述要求外，还应在里侧设置能承受拉力和压力的斜撑。

4. 柱模拆除应分别采用分散拆和分片拆2种方法。

分散拆除的顺序应为：拆除拉杆或斜撑、自上而下拆除柱箍或横楞、拆除竖楞，自上而下拆除配件及模板、运走分类堆放、清理、拔钉、钢模维修、刷防锈油或脱模剂、入库备用。

分片拆除的顺序应为：拆除全部支撑系统、自上而下拆除柱箍及横楞、拆掉柱角U形卡、分2片或4片拆除模板、原地清理、刷防锈油或脱模剂、分片运至新支模地点备用。

第七章　城市轨道交通工程施工安全

考·纲·要·求

掌握城市轨道交通工程施工安全与风险管理方法以及施工安全检查的主要内容。运用建筑施工安全技术和相关标准，分析城市轨道交通工程施工过程中存在的危险、有害因素，制定相应安全技术措施。

命·题·分·析

本章知识点主要以选择题形式进行考查，每年基本考查 1～2 道，部分知识点在案例分析题中有所涉及。本章内容包括城市轨道交通工程的基础知识、城市轨道交通工程施工方法、城市轨道交通工程建设风险管理、城市轨道交通工程质量安全检查、城市轨道交通工程质量安全检查。

历年真题考查过暗挖法的技术要点、风险处置的基本对策等。

另外，施工方法的特点以及适用条件需掌握，在选择题中经常考查；同时应掌握地铁暗挖的施工方法，重点记忆 PBA 法施工工艺流程；掌握风险等级标准划分、风险清单内容，重点记忆风险处置四个基本对策。

考点解读

考点一　城市轨道交通工程基础知识

城市轨道交通是指采用专用轨道导向运行的城市公共客运交通系统，包括地铁、轻轨、单轨、有轨电车、磁浮、自动导向轨道、市域快速轨道系统。

目前我国各大城市正在大力发展城市轨道交通工程。由于城市轨道交通工程是特大型系统工程，具有专业多、规模大、投资高、工期长、涉及面广、管理层多、决策层次高的特点。

城市轨道交通工程项目应超前规划，适时建设，量力而行，有序发展。依据城市总体规划、国民经济和社会发展规划、城市综合交通规划，做好轨道交通远景线网规划。从实际需求和可能出发，把握项目建设条件和建设时机，合理安排项目建设。坚持以人为本，突出安全，从功能、规模、成本、节能、环保等主要方面综合考虑，配置和选择项目内各项设施。在设计时应考虑各项设施的总体功能平衡，发挥最大经济效益；在采购时应考虑最佳性价比，保障满足运行能力和安全可靠；在运营使用寿命上应达到生命周期内价值的最大化，降低运营成本，从而使项目建设与运营形成良性循环，以保持其可持续发展。

链接

除了上述内容外，还需要掌握以下内容：

(1)城市轨道交通具有高效、节能、环保、速度快、运量大、防控好、安全性能好、占用城市道路面积少等特点。

(2)城市轨道交通系统的基本组成包括线路、车辆、轨道、供电、给排水、车站建筑、通风系统、通信和信号系统。

考点二 城市轨道交通工程施工方法

城市轨道交通工程已成为城市基础设施建设工程的重要组成部分，包括地下铁道(地铁)工程和轻轨交通工程。城市轨道交通线路可根据需要设置在地上、地面和地下。由于城市轨道交通路线的区间和线路的功能及所处平面位置不同，车站所采取的结构形式也不尽相同。

无论轨道是在地上还是地面，至少空间广阔，相对而言施工方便。而地下轨道，施工及其危险，也是重难点内容。

地铁由地铁车站和区间隧道组成。其中，地铁车站通常由车站主体(站台、站厅、设备用房、生活用房)，出入口及通道，附属建筑物(通风道、风亭、冷却塔等)三大部分组成，常用的施工方法有明挖法、盖挖法和暗挖法，在实际施工过程中应以安全可行、工期可控、经济合理三个标准来确定施工方法；而区间隧道主要是连接车站与车站之间的通道，常用的施工方法有明挖法、盖挖法、暗挖法和盾构法。

另外，地铁车站可采用单拱式车站、双拱式车站和三拱式车站，并根据需要做成单层或双层。**当车站位于富水软弱底层，需最大限度减少地下水对车站的不利影响，应采用单拱式车站，防水、受力效果好。**

(一)明挖法

明挖法是指在地铁施工时挖开地面，由上向下开挖土石方至设计标高后，自基底由下向上进行结构施工，当完成地下主体结构后回填基坑及恢复地面的施工方法。在地铁施工中，若场地开阔、建筑物稀少、交通及环境允许时，应优先采用施工速度快且造价较低的明挖法施工。明挖法按开挖方式分为放坡明挖和不放坡明挖两种。放坡明挖法主要适用于埋深较浅、地下水位较低的城郊地段，边坡通常进行坡面防护、锚喷支护或土钉墙支护。不放坡明挖是指在围护结构内开挖，主要适用于场地狭窄及地下水丰富的软弱围岩地区。

明挖法是修建地铁车站的常用施工方法，具有施工作业面多、速度快、工期短、易保证工程质量、工程造价低等优点，缺点是对周围环境影响较大。因此，在地面交通和环境条件允许的地方，应尽可能采用。

明挖法施工工序如图 7-1 所示。

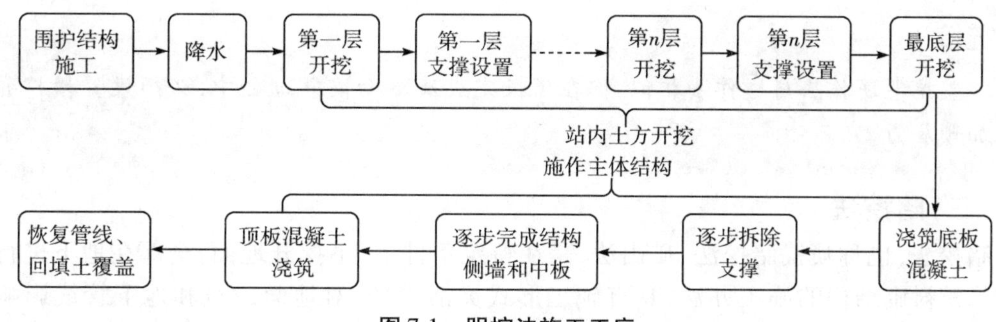

图 7-1　明挖法施工工序

(二)盖挖法

盖挖法是由地面向下开挖至一定深度后，将顶部封闭，其余的下部工程在封闭的顶盖下进行施工的一种方法。在城市繁忙地带修建地铁时，明挖法往往占用道路，影响交通，因此在交通不能中断而且必须确保一定交通流量的情况下，可选用盖挖法施工。盖挖法可分为盖挖顺作法、盖挖逆作法及盖挖半逆作法。目前，城市中施工采用最多的是盖挖逆作法。

盖挖法具有围护结构变形小、基坑底部土体支挡、施工空间大、对交通影响较小的特点，但是施工难度大、费用高。

1. 盖挖顺作法

盖挖顺作法是在棚盖结构施作后开挖到基坑底，再从下至上施作底板、边墙，最后完成顶板的施工方法。盖挖顺作法对地面交通影响的时间短、造价较低、工程难度不大、作业环境较好、结构防水可靠，适用于地层较稳定、一般挖深的双层地铁车站。

盖挖顺作法施工工序为：施作围护结构、开挖基坑并施作桩顶冠梁→架设第一道钢支撑，铺设临时路面系统→开挖基坑，随开挖随架设钢支撑，至基坑底设计标高处→铺设底板素混凝土垫层，敷设防水层，施作底板结构→拆除第四道钢支撑，敷设侧墙防水层，施作侧墙和中楼板结构→拆除第三、第二道钢支撑，敷设侧墙防水层，施作侧墙及顶板结构。

2. 盖挖逆作法

盖挖逆作法是指施工时，先施作车站周边围护结构和结构主体桩柱，然后将结构盖板置于围护桩(墙)、柱(钢管柱或混凝土柱)上，自上而下完成土方开挖和边墙、中板及底板衬砌的施工方法。盖挖逆作法具有占用地面时间短、施工组织灵活、施工安全系数较高等优点，以及施工时交叉作业较多、施工工序复杂、施工作业环境较差等缺点。

盖挖逆作法施工工序如图 7-2 所示。

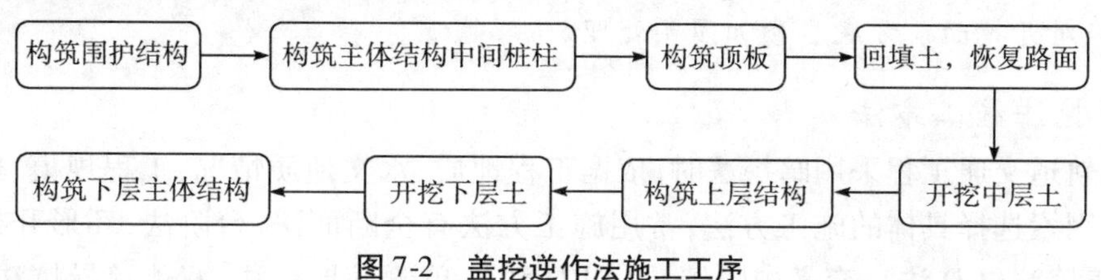

图 7-2　盖挖逆作法施工工序

链接

盖挖半逆作法与逆作法相似，但在顶板完成及路面恢复过程中，必须设置横撑并施加预应力。

(三)暗挖法

暗挖法，也称喷锚暗挖法、矿山法，是在特定条件下，不挖开地面，全部在地下进行开挖和修筑衬砌结构的施工办法，具有施工形式灵活多变、对地面建筑和地下管线影响较小、拆迁占地少、污染城市环境小的特点，但是施工进度慢、劳动强度大、机械化程度低。喷锚暗挖法施工遵循新奥法原理，而浅埋暗挖法是在新奥法基础上发展起来的。

1. 新奥法和浅埋暗挖法概述

新奥法和浅埋暗挖法的概念及特点如表 7-1 所示。

表 7-1　新奥法和浅埋暗挖法的概念及特点

内容	新奥法	浅埋暗挖法
概念	新奥法是应用岩体力学理论，以维护和利用围岩的自承能力为基础，采用锚杆和喷射混凝土为主要支护手段，控制围岩的变形和松弛，使围岩成为支护体系的组成部分，并通过对围岩和支护的量测、监控来指导施工的工法。支护在与围岩共同变形中承受的是形变应力	浅埋暗挖法是指针对埋深较浅、松散不稳定的地层和软弱破碎岩层，在开挖中以多种辅助措施加固围岩及周围土体，开挖后及时支护，封闭成环，与围岩及周围土体共同作用形成联合支护体系，有效地控制围岩及周围土体过大变形的一种综合施工方法
特点	(1)要求初期支护有一定柔度，以利用和充分发挥围岩的自承能力，而从减少地表沉陷的城市要求角度出发，还要求初期支护有一定刚度。 (2)主要适用于稳定底层	(1)不允许带水作业、开挖面具有一定的自立性和稳定性，**初期支护具有一定刚度，调动部分围岩的自承能力**。 (2)适应性较广，适用于结构埋置较浅、地面建筑物密集、交通运输繁忙、地下管线密布及对地面沉降要求严格的城镇地区地下构筑物施工以及土层松散不稳定、岩层软弱破碎条件下的施工

链接

浅埋暗挖法遵循管超前、严注浆、短开挖、强支护、快封闭、勤量测的“十八字”原则，其初期支护手段为格栅和锚喷，重点为控制地表沉降，前提为改造地质条件。施工时，应对开挖面前方底层预加固预处理。

2. 暗挖法施工方法

城市轨道交通工程采用暗挖法时，依据工程地质、水文地质情况、工程规模、覆土埋深及工期等因素选择具体的施工方法，常用施工方法有全断面法、台阶法、环形开挖留核心土法、中隔墙法(CD 法)、交叉中隔墙法(CRD 法)、单侧壁导坑法、双侧壁导坑法、洞桩法(PBA 法)、中洞法及侧洞法等，具体内容如表 7-2 所示。

表 7-2　暗挖法施工方法具体内容

施工方法	说明	适用范围	示意图
全断面法	自上而下一次性沿轮廓开挖成型	土质稳定，断面较小，跨度不超过 8 m 的隧道	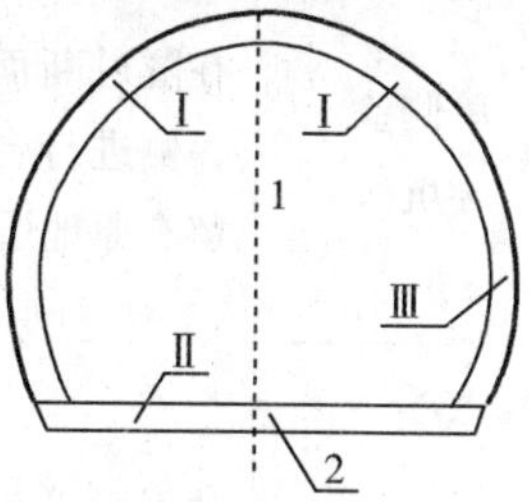
台阶法	在全断面法的基础上，将结构断面分成两个或以上的部分，分步开挖	土质较好，或软弱围岩、第四纪沉积地层的隧道	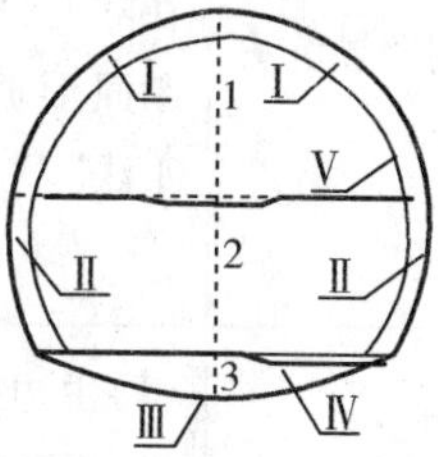
环形开挖留核心土法	当地质条件较差，采用台阶法开挖掌子面自稳能力不足时，可采用环形开挖留核心土法	一般土质或易坍塌的软弱围岩、断面较大的隧道	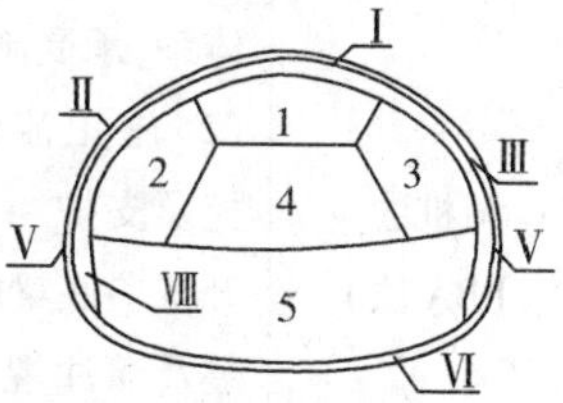
中隔壁法（CD 法）	(1) CD 法是用钢架和喷射混凝土的隔壁将断面分割开进行开挖的方法，一般临时仰拱没有横撑。 (2) CRD 法是用隔壁和仰拱把断面上下、左右分割进行开挖的方法，是在地质条件要求分部开挖及时封闭的条件下采用的，一般临时仰拱有横撑。 (3) **CRD 法和 CD 法的区别是在施工过程的每一步，CRD 法都要求用临时仰拱（横撑）闭合。**CRD 法对地层的变形控制较 CD 法更为有效	地层较差、跨度较大的隧道	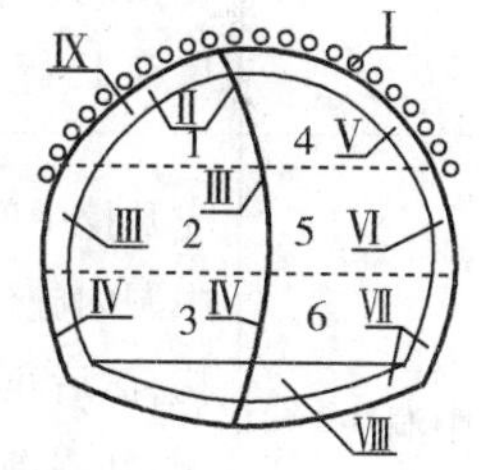
交叉中隔壁法（CRD 法）			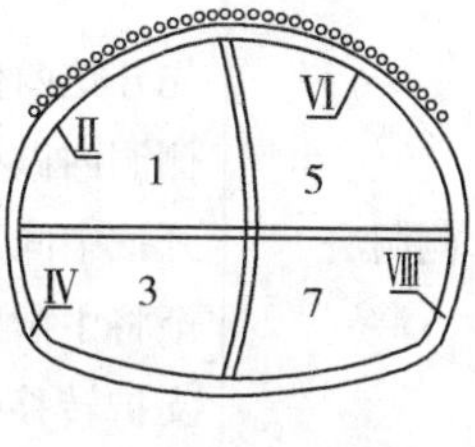

（续表）

施工方法	说明	适用范围	示意图
单侧壁导坑法	在隧道断面一侧设置导坑，一侧进行台阶法施工，中间留有原地层土，作为支撑	跨度大，围岩较差，地表下沉需控制的隧道	1　2　3
双侧壁导坑法	在单侧壁导坑法的基础上，在隧道另一侧也设置导坑，断面形似眼镜，也称“眼镜工法”	跨度很大，围岩特别差，地表下沉需严格控制的隧道	Ⅶ　Ⅰ　Ⅲ　Ⅲ　2　6　2　Ⅺ　Ⅺ　Ⅴ　4　8　4　Ⅴ　Ⅸ
洞桩法（PBA法）	(1)由边桩、中桩(柱)、顶底梁、顶拱共同构成初期受力体系，承受施工过程的荷载。 (2)施工流程如下：导洞开挖及支护→边桩施工、柱孔开挖→底梁施工→钢管柱吊装及灌注混凝土→桩、柱顶梁施工→三跨顶拱初支及二衬扣拱→站厅层施作→站台层施工	多用于修筑侧式和岛式双层地铁车站	—
中洞法	先开挖中间部分(中洞)，在中洞内施作中墙(梁、柱)结构，然后再开挖两侧部分侧洞，并逐渐将侧洞顶部荷载通过中洞初期支护转移到中墙(梁、柱)上	常用于双连拱隧道、大跨度车站	2　1　2
侧洞法	先开挖两侧部分(侧洞)，在侧洞内做梁、柱结构，然后再开挖中间部分(中洞)，并逐渐将中洞顶部荷载通过初期支护转移到梁、柱上	当地层条件差、断面特大时，可采用此法	1　3　2

3. 暗挖法施工安全技术

矿山法施工方案与交底应符合下列规定：

(1)编制专项施工方案前应对工程周边环境进行核查,并应进行安全评估。

(2)施工前应编制专项施工方案,并应对模板台车、作业架进行设计。

(3)钻爆作业应编制爆破专项施工方案,进行爆破设计。

(4)针对特殊地质地段,有毒气体地层,穿越既有管线或结构物,降水,洞口、横通道、竖井或正洞连接处,断面尺寸变化处,工程周边环境保护等特殊部位、工序,应制定专项施工方案或专项措施。

(5)专项施工方案或专项措施应进行审核、审批。

(6)矿山法专项施工方案、爆破专项施工方案、超规模的非标准段支模体系专项施工方案,应组织专家论证。

(7)专项施工方案实施前,应进行安全技术交底,并应有文字记录。

进行隧道结构开挖和初期支护的安全技术措施包括：开挖前先护顶；开挖成型后应及时进行初期支护，施作仰拱和封闭成环；严格控制每循环进尺，特殊地段应缩小钢格栅间距；随时监测地面情况，发现异常立即采取措施。

(四)盾构法

盾构法是指用盾构机修筑隧道的暗挖施工方法,是一种在盾构钢壳体的保护下进行开挖、推进、衬砌和注浆等作业的方法,适用于第四纪地层、无侧限抗压强度中等偏低的地层和软岩地层的隧道施工;在硬质岩层和含有大量粗颗粒漂石、块石的地层不宜采用。盾构法的优缺点如表 7-3 所示。

表 7-3　盾构法的优缺点

要点	内容
优点	(1)安全开挖和衬砌,掘进速度快。 (2)盾构的推进、出土、拼装衬砌等全过程可以实现自动化的作业,施工劳动的强度低,工作人员作业较安全。 (3)不影响地面交通和设施,同时,不影响地下的管线等设施,地下水位可保持。 (4)穿越河道的时候,不影响航运,施工的过程中,不受季节、风雨等气候条件的影响,施工过程中没有噪音和扰动的影响
缺点	(1)对断面尺寸多变的区段的适应能力比较差,实施风险随地层条件变化而增大。 (2)新型的盾构购置费昂贵,对施工区段短的工程不太经济。 (3)盾构前期准备工作时间长

1. 盾构法施工程序

盾构法施工(如图 7-3 所示)基本施工程序为:在盾构法隧道的始发端和接收端各建一个工作(竖)井;盾构机在始发端工作井内安装就位;依靠盾构机千斤顶推力(作用在已拼装好的衬砌环和反力架)将盾构机从始发工作井的墙壁预留洞推出;盾构机在地层中沿着设计轴线推进,在推进的同时不断出土和安装衬砌管片;及时地向衬砌背后的空隙注浆,防止地层移动和固定衬砌环位置;盾构机进入接收工作井并被拆除,如施工需要,也可穿越工作井再向前推进。

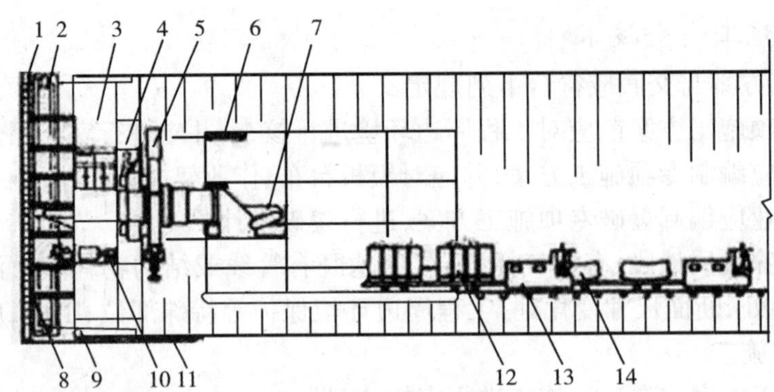

1—网格；2—转盘；3—配电器；4—操作台；5—拼装器；6—车架；7—刮板运输机；
8—胸板；9—千斤顶；10—油泵；11—盾尾密封；12—装土箱；13—电车；14—钢筋混凝土管片

图 7-3 盾构法施工

2. 盾构法施工危险源

盾构区间隧道施工存在的危险源有起重作业、施工用电、安全通道、中小型机械使用、地下管线、隧道内水平运输、动火作业、垂直运输、管片拼装、高温、暴雨、盾构机拆除与安装以及地面建(构)筑物等。

3. 盾构法安全技术

盾构法施工方案与交底应符合下列规定：

(1)施工前应编制专项施工方案。

(2)针对盾构机始发、接收、解体、调头、过站，端头加固，围护结构破除，负环及洞门管片拆除，穿越既有管线、铁路或轨道线、结构物，盾构开仓与换刀，联络通道等重要部位、工序，应制定专项施工方案。

(3)盾构法隧道专项施工方案及重要部位、工序的专项施工方案应进行审核、审批。

(4)盾构法隧道专项施工方案以及穿越既有设施、首次盾构开仓与换刀、联络通道等工序的专项施工方案应组织专家论证。

(5)专项施工方案实施前，应进行安全技术交底，并应有文字记录。

盾构机吊装(盾构机构件装卸车、下井)作业安全技术要求：

(1)起重作业信号司索工、司机应持建设行政主管部门颁发的建筑施工特种作业人员操作资格证。应安排专人进行安全监控，设吊装作业警戒区，无关人员不得进入。

(2)在进行起重吊装作业前，应对钢丝绳、钢丝夹、吊钩等索具装备进行检查，根据索具受损程度对其起吊能力进行折减和检算，对磨损严重的索具及时更换。

(3)吊装过程中提升和降落速度均匀，动作平稳，严禁忽快忽慢、突然制动和左右回转；严禁在运行中对起重机进行修理、调整和保养作业；在起重满负荷或接近满负荷时不能同时进行两种动作。

(4)使用汽车吊时，起重机行驶和工作的场地应平坦坚实。

刀具更换的安全技术措施：

(1)在刀具更换作业前，应制定详细的作业方案，对刀具更换的每个细节进行部署，并由技术负责人进行交底。

(2)作业前应切断盾构机的驱动电源，主控室和刀盘舱作业区均须有人监护。

(3)当地质条件不好、开挖面地层有可能失稳时,应预先采取注浆或洞内加支撑等办法对地层进行加固处理。应对刀盘舱内的积土、淤泥或泥浆进行清理,保持刀盘舱内作业空间位置,搭设稳固的临时支架和作业平台,并提供充足的照明(包括行灯等局部照明工具)。

(4)作业人员进行刀具更换时应尽量缩短盾构机停止时间,防止土体失稳。软土地层中盾构机停止时间不应超过两天。如有土体严重失稳,可分次完成刀具更换。

(5)应借助机械装置安装和拆卸滚刀。

(6)应选用36 V以下的安全电压。

链接

关于刀具和开舱,还需掌握下列内容:

(1)因盾构机在使用过程中刀具磨损严重,结合现场条件,需要带压开仓更换刀具。在地质条件比较稳定的情况下,一般采取常压换刀,在开舱点垂直上方和重要建(构)筑物四周设置监测点,换刀作业时舱口外至少挂有一把斧头以备应急;在盾构机前方或上方的土体不能自稳的情况下,需进行气压换刀。为保证压力仓内照明条件,照明灯具应选用24 V以下的防爆灯。

(2)土舱内应确保照明条件良好,但土舱内温度的升高会导致刀盘内的水汽产生雾化现象,所以土舱内应采用绝缘性能高的电动工具和电源线,并且需选用24 V以下的安全电压。

隧道运输安全技术措施:

(1)轨道运输系统要严格按有关技术规范执行,对轨距、轨道高差、弧度、接缝等重要参数要重点检查,轨枕应保证足够的刚度,并和管片上的螺栓保持固定或焊接,避免滑动变形。

(2)严禁各类人员搭乘管片车进出隧道,严禁人员挤在操作室内。

(3)如隧道距离较长,应设计、使用专门的人员运输车辆,车辆应外设围栏。

(4)吊运管片的吊带应认真保管,专物专用,不能用于吊运其他构件(尤其是铁件),以免损坏。管片吊运时,其他小件不应在管片上放置随同吊运下井。吊运构件时应支垫稳妥,捆绑牢固。

(5)水平运输发车前,应检查并确认电瓶车和平板车拖挂装置、制动装置、电缆接头等连接良好,经试运行情况良好方可进行操作。禁止运载超宽物体,禁止两辆板车同时运载同一超长物体。

(6)电机车起步、转弯时应鸣笛示警,控制好速度。在电机车停下时,为了防止溜车,必须用铁楔或木楔卡住后面拖车的车轮,特别要注意盾构机的位置。

关于隧道运输其他安全技术措施,下面以典型例题的形式进行讲解。

典型例题

【单选题】某轨道交通工程项目部针对盾构区间隧道施工水平运输存在的风险及可能导致的后果,提出了安全防范措施。下列隧道水平运输安全措施中,错误的是(　　)。

A. 日常搭乘工作人员的电瓶车、平板车配备安全带

B. 在隧道内曲线段出入端设置车辆缓慢通过标志

C. 长距离大坡度地段，工作面钢轨末端设置行驶止动装置

D. 长距离大坡度地段，电瓶车增设电动制动刹车装置，配置闪光示警灯具

A。【解析】针对盾构区间隧道施工水平运输存在的风险及可能导致的后果，可以采取以下安全措施：电瓶车、平板车不允许载人运输；在隧道内曲线段出入端设置车辆缓慢通过标志；长距离大坡度地段，工作面钢轨末端设置行驶止动装置；长距离大坡度地段，电瓶车增设电动制动刹车装置，配置闪光示警灯具；长距离大坡度地段，配置专用防止管片旋转的专用平板车等。

管片吊运及拼装安全技术措施：

(1)管片拼装机需由专人负责，严格执行三定制度(定机、定人、定岗位)和操作规程，其他人员禁止操作。

(2)所有动力设备在接通电源前，液压控制阀的手柄应在“终止”位置上。

(3)在隧道内用管片吊车运输管片时，应保证吊具与管片连接牢固；在吊运管片时因检查吊具是否完好，防止吊具在吊装或拼装时脱落、断裂。

(4)定期对管片吊具进行检查。

(5)管片在运至拼装区过程中，管片运输区内严禁站人。

(6)启动拼装机前，拼装机操作人员应确认旋转范围内空间没有人员及障碍物后方可操作，拼装机作业前先进行试运转，确认安全后方可作业。

(7)在拼装管片时，非拼装作业人员应退出管片拼装区，拼装机工作范围内严禁站人。

临时用电安全技术措施：

(1)施工现场临时用电工程专用的电源中性点直接接地的220/380 V三相五线制低压电力系统。临时用电工程必须经编制、审核、批准部门和使用单位共同验收合格，合格后方可投入使用。

(2)安装、巡检、维修或拆除临时用电设备和线路必须由电工完成，并应有监护。

(3)电工必须经过按国家现行标准考核合格后，持证上岗工作。

(4)使用电气设备前必须按规定穿戴和配备好相应的劳动防护用品，并应检查电气装置和保护设施，严禁设备带“缺陷”运转。

(5)保管和维护所用设备，发现问题及时报告解决。

(6)暂时停用设备的开关箱必须分断电源隔离开关，并应关门上锁。

(7)移动电气设备时，必须经切断电源并做妥善处理后进行。

关于用电安全技术措施，还需要掌握高压用电，下面以典型例题的形式进行讲解。

典型例题

【单选题】某盾构法施工隧道工程，施工用高压电缆拟采用沿隧道管片侧壁架空敷设，经技术人员测量，轨道运输车辆最高处的高度为2.80 m。该隧道高压电缆最低架设高度为(　　)。

A. 2.00 m　　B. 2.50 m

C. 3.00 m　　D. 3.50 m

D。【解析】盾构机动力系统掘进用电一般是采用双回路专供的电缆路专供的电缆，但电缆从变电站接到盾构机上面一般采用埋地敷设，高压电缆埋地深度不小于0.7 m，电缆周围需铺50 mm厚的细砂，上面盖红砖保护，然后回填夯实，并在醒目位置设置警示标志牌。本题中，轨道运输车辆最高处的高度为2.80 m，因此，该隧道高压电缆最低架设高度为2.80 +0.7 =3.50(m)。

考点三　城市轨道交通工程建设风险管理

该部分内容主要依据《城市轨道交通地下工程建设风险管理规范》对城市轨道交通工程建设风险管理详细叙述。

(一)基本规定

1. 风险管理

城市轨道交通地下工程建设应保障人员安全，减小对周边环境影响，将建设风险造成的各种不利影响、破坏和损失降低到合理、可接受的水平。

城市轨道交通地下工程建设风险宜根据风险损失进行分类，风险类型应包括：人员伤亡风险；环境影响风险；经济损失风险；工期延误风险；社会影响风险。

城市轨道交通地下工程建设风险管理程序如图7-4所示。

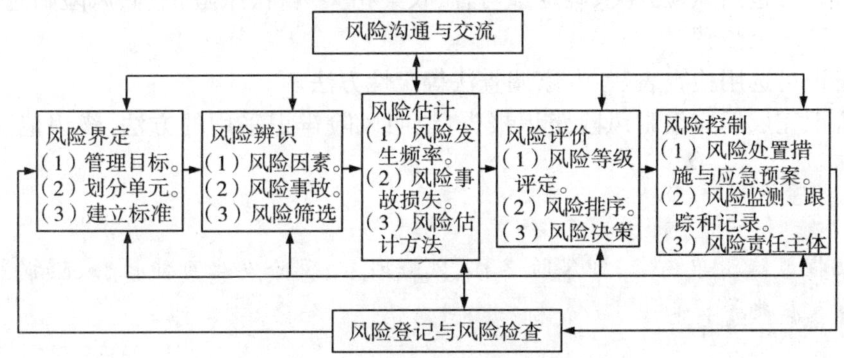

图7-4　工程建设风险管理程序

工程建设风险管理应由建设单位负责组织和实施，并以合同约定建设各方的风险管理责任。

建设单位在编制概算时，应确定建设风险管理的专项费用，做到风险处置措施费专款专用。

按照城市轨道交通地下工程建设内容与实施过程，建设风险管理可分为：规划阶段风险管理；可行性研究风险管理；勘察与设计风险管理；招标、投标与合同风险管理；施工风险管理。

工程建设风险管理各阶段编制完成的风险管理文件，应作为后续阶段实施风险管理的基础依据。

2. 风险界定

城市轨道交通地下工程建设风险管理应界定风险管理对象与目标，划分工程建设风险评估单元,制定本工程建设风险等级标准。

工程建设风险管理目标的制定应遵循以下基本原则:

(1)应与工程建设总体目标、项目特点及经济技术水平相匹配。

(2)应充分发挥工程建设各方的技术优势,调动其积极性。

(3)风险管理责任分担应坚持责、权、利协调一致,权责明确。

根据城市轨道交通地下工程不同的实施内容,应遵循“分类型、分阶段、分目标”的基本原则划分风险评估单元。

工程建设风险等级标准应按风险发生可能性及其损失进行划分。

3. 风险辨识

城市轨道交通地下工程建设风险辨识前,应具备下列基础资料:

(1)工程周边水文地质、工程地质、自然环境及人文、社会区域环境等资料。

(2)已建线路的相关工程建设风险或事故资料,类似工程建设风险资料。

(3)工程规划、可行性分析、设计、施工与采购方案等相关资料。

(4)工程周边建(构)筑物(含地下管线、道路、民防设施等)等相关资料。

(5)工程邻近既有轨道交通及其他地下工程等资料。

(6)可能存在业务联系或影响的相关部门与第三方等信息。

(7)其他相关资料。

风险辨识可包括风险分类、确定参与者、收集相关资料、风险识别、风险筛选和编制风险辨识报告等六个步骤。

风险辨识可选用检查表法、专家调查法等定性方法。

风险辨识完成后应编制风险辨识报告,说明风险辨识采用的方法、辨识范围、参与人员及风险清单。

提示

需掌握风险清单内容,即风险名称、风险因素、风险发生可能性、风险损失、风险发生位置及征兆等。

4. 风险分析方法

风险分析方法根据工程特点,评估要求和工程建设风险类型选取。风险分析方法宜包括三类:定性分析方法、定量分析方法、综合分析方法。

工程规划和可行性研究风险管理中宜采用定性风险分析方法,并辅以定量风险分析方法。

工程勘察与设计风险管理中宜采用定量风险分析方法,并辅以综合风险分析方法。

工程施工风险管理中宜采用综合风险分析方法。

5. 风险控制

城市轨道交通地下工程建设风险控制必须坚持“安全第一、保护环境、预防为主”的原则,采取经济、可行、主动的处置措施来减少或降低风险。

工程建设风险控制方案应由建设单位负责组织,工程建设各方共同参加,按照风险处置对策编制风险控制方案。其中,风险处置有四种基本对策,可选择一种或多种对策实施风险控制,城市轨道交通地下工程建设风险处置对策包括:

(1)风险消除,不让工程建设风险发生或将工程建设风险发生的概率降低到最小。

(2)风险降低,通过采取措施或修改技术方案等降低工程建设风险发生的概率和(或)损失。

(3)风险转移,依法将工程建设风险的全部或部分转让或转移给第三方(专业单位),或通过保险等合法方式使第三方承担工程建设风险。

(4)风险自留,风险自留的前提是所接受的工程建设风险可能导致的损失比风险消除、风险降低和风险转移所需的成本低。采取风险自留对策时应制定可行的风险应急处置预案,采取必要的安全防护措施等。

可采用工程保险转移建设风险,但不应将工程保险作为唯一减轻或降低风险的控制措施。

(二)工程建设风险等级标准

城市轨道交通地下工程建设风险管理应根据工程建设阶段、规模、重要性程度及建设风险管理目标等制定风险等级标准。

工程建设风险等级标准宜以长度在 10 km 以上的城市轨道交通单条线路为基本建设单位制定。

(三)规划阶段风险管理

城市轨道交通地下工程规划阶段风险管理实施主要内容应包括规划方案风险评估、重大风险因素分析。

城市轨道交通地下工程规划阶段重大风险处置,宜采用修改线路方案、重新拟定建设技术方案等风险处置措施。

(四)可行性研究风险管理

城市轨道交通地下工程可行性研究风险管理实施主要内容应包括现场风险调查、可行性方案风险评估等。

(五)勘察与设计风险管理

城市轨道交通地下工程勘察与设计风险管理,应遵循“分阶段、分对象、分等级”的基本原则,控制工程建设风险至可接受水平。

工程勘察与设计中的风险管理实施主要内容应包括:工程勘察风险管理;总体设计风险管理;初步设计风险管理;施工图设计风险管理。

(六)招标、投标与合同签订风险管理

工程招标、投标与合同签订中的风险管理实施内容应包括:招标、投标文件准备、合同签订风险管理。

(七)施工风险管理

1. 一般规定

城市轨道交通地下工程施工风险管理应完成以下工作:建设各方施工风险分析及职责划分;制定现场工程建设风险管理实施制度;编制关键节点工程建设风险管理专项文件;编制突发事件或事故应急预案。

城市轨道交通地下工程施工风险管理应编制风险控制预案、建立重大风险事故呈报制度。

城市轨道交通地下工程施工风险管理实施的主要阶段宜包括：施工准备期、施工期、车辆及机电系统安装与调试、试运行和竣工验收。

链接

城市轨道交通工程建设风险管理过程的核心是施工期的风险管理。施工期的风险管理是工程建设风险能否得到有效控制的关键因素。

2. 施工准备期风险管理

城市轨道交通地下工程施工准备期风险管理应以建设项目目标、工程任务及场地条件为依据，对项目进行分解，根据项目施工组织方案和周边环境条件，编制现场风险检查表。

3. 施工期风险管理

城市轨道交通地下工程施工期风险管理中的主要风险因素宜包括：邻近或穿越既有或保护性建(构)筑物、军事区、地下管线设施区等；穿越地下障碍物段施工；浅覆土层施工；小曲率区段施工；大坡度地段施工；小净距隧道施工；穿越江河段施工；特殊地质条件或复杂地段施工。

施工期建设风险管理应完成以下工作：施工中的风险辨识和评估；编制现场施工风险评估报告，并应以正式文件发送给工程建设各方，经各方交流后形成现场风险管理实施文件记录；施工对邻近建(构)筑物影响风险分析；施工风险动态跟踪管理；施工风险预警预报；施工风险通告；现场重大事故上报及处置。

建设单位负责组织和监督现场施工风险管理实施，风险管理主要内容及职责应包括：

(1)组织工程建设各方建立风险管理培训制度。

(2)全过程参与现场风险管理，检查各方风险管理实施状况。

(3)定期组织工程建设各方开展风险管理工作的沟通和交流，并对风险状况进行记录。

(4)组织工程建设各方对工程建设风险处置措施进行审定，其中重大风险的控制方案须经施工单位组织专家评审后方可实施。

(5)配合政府主管单位对现场施工风险管理活动进行同步监督管理。

(6)监督风险管理实施和风险事故处理。

(7)试运行中统一指挥调度轨行区的设备系统安装及调试。

施工单位负责施工现场建设风险管理的执行和落实，风险管理主要内容及职责应包括：

(1)结合施工组织设计拟定风险管理计划，建立工程施工风险实施细则。

(2)对Ⅲ级及以上风险，根据设计单位技术要求等，确定工程施工预警监控指标及标准。

(3)对Ⅱ级及以上建设风险编制事故应急处置预案。

(4)现场区域作业人员必须严格执行登记制度，对作业层技术人员进行施工风险交底,制定工程建设风险管理培训计划。

(5)负责完成工程施工风险动态评估,分析并梳理Ⅱ级及以上风险,提交施工重大工程建设风险动态评估报告。

(6)结合工程施工进度及时上报工程施工信息,向工程建设各方通告现场施工风险状况。

(7)工程设计、施工方案如有重大变更,应根据变更情况对工程建设风险进行重新分析与评估。

(8)因建设风险处置措施的实施而发生的费用增加或工期延长,应经过建设单位批准后方可实施。

(9)对与工程施工有关的事故、意外或缺陷等进行风险记录。

(10)必须做到施工安全措施费用专款专用。

施工期风险管理中可采用的风险处置措施应包括下列内容:

(1)编写现场施工风险记录,建立现场风险管理监督机制。

(2)加强风险培训,提高施工管理人员和现场施工人员的风险防范意识。

(3)对Ⅲ级及以上风险编制风险处置措施,建立工程施工预警监控系统。

(4)重大风险必须进行专项风险论证,并编制风险监控方案与应急预案。

(5)保险单位应参与工程施工风险管理,实施风险的均衡控制。

(6)预先成立工程建设风险事故抢险专业队伍,做好人员及物资的储备。

一旦施工现场发生重大建设风险事故,施工单位应及时上报建设单位和相关政府主管部门,并应及时组织人员实施抢险。

根据风险评估结果,在每个单项工程施工之前,建设单位可通过风险预告的形式,将其中的主要风险点通告施工单位。施工单位需提交专门的风险处置方案,上报建设单位,审批通过后方可施工。施工现场风险通告是工程建设风险管理中非常重要的环节,施工单位应在工程现场设置风险宣传牌,对各个阶段的风险点和注意事项进行宣传和教育。

对于事故、意外、缺陷等问题,建设各方应认真、细致、充分、全面地分析,做到证据分析、过程分析、原因分析、责任分析,并保持客观、中立的态度,对定性、定责应公正、准确。调查还应查明发生的原因、过程、财产损失情况和对后续工作的影响,并提出处理措施和完善风险控制措施的建议。事故各相关单位应采取措施防止类似事故的再次发生,并对员工进行教育和培训。建设各方可根据施工现场情况和进度,跟踪风险动态变化情况,实施风险控制策略和措施。在出现风险征兆后应及时通报建设各方,跟踪风险征兆发展,及时启动应急预案。

4. 车辆及机电系统安装与调试风险管理

车辆及机电设备系统在安装调试风险管理中的主要风险因素应包括下列内容:

(1)设备系统的检验或测试不全面。

(2)现场检验或调试问题。

(3)系统联调及并网运营故障。

(4)不同期建设线路或多条线路联合调试协调。

车辆及机电设备系统安装与调试风险管理应编制系统安装与调试风险控制应急预案。

5. 试运行和竣工验收风险管理

城市轨道交通地下工程试运行和竣工验收必须符合政府部门相关管理文件规定。

试运行和竣工验收风险管理应进行系统试运行联合调试风险分析，应对轨道、供电、接触网、信号、通信、车辆、屏蔽门及调度指挥等各系统进行专项风险评估，编写风险记录文件。

联合调试与不载客试运行应严格按照列车运行图进行，针对不同系统进行风险分析，提供系统试运行风险评估报告。

试运行和竣工验收风险管理应评估城市轨道交通运营规章制度风险，审核应急预案与抢险演练制度。

链接

试运行和竣工验收风险管理应结合现场资料和风险管理经验，采用风险检查表法实施，针对建设方面和运营方面分别进行风险评估：

(1)建设方面风险分析：

①土建系统风险分析，包括车站、区间、车辆基地和综合维修基地、轨道系统、预留线等。

②机电设备风险分析，包括供电系统、信号系统、通信系统、通风空调系统、给水排水和消防系统、防灾报警系统(FAS)、设备监控系统(BAS)、自动售检票系统(AFC)、车站屏蔽门、安全门、自动扶梯及电梯、防淹门系统等。

③车辆系统风险分析。

④系统联调及试运行风险分析。

(2)运营方面风险分析：

①组织机构和人员配置及要求风险分析。

②行车组织和客运组织风险分析。

③线路运营备品备件风险分析。

④相关技术资料配备风险分析。

⑤资产接管风险分析。

⑥试运营规章制度风险分析。

⑦应急预案与演练。

试运行中针对轨道、供电、接触网、信号、通信、车辆、屏蔽门及调度指挥等系统需进行综合模拟运行，各相关系统的安全性、可靠性和适用性指标都要求达到运营线路的标准。另外，还需要对客运服务设施和通风空调、FAS、BAS及AFC等系统进行综合动态模拟运行。当联合调试季节符合冷源运行条件时，空调系统要求作带负荷综合效能运行。相关城市轨道交通设施应做到配合协调、联动迅速，功能达到设计规范要求。

考点四　城市轨道交通工程关键节点风险管控

近年来，城市轨道交通工程生产安全事故大多与工程关键节点施工前风险预控不到位有关，造成较大生命财产损失。为强化城市轨道交通工程关键节点（以下简称关键节点）施工前风险预控措施，提升关键节点风险管控水平，有效防范和遏制事故发生，现将有关工作通知如下。

（一）总体要求

明确关键节点风险管控原则。关键节点是指轨道交通工程开（复）工或施工过程中风险较大、风险集中或工序转换时容易发生事故和险情的关键工序和重要部位。关键节点风险管控要坚持全面识别、重点管控、各负其责、强化落实的原则。要将开展关键节点施工前条件核查作为关键节点风险管控的重要手段。

记忆口诀

全面识别、重点管控、各负其责、强化落实可简化为“全中则强”进行记忆。

规范开展关键节点风险管控。应严格依据《城市轨道交通工程安全质量管理暂行办法》《城市轨道交通地下工程建设风险管理规范》和《城市轨道交通建设项目管理规范》等制度规定和标准规范，对城市轨道交通工程施工关键工序和重要部位实施风险管控。

强化关键节点风险管控责任落实。各地城市轨道交通工程质量安全监管部门和建设单位等参建各方要高度重视关键节点风险管控工作，全面落实企业主体责任和政府监管责任，不断加强关键节点施工前条件核查，严格控制施工风险。

（二）明确关键节点风险管控内容

要按照城市轨道交通工程自身风险和周边环境特点及危险程度确定关键节点风险管控的具体内容。关键节点风险管控内容主要包括：勘察和设计交底的完成情况；专项施工方案编制、审批和专家论证情况；监测方案编制审批及落实情况；施工安全技术交底情况；安全技术措施落实情况；周边环境核查和保护措施落实情况；材料、施工机械准备情况；项目管理、技术人员和劳动力组织情况；应急预案编制审批和救援物资储备情况；相关工程质量检测资料；法规、标准及合同约定的其他情况。

（三）严格执行关键节点风险管控程序

关键节点风险管控由建设、监理、施工、勘察、设计、第三方监测等单位相关负责人参加，按以下程序进行：

（1）施工单位根据《关键节点分类清单》编制《关键节点识别清单》，报监理单位审批。

（2）施工单位对照经监理单位批准的《关键节点识别清单》，对关键节点施工前条件自检自评，符合要求的报监理单位。

（3）**监理单位对关键节点施工前条件进行预核查，通过后报建设单位。**

（4）建设单位（或委托监理单位）依据相关制度规定和标准规范组织开展关键节点施工前条件核查。

（5）通过核查的，方可进行关键节点施工；未通过核查的，相关单位按照核查意见进行整改，整改完成后建设单位重新组织核查。

（四）强化风险管控保障措施

明确核查人员工作职责。参加关键节点施工前条件核查的人员应具备相应职业资格，按照建质〔2010〕5号文件和相关标准规范对涉及的施工条件逐项进行核查，形成明确核查意见和书面核查记录（包括影像资料），并对签署的核查意见负责。

加强督促检查。城市轨道交通工程质量安全监管部门要督促参建单位做好关键节点风险管控工作，对因关键节点风险管控不到位而引发事故的责任单位和责任人，要依法进行处理、处罚。

各地应建立完善关键节点风险管控相关制度，进一步明确关键节点施工前条件核查标准、程序、内容和组织方式，确保关键节点风险管控落实到位，有效防范城市轨道交通工程生产安全事故发生。

考点五　城市轨道交通工程质量安全检查

为规范城市轨道交通工程质量安全检查工作，提升检查标准化水平，中华人民共和国住房和城乡建设部组织修订了《城市轨道交通工程质量安全检查指南》（以下简称《指南》），该指南于2016年8月15日起实施。

（一）《指南》概述

《指南》的基本内容如表7-4所示。

表7-4　《指南》的基本内容

名称	内容
目的	为有效指导城市轨道交通工程质量安全检查工作，科学评价质量安全管理现状，推动建设、勘察、设计、施工、监理以及施工图审查、第三方监测、检测等单位落实质量安全主体责任和相关责任，提升检查工作标准化水平
依据	主要依据《中华人民共和国建筑法》《建设工程质量管理条例》《建设工程安全生产管理条例》《城市轨道交通工程安全质量管理暂行办法》等有关法规制度、标准规范
适用范围	适用于城市轨道交通工程建设、勘察、设计、施工、监理等各方主体以及施工图审查、第三方监测、检测等单位开展质量安全自查工作。也可用于城市轨道交通工程建设单位对各参建单位实施履约管理及评价等工作，以及城市轨道交通工程建设主管部门开展质量安全检查工作
检查评分表的组成	由建设单位、勘察单位、设计单位、施工单位、监理单位、第三方监测单位、质量检测单位、施工图审查机构等八个方面的检查评分表组成
检查评分表的内容	检查评分表主要包括检查项目、检查内容与评分标准、标准分数、扣减分数、实得分数、合计分数、评价意见等内容
检查评分表的评分	检查评分表满分为100分，得分应为按规定检查项目实得分数之和。 检查项目实得分数不出现负值，各检查项目扣减分数不超过该项标准分数。多人对同一工程项目检查时，取算术平均值作为最终得分
检查评定等级	分为优良、合格、不合格三个等级：合计得分在80分（含80分）以上，评定为优良；合计得分在70分（含70分）至80分，评定为合格；合计得分不足70分，评定为不合格

(二)建设单位质量安全检查项目

建设单位质量安全检查项目包括:质量安全管理机构、人员;质量安全责任制;质量安全管理制度与标准;质量安全会议制度;质量安全教育培训;招标、工期造价;参建各方主体资质和人员资格审查;组织工程周边环境调查与现状评估;提供工程基础资料;委托专项勘察、设计;办理施工图审查;组织勘察设计地下管线交底;采购材料设备;提供施工场地;支付工程款及安全措施费;办理质量安全监督手续;质量安全风险管理;委托第三方监测、检测;履约管理与现场检查;现场协调管理;应急预案管理;预警与响应;质量安全事故处理;工程验收;建设项目档案管理;违规行为。

(三)勘察单位质量安全检查项目

勘察单位质量安全检查项目包括:资质资格及管理制度;资料收集与研究;大纲编制;勘探点布置;取样、原位测试、现场试验布置;室内试验布置;安全文明施工;大纲落实;管线核查;孔位测放;探孔调整;钻进及岩芯采取率;岩土鉴别与描述;样品采集;原位测试;物探测试;水位观测及水文地质试验;外业记录;室内试验;外业安全;岩土层划分;不良地质与特殊岩土;地下水;场地稳定性、适宜性;围岩及土石工程分级;岩土物理力学参数;工程地质、水文地质条件评价及措施建议;场地与地基的建筑抗震设计基本条件;环境影响分析;遗留问题说明;成果审查及意见落实情况;成果文件签章及资料归档;勘察成果准确性;勘察成果交底;施工配合。

(四)设计单位质量安全检查项目

设计单位质量安全检查项目包括:资质资格及管理制度;基础资料;法律法规标准执行;结构计算;地下水处理;不良地质和特殊性岩土;结构与防水;风险工程设计及抗震专项设计;监控量测;内部审核;外部审查确认;设计交底;设计变更;施工配合。

(五)监理单位质量安全检查项目

监理单位质量安全检查项目包括:资质资格及管理制度;监理规划与实施细则;资质资格审查;制度审查;方案审查;费用核查;日常巡视;旁站监理;材料设备查验;平行检验;测量、监测查核;验收;问题处理;协调管理;档案管理;监理效果。

(六)施工单位安全检查项目

施工单位安全检查主要有以下方面:

(1)安全管理检查项目包括:单位资质与人员资格;责任制度与目标管理;施工组织设计;安全技术交底;安全教育和班前活动;作业管理;安全检查;工程周边环境保护;安全防护用品管理;分包管理与协调管理;费用管理;应急管理;事故管理。

(2)文明施工检查项目包括:施工方案;现场围挡;封闭管理;交通疏导;施工场地;材料管理;办公与住宿;现场防火;综合治理;现场标志;生活设施;保健急救;和谐社区。

(3)扣件式钢管脚手架检查项目包括:施工方案;立杆基础;架体与建筑结构拉结;杆件间距与剪刀撑;脚手板与防护栏杆;横向水平杆设置;杆件连接;层间防护;构配件材质;通道;验收。

(4)碗扣式钢管脚手架检查项目包括:施工方案;架体基础;架体稳定;杆件锁件;脚手板;架体防护;构配件材质;荷载;通道;验收。

(5)承插型盘扣式钢管脚手架检查项目包括:施工方案;架体基础;架体稳定;杆件设

置;脚手板;架体防护;杆件连接;构配件材质;通道;验收。

(6)满堂式脚手架检查项目包括:施工方案;架体基础;架体稳定;杆件锁件;脚手板;架体防护;构配件材质;荷载;通道;验收。

(7)模架工程安全检查项目包括:施工方案;材料材质;地面基础;支撑系统或桥墩立模;移动模架或挂篮;施工荷载;支拆模板;模板存放;上下通道;关键节点验收。

(8)施工用电安全检查项目包括:外电防护;接零保护系统;配电线路;配电箱开关箱;现场照明;电器装置;配电室与变配电装置;电气消防安全;用电管理。

(9)安全防护检查项目包括:安全帽;安全网;安全带;电气作业防护用品;防尘防毒用品;临边防护;洞口防护;通道口防护;攀登作业;悬空作业;移动式操作平台;物料平台;悬挑钢平台。

(10)塔吊安全检查项目包括:限载装置;行程限位装置;保护装置;吊钩、滑轮、卷筒与钢丝绳;安装拆卸验收;附着装置;防雷;基础;结构设施;多塔作业;周边安全;检查检测及维修保养。

(11)龙门吊安全检查项目包括:安装、拆卸与验收;保险装置;轨道;电气安全;吊钩与钢丝绳;结构设施;防撞措施;防护及警示;检查检测及维修保养。

(12)物料提升机检查项目包括:安全装置;防护设施;附墙架与缆风绳;吊篮;钢丝绳及滑轮;基础与导轨架;动力与传动;操作棚;通信装置;避雷装置;安装、拆卸与验收;检查检测及维修保养。

(13)起重吊装安全检查项目包括:施工方案;人员配备;起重吊装条件验收;索具;操作控制;过程管理;多机协作;高处作业;构件堆放;占道吊装;安全警戒。

(14)施工机具安全检查项目包括:平刨;圆盘电锯;手持电动工具;钢筋机械;电焊机;搅拌机;气瓶;场内运输车;潜水泵;振捣器;桩工机械(含成槽机);预应力张拉机械;其他施工机具、设备。

(15)基坑支护安全检查项目包括:施工方案;基坑支护;降排水;坑边荷载;上下通道;土方开挖;支撑拆除;附属结构;基坑监测;作业环境。

(16)盾构法/TBM 隧道施工安全检查项目包括:选型;施工方案;安装调试;始发/接收;掘进施工;隧道施工运输;开仓与刀具更换;洞门及联络通道施工;管片堆放与管片拼装;安全防护与保护措施;施工监测。

(17)矿山法隧道施工安全检查项目包括:施工方案;地层超前支护加固;降水排水;洞口工程;隧道开挖;爆破施工;初期支护;防水作业;二次衬砌;作业架防护;隧道运输;施工监测;作业环境。

(18)轨行区施工安全检查项目包括:调度、方案及安全协议;施工请销点;轨行区施工安全;行车安全。

(19)特殊气候施工安全检查项目包括:人员;预警;暴雨及地质灾害防范;大风防范;雷电防范;低温、冰雪(雹)、大雾防范;应急管理。

(20)人工挖孔安全检查项目包括:施工方案;提升设备;护壁;通风及检测;开挖;上下井梯;井边载荷;配合或监护;井边防护;孔内防护。

(21)架桥机作业安全检查项目包括:施工方案;架桥机验收;桥梁架设。

（七）施工单位质量检查评分汇总表

施工单位质量检查评分汇总表如表7-5所示。

表7-5　施工单位质量检查评分汇总表

名称	检查项目
质量管理检查	资质与资格；管理体系与责任制度；图纸合规性与工程洽商及时性；施组（方案）编制审批；材料管理及检验；施工现场管理；测量；验收；缺陷整改与事故处理；档案管理
分部分项工程质量	地基基础及综合接地；钢筋；模板；混凝土；防水；预应力；钢结构；屋面
明挖法施工质量	围护结构质量；支撑体系质量；土方开挖；回填质量
矿山法施工质量	施工方案；超前支护；开挖方法与辅助措施；初期支护；洞门及联络通道；二衬施工；成品保护与修补、堵漏
盾构法/TBM施工质量	方案及质保措施；管片管理；测量控制；管片拼装；洞门处理；联络通道；条件验收；缺陷处理
路基与高架桥施工质量	路基；桥梁支座；桥梁预埋件、预留孔洞；桥面系统；桥梁检测
装饰装修质量	墙体砌筑；门窗工程；墙体抹灰；涂饰工程；天花吊顶；幕墙工程；站台地面绝缘层；地面装饰装修；通道楼梯（疏散）平台；出入口顶棚；无障碍设施
设备安装质量	预埋、基础制安；管、槽、支架安装；线缆敷设；设备安装；防雷与接地；标识、标志与成品保护；单机、单系统调试
轨道工程质量	线路基桩；道床及轨道铺设；无缝线路；道岔；线路附属

（八）第三方监测单位质量安全检查项目

第三方监测单位质量安全检查项目包括：资质与资格；仪器设备；管理制度；监测方案制定及审查；基准点、监测点埋设及保护；监测实施；监测成果；信息反馈及预警报告；监测资料归档管理。

（九）质量检测单位质量安全检查项目

质量检测单位质量安全检查项目包括：单位资质；人员与设备；管理制度；检测实施；检测报告；检测资料归档管理。

（十）施工图审查机构质量安全检查项目（详细勘察文件）

施工图审查机构质量安全检查项目包括：机构条件；人员资格；管理制度与责任制；审查内容；审查意见；签字盖章；问题上报；告知性备案；审查记录存档。

（十一）施工图审查机构质量安全检查项目（施工图设计文件）

施工图审查机构质量安全检查项目包括：单位条件；人员资格、数量与专业；管理制度与责任制；审查内容；审查意见；签字盖章；问题上报；告知性备案；审查记录存档。

案例分析

经典案例

1. 工程概况

某市地铁2号线是该市快速轨道交通中的东西主干线。工程西起A站,东至M站,线路总长为10.16 km。地铁2号线第1合同段,合同工期为500日历天,合同价为5 400万元,由甲公司承揽。工程包括两站及区间:A站、B站、AB站区间。车站标准段选用12 m站台双柱三层三跨矩形框架结构形式。

AB站区间均为盾构法施工,线路长度为624 m,最大纵坡为10%,盾构隧道净间距最小为0.85 m,最小曲线半径为4 000 m,区间隧道覆土厚度约为18 m。最小覆土厚度约为6 m。管片拼装衬砌为单洞圆形隧道,采用错缝拼装。

2. 水文地质情况

线隧道穿越范围内主要有粉土、粉质黏土、粉砂层等。

3. 事件经过

施工前,甲公司项目部项目负责人王某要求技术人员李某编制了专项施工方案,该专项施工方案经甲单位技术负责人进行审核后也通过了总监理工程师审查。并召开专家论证会对专项施工方案进行论证,并通过。同时要求安全员赵某按照《城市轨道交通工程质量安全检查指南》编制了盾构法/TBM隧道施工安全检查评分表。

2020年5月11日19时至5月16日8时,右线盾构掘进施工由盾构队长兼盾构司机带领机修人员进行夜班施工。当盾构掘进至10环位置时,机修人员发现盾构机的螺旋输送机运转不正常,并进行了全面检查,在正反转过程中,听到螺旋输送机前下方观察孔附近有异常的摩擦声。凌晨1时左右,螺旋输送机被彻底卡住。盾构队长安排现场值班人员进行维修,初步判断原因为,刀盘已进入地道下部旋喷桩加固区域,螺旋输送机中有异物卡住了螺旋输送杆,导致渣土被堵。考虑到盾构机处在地道下部不宜停机过久,故决定拆开螺旋输送机前下方观察孔盖板取出异物及时恢复掘进的处理方案。早晨8时许,盖板拆除完毕。在拆卸观察口盖板过程中,观察孔四周无异样,只有少许渣土掉出。通过观察,发现螺旋输送杆叶片之间夹着一个水泥土混合物固结块并取出。同时发现螺旋机下部叶片之间还有异物存在,随即处理第二块异物,在处理过程中忽然从观察孔发生突泥涌水现象,洞内人员立即在观察孔堵塞棉纱、棉被,并用方木及型钢进行支撑、封堵观察口盖板。由于水土压力大,未能得到有效封堵,其间仍有泥沙流出。

项目经理接到通知后,马上到现场查看情况。当项目经理到达现场进入掌子面后,发现漏水相当严重,现场流出大量泥沙,当时条件下已无法安装观察孔盖板,便紧急在现场安排启动项目应急预案,并交代现场人员注意安全后向上级公司进行了汇报,同时也向业主、监理单位进行了汇报。

4. 应急处置

2020年5月16日上午启动应急抢险系统后,应急抢险作业主要分为三个抢险作业面实施应急抢险。最终造成盾构机被掩埋,未造成人员伤亡的安全事故。

常见考点

1. 地铁施工中常见的安全风险类型主要有坍塌、垮塌、渗漏、沉降、洪水水灾、机械伤害、火灾、高处坠落、物体打击、车辆伤害等。其中，坍塌的造成原因可能为支护措施不及时、土方开挖操作不当、施工期间地质情况突变等；垮塌的造成原因可能为不严格按照方案施工、围护结构的入土深度不足、外力撞击基坑内支撑、基坑体系验算不合格等；渗漏的造成原因可能为防水设计及材料、周围地质环境、围护结构防水、结构埋深等出现问题；沉降的造成原因可能为地下水流失、掌子面失稳、地层应力释放等。

2. 事故的直接原因：

(1) 盾构队长违规操作。由于地质条件复杂，造成螺旋机被水泥土混合物固结块卡住，无法运转，盾构队长在严重违背《盾构机操作说明书》中的相关规定和不了解打开观察孔盖板将出现涌水隐患的情况下，擅自安排现场值班人员打开螺旋机观察孔，导致发生地下水喷涌。

(2) 现场抢救措施不到位。观察孔盖板打开后，现场未采取有效的控制措施，致使土仓内的水和泥沙流失过多，造成土仓压力失衡发生喷涌事故。

3. 盾构法的优点有掘进速度快、不影响地面交通和设施、不受季节风雨影响等。

盾构法的缺点有前期准备工作太长、不经济、风险大等。

提示

关于盾构法优缺点的具体内容，可详见内文。

4. 盾构法/TBM 隧道施工安全检查评分表中的检查项目包括：选型；施工方案；安装调试；始发/接收；掘进施工；隧道施工运输；开仓与刀具更换；洞门及联络通道施工；管片堆放与管片拼装；安全防护与保护措施；施工监测。

同步自测

一、单项选择题(每题的备选项中，只有 1 个最符合题意)

1. 地铁车站施工方法有很多种，(　　)具有施工简单、方便，能够提供作业面多、速度快、工期短、工程质量易保证和工程造价低等特点。

A. 盖挖法　　B. 暗挖法

C. 明挖法　　D. 盾构法

2. 浅埋暗挖法按照“十八字”原则，即(　　)进行隧道的设计和施工。

A. 管超前、严注浆、短开挖、强支护、快封闭、勤量测

B. 管超前、严注浆、长开挖、强支护、快封闭、勤量测

C. 管超前、严注浆、短开挖、强支护、慢封闭、勤量测

D. 管超后、严注浆、短开挖、强支护、快封闭、勤量测

3. 新奥法是采用以(　　)和钢支撑为主要支护手段，通过对围岩和支护结构的监控、测量进行施工指导的暗挖方法。

A. 重力式挡墙　　B. 扶壁式挡墙

C. 锚杆、喷射混凝土　　D. 土钉墙、挂网

4. 盾构机所用高压电缆应埋地敷设，埋地深度不应小于(　　)。

A. 0.5 m　　B. 0.6 m

C. 0.7 m　　D. 1.0 m

5. 根据《城市轨道交通地下工程建设风险管理规范》，工程建设风险管理应由(　　)负责组织和实施，并以合同约定建设各方的风险管理责任。

A. 施工单位　　B. 监理单位

C. 当地建设行政主管部门　　D. 建设单位

6. 根据《城市轨道交通地下工程建设风险管理规范》，工程施工风险管理中宜采用(　　)。

A. 定性风险分析方法

B. 定量风险分析方法

C. 综合风险分析方法

D. 定量风险分析方法，并辅以综合风险分析方法

二、案例分析题

某中铁建设公司承揽了A市中铁投资公司发包的地铁隧道工程。工程开工前，双方签订了施工总承包合同，同时为保障地铁隧道工程建设的安全稳定，并在合同中约定了建设各方的风险管理责任。

中铁建设公司项目部负责人王某安排技术员张某编制了施工方案和工程施工风险实施细则。编制完成后，张某随即组织项目部相关管理人员和作业人员进行了培训学习。

2020年10月11日上午，隧道工程采用盖挖逆作法进行施工，完成开挖作业后，王某组织项目部技术员、施工员、安全员和测量员进行现场检查和自验。

13时左右，开始进行隧道开挖断面验收。14时左右，完成隧道断面验收。14时50分左右，隧道监理人员和项目相关人员一起进隧道检测断面。15时40分左右，完成断面检测。随后，项目部负责人通知作业班组进隧道进行一次支护。16时30分左右，支护班组共计8人进入施工作业面，其中3人对岩面进行人工排险，约17时30分完成排险后，支护班作业人员在隧道内进行钢拱架安装支护。完成工作平台搭建后，21时左右，平台上方的隧道顶板不规则楔形围岩突然冒落，造成工作面6人被困，工作平台被砸垮。

事故发生后，项目部安全员随即报告给项目部负责人，项目部负责人接到事故报告后，立即启动事故应急救援预案，组织项目部人员开展施救，同时将该事故及时进行了上报，并拨打了120、119。2时30分，6名被困者相继被救出，经确认已死亡。

此次事故共造成6人死亡，伤亡事故经济损失共计271万元。具体包括：丧葬及抚恤费用30万元，伤亡补助及救济费用70万元，现场抢救费用3万元，清理现场费用2元，停产损失15万元，事故现场损坏设备设施共计50万元，事故罚款和赔偿费用100万元，处理环境污染的损失1万元。

根据以上场景，回答下列问题(1~2题为单选题，3~5题为多选题)：

1. 根据《生产安全事故报告和调查处理条例》，本起事故属于(　　)。

A. 特别重大事故　　B. 重大事故

C. 较大事故　　D. 一般事故

E. 一类事故

2. 此次事故的间接经济损失为(　　)。

A. 16万元　　B. 18万元

C. 100万元　　D. 105万元

E. 116万元

3. 根据《生产安全事故报告和调查处理条例》，事故报告的内容应包括(　　)。

A. 事故发生的时间、地点以及事故现场情况

B. 事故发生单位概况

C. 事故的简要经过
D. 事故发生的原因和事故性质
E. 已经采取的措施

4. 城市轨道交通地下工程施工风险管理应完成的工作有(　　)。
A. 建设各方施工风险分析及职责划分
B. 制定现场工程建设风险管理实施制度
C. 编制关键节点工程建设风险管理专项文件
D. 建设风险的分类
E. 编制突发事件或事故应急预案

5. 盖挖逆作法具有的优点有(　　)。
A. 占用地面时间短　　B. 施工安全系数高
C. 施工工序简单　　D. 施工作业环境好
E. 交叉作业较少

答案详解

一、单项选择题

1. C。【解析】明挖法具有施工简单、方便,能够提供作业面多、速度快、工期短、工程质量易保证和工程造价低等特点。
2. A。【解析】浅埋暗挖法是指在城市软弱围岩地层中,在浅埋条件下修建地下工程,以改造地质条件为前提,以控制地表沉降为重点,以格栅(或其他钢结构)和锚喷作为初期支护手段,遵循"新奥法"大部分原理,按照"十八字"原则(即管超前、严注浆、短开挖、强支护、快封闭、勤量测)进行隧道的设计和施工。无水作业是浅埋暗挖的前提条件。浅埋暗挖施工必须"先注浆,后开挖,注浆一段,开挖一段"。浅埋暗挖法适应性较广,适用于结构埋置较浅、地面建筑物密集、交通运输繁忙、地下管线密布及对地面沉降要求严格的城镇地区地下构筑物施工以及土层松散不稳定、岩层软弱破碎施工。
3. C。【解析】新奥法是指利用围岩的自承能力和开挖面的空间约束作用,采用以锚杆、喷射混凝土和钢支撑为主要支护手段,及时对围岩进行加固,约束围岩的松弛和变形,并通过对围岩和支护结构的监控、测量进行施工指导的暗挖方法。
4. C。【解析】盾构机所用高压电缆应埋地敷设,埋地深度不应小于0.7 m。
5. D。【解析】《城市轨道交通地下工程建设风险管理规范》规定,工程建设风险管理应由建设单位负责组织和实施,并以合同约定建设各方的风险管理责任。建设单位在编制概算时,应确定建设风险管理的专项费用,做到风险处置措施费专款专用。
6. C。【解析】《城市轨道交通地下工程建设风险管理规范》规定,工程规划和可行性研究风险管理中宜采用定性风险分析方法,并辅以定量风险分析方法。工程勘察与设计风险管理中宜采用定量风险分析方法,并辅以综合风险分析方法。工程施工风险管理中宜采用综合风险分析方法。

二、案例分析题

1. C。【解析】《生产安全事故报告和调查处理条例》第三条规定,根据生产安全事故(以下简称事故)造成的人员伤亡或者直接经济损失,事故一般分为以下等级:(1)特别重大事故,是指造成30人以上死亡,或者100人以上重伤(包括急性工业中毒,下同),或者1亿元以上直接经济损失的事故。(2)重大事故,是指造成10人以上30人以下死亡,或者50人以上100人以下重伤,或者5 000万元以上1亿元以下直接经济损失的事故。(3)较大事故,是指造成3人以上10人以下死亡,或者10人以上50人以下重伤,或者1 000万元以上5 000万元以下直接经济损失的事故。(4)一般事故,是指造成3人以下死亡,或者10人以下重伤,或者1 000万元以下直接经济损失的事故。国务院安全生产监督管理部门可以会同国务院有关部门,制定事故等级划分的补充性规定。本条第一款所称的“以上”包括本数,所称的“以下”不包括本数。

提示

该考点主要以单选题形式进行考查。根据案例背景,此次事故共造成6人死亡,伤亡事故直接经济损失不足1 000万元,属于较大事故。

2. A。**【解析】**《企业职工伤亡事故经济损失统计标准》规定,伤亡事故经济损失指企业职工在劳动生产过程中发生事故所引起的一切经济损失,包括直接经济损失和间接经济损失。直接经济损失指因事故造成人身伤亡及善后处理支出的费用和毁坏财产的价值。间接经济损失指因事故导致产值减少、资源破坏和受事故影响而造成其他损失的价值。直接经济损失的统计范围:(1)人身伤亡后所支出的费用:医疗费用(含护理费用)、丧葬及抚恤费用、补助及救济费用、歇工工资。(2)善后处理费用:处理事故的事务性费用、现场抢救费用、清理现场费用、事故罚款和赔偿费用。(3)财产损失价值:固定资产损失价值、流动资产损失价值。间接经济损失的统计范围:(1)停产、减产损失价值。(2)工作损失价值。(3)资源损失价值。(4)处理环境污染的费用。(5)补充新职工的培训费用。(6)其他损失费用。

提示

该考点主要以单选题形式进行考查。根据案例背景,停产损失15万元,处理环境污染的损失为1万元,属于间接经济损失的统计范围。故间接经济损失为16万元。

3. ABCE。**【解析】**《生产安全事故报告和调查处理条例》第十二条规定,报告事故应当包括下列内容:(1)事故发生单位概况。(2)事故发生的时间、地点以及事故现场情况。(3)事故的简要经过。(4)事故已经造成或者可能造成的伤亡人数(包括下落不明的人数)和初步估计的直接经济损失。(5)已经采取的措施。(6)其他应当报告的情况。选项D属于事故调查报告的内容。

4. ABCE。**【解析】**《城市轨道交通地下工程建设风险管理规范》规定,城市轨道交通地下工程施工风险管理应完成以下工作:(1)建设各方施工风险分析及职责划分。(2)制定现场工程建设风险管理实施制度。(3)编制关键节点工程建设风险管理专项文件。(4)编制突发事件或事故应急预案。

5. AB。**【解析】**盖挖法是在交通流量大的市区修建浅埋地铁车站的一种有效方法。盖挖顺作法对地面交通影响的时间短、造价较低、工程难度不大、作业环境较好、结构防水可靠,适用于地层较稳定、一般挖深的双层地铁车站。盖挖逆作法通常以结构顶板代替临时路面,在其上覆土后即可恢复地面交通,在顶板的下面自上而下分层开挖基坑和施作结构。具有占用地面时间短、施工组织灵活、施工安全系数较高等优点,缺点是施工时交叉作业较多、施工工序复杂、施工作业环境较差。

第八章 专项工程施工安全

考情解读 

考纲要求

掌握钢结构工程、建筑幕墙工程、机电安装工程、装饰装修工程、有限空间作业、拆除工程等专项工程安全技术要点。掌握危险性较大的分部分项工程的范围和安全技术要求。运用建筑施工安全技术和相关标准，分析专项工程施工过程中的危险、有害因素，制定相应的安全技术措施。

命题分析

本章知识点主要以选择题形式进行考查，每年基本考查1道选择题，案例分析题会涉及危险性较大的分部分项工程施工安全技术，其他内容则较少涉及。本章内容包括钢结构工程施工安全技术、建筑幕墙工程施工安全技术、机电安装工程施工安全技术、装饰装修工程施工安全技术、有限空间作业安全技术、拆除工程施工安全技术以及危险性较大的分部分项工程施工安全技术。

历年真题主要考查危险性较大的分部分项工程施工安全技术专项施工方案的相关内容；危险性较大的分部分项工程范围和超过一定规模的危险性较大的分部分项工程的范围的相关规定；有限空间作业的主要安全风险；拆除工程的安全技术等。

因此，危险性较大的分部分项工程施工安全技术和有限空间作业安全技术应重点掌握。

考点解读

考点一 钢结构工程施工安全技术

钢结构工程实施前，应有经施工单位技术负责人审批的施工组织设计、与其配套的专项施工方案等技术文件，并按有关规定报送监理工程师或业主代表；重要钢结构工程的施工技术方案和安全应急预案，应组织专家评审。施工时，应为作业人员提供符合国家现行有关标准规定的合格劳动保护用品，并应培训和监督作业人员正确使用。

（一）高处坠落事故安全防护技术

《钢结构工程施工规范》规定，搭设登高脚手架应符合现行行业标准《建筑施工扣件式钢管脚手架安全技术规范》和《建筑施工碗扣式钢管脚手架安全技术规范》的有关规定；当采用其他登高措施时，应进行结构安全计算。

多层及高层钢结构施工应采用人货两用电梯登高，对电梯尚未到达的楼层应搭设合理的安全登高设施。

钢柱吊装松钩时，施工人员宜通过钢挂梯登高，并应采用防坠器进行人身保护。钢挂梯应预先与钢柱可靠连接，并应随柱起吊。

钢结构安装所需的平面安全通道应分层平面连续搭设。

钢结构施工的平面安全通道宽度不宜小于600 mm,且两侧应设置安全护栏或防护钢丝绳。

在钢梁或钢桁架上行走的作业人员应佩戴双钩安全带。

《建筑施工高处作业安全技术规范》规定,钢结构安装时,应使用梯子或其他登高设施攀登作业。坠落高度超过2 m时,应设置操作平台。

构件吊装和管道安装时的悬空作业应符合下列规定:钢结构吊装,构件宜在地面组装,安全设施应一并设置;吊装钢筋混凝土屋架、梁、柱等大型构件前,应在构件上预先设置登高通道、操作立足点等安全设施;在高空安装大模板、吊装第一块预制构件或单独的大中型预制构件时,应站在作业平台上操作;钢结构安装施工宜在施工层搭设水平通道,水平通道两侧应设置防护栏杆;当利用钢梁作为水平通道时,应在钢梁一侧设置连续的安全绳,安全绳宜采用钢丝绳;钢结构、管道等安装施工的安全防护宜采用工具化、定型化设施。

用于钢结构封闭防护的平网,应符合下列规定:平网每个系结点上的边绳应与支撑架靠紧,边绳的断裂张力不得小于7 kN,系绳沿网边应均匀分布,间距不得大于750 mm;电梯井内平网网体与井壁的空隙不得大于25 mm,安全网拉结应牢固。

(二)触电事故安全防护技术

《钢结构工程施工规范》规定,焊接时,作业区环境温度、相对湿度和风速等应符合下列规定,当超出本条规定且必须进行焊接时,应编制专项方案:作业环境温度不应低于-10 ℃;焊接作业区的相对湿度不应大于90%;当手工电弧焊和自保护药芯焊丝电弧焊时,焊接作业区最大风速不应超过8 m/s;当气体保护电弧焊时,焊接作业区最大风速不应超过2 m/s。

《施工现场机械设备检查技术规范》规定,现场使用的电焊机,应设有防雨、防潮、防晒、防砸的机棚,并应装设相应的消防器材。

焊接区域及焊渣飞溅范围内不得有易燃易爆物品。

电焊机导线应具有良好的绝缘,绝缘电阻不得小于0.5 MΩ,接地线接地电阻不得大于4 Ω;接线部分不得有腐蚀和受潮。

电焊钳应有良好的绝缘和隔热性能;电焊钳握柄绝缘应良好,握柄和导线连接应牢靠,接触应良好。

电焊机的二次线应采用防水橡皮护套铜芯软电缆,电缆长度不宜大于30 m,一次线长度不宜大于5 m,电焊机必须设单独的电源开关和自动断电装置,应配装二次侧空载降压器。两侧接线应压接牢固,必须安装可靠防护罩。

在载荷运行中,电焊机的温升值应在60~80 ℃范围内。

安全防护装置应齐全有效;漏电保护器参数应匹配,安装应正确,动作应灵敏可靠;接零应良好。

各气体瓶压力表应在有效检定期内。焊机内外应整洁,不应有明显锈蚀;各部件连接螺栓应紧固牢靠,不应有缺损;机架、机壳、盖罩不应有变形、开焊和开裂;行走轮及牵引件应完整,行走轮润滑应良好;焊接机械的零部件应完整,不应有缺损。

提示

关于触电事故安全防护技术相关内容还可参考《施工现场临时用电安全技术规范》进行学习，见“第三章　建筑施工临时用电安全”相关内容。

（三）起重伤害事故安全防护技术

《钢结构工程施工规范》规定，起重吊装机械应安装限位装置，并应定期检查。安装和拆除塔式起重机时，应有专项技术方案。群塔作业应采取防止塔吊相互碰撞措施。塔吊应有良好的接地装置。采用非定型产品的吊装机械时，必须进行设计计算，并应进行安全验算。

吊装区域应设置安全警戒线，非作业人员严禁入内。吊装物吊离地面 200～300 mm 时，应进行全面检查，并应确认无误后再正式起吊。当风速达到 10 m/s 时，宜停止吊装作业；当风速达到 15 m/s 时，不得吊装作业。高空作业使用的小型手持工具和小型零部件应采取防止坠落措施。施工现场应有专业人员负责安装、维护和管理用电设备和电线路。每天吊至楼层或屋面上的构件未安装完时，应采取牢靠的临时固定措施。压型钢板表面有水、冰、霜或雪时，应及时清除，并应采取相应的防滑保护措施。

《建筑施工起重吊装工程安全技术规范》规定，高空吊装屋架、梁和采用斜吊绑扎吊装柱时，**应在构件两端绑扎溜绳**，由操作人员控制构件的平衡和稳定。

当采用双机抬吊时，宜选用同类型或性能相近的起重机，负载分配应合理，单机载荷不得超过额定起重量的 80%。两机应协调工作，起吊的速度应平稳缓慢。

吊点设置和构件绑扎应符合下列规定：

（1）当构件无设计吊环（点）时，应通过计算确定绑扎点的位置。绑扎方法应可靠，且摘钩应简便安全。

（2）当绑扎竖直吊升的构件时，应符合下列规定：**绑扎点位置应略高于构件重心**；在柱不翻身或吊升中不会产生裂缝时，可采用斜吊绑扎法；天窗架宜采用四点绑扎。

（3）当绑扎水平吊升的构件时，应符合下列规定：绑扎点应按设计规定设置。无规定时，最外吊点应在距构件两端 1/5～1/6 构件全长处进行对称绑扎；各支吊索内力的合力作用点应处在构件重心线上；**屋架绑扎点宜在节点上或靠近节点**。

（4）绑扎应平稳、牢固，绑扎钢丝绳与物体间的水平夹角应为：构件起吊时不得小于 45°；构件扶直时不得小于 60°。

链接

起重吊装的“十不吊”分别是信号不明不准吊、斜牵斜挂不准吊、吊物重量不明或超负荷不准吊、散物捆扎不牢或物料装放过满不准吊、吊物上有人不准吊、埋在地下物不准吊、安全装置失灵或带病不准吊、现场光线阴暗看不清吊物起落点不准吊、棱刃物与钢丝绳直接接触无保护措施不准吊、六级以上强风不准吊。

考点二　建筑幕墙工程施工安全技术

（一）高处坠落事故安全防护技术

脚手板应铺设牢靠、严实，并应用安全网双层兜底。施工层以下每隔 10 m 应用安全网封闭。

单、双排脚手架、悬挑式脚手架沿架体外围应用密目式安全网全封闭，密目式安全网宜设置在脚手架外立杆的内侧，并应与架体绑扎牢固。

连墙件的布置应符合下列规定：应靠近主节点设置，偏离主节点的距离不应大于300 mm；应从底层第一步纵向水平杆处开始设置，当该处设置有困难时，应采用其他可靠措施固定；应优先采用菱形布置，或采用方形、矩形布置。

连墙件中的连墙杆应呈水平设置，当不能水平设置时，应向脚手架一端下斜连接。

对施工作业面可能坠落的物料设置固定措施。

吊篮平台内应保持荷载均衡，不得超载运行。

吊篮正常作业时，人员应从地面进入吊篮内，不得从建筑物顶部、窗口等处或其他孔洞处出入吊篮。

吊篮内的作业人员不得超过2人。吊篮作业人员应经过专业培训，持证上岗。升降作业时其他人员不得在吊篮内停留。

当吊篮施工遇有雨雪、大雾、风沙及8.0 m/s以上大风等恶劣天气时，应停止作业，并应将吊篮平台停放至地面，应对钢丝绳、电缆进行绑扎固定。

在吊篮内进行电焊作业时，应对吊篮设备、钢丝绳、电缆采取保护措施。**不得将电焊机放置在吊篮内**；电焊缆线不得与吊篮任何部位接触；电焊钳不得搭挂在吊篮上。下班后不得将吊篮停留在半空中，应将吊篮放至地面。人员离开、进行吊篮维修或下班后应将主电源切断，并应将电器箱中各开关置于断开位置并加锁。

（二）物体打击事故安全防护技术

作业人员应配备劳动防护用品并正确使用；高处作业使用的工具和零配件等，应采取防坠落措施，严禁上下抛掷。

高层、超高层建筑幕墙施工上方有垂直交叉作业时必须设置水平安全隔离层。

幕墙施工现场人员出入口及人员通道应搭设防护棚。

建筑幕墙施工涉及墙面、屋面、采光顶等时，应搭设水平安全防护网。

考点三　机电安装工程施工安全技术

（一）机电设备和安装安全防护技术

机电安装工程施工应注意以下内容：

（1）电气设备和线路的绝缘必须良好，裸露的带电导体应该安装于碰不着的场所，或者设置安全遮栏和显明的警告标志。

（2）电气设备和装置的金属部分，可能由于绝缘损坏而带电的，必须根据技术条件采取保护性接地或者接零的措施。

（3）电线和电源相接的时候，应该设开关或者插销，不许随便搭挂；露天的开关应该装在特制的箱匣内。

（4）行灯的电压不能超过36 V；在金属容器内或者潮湿场所工作的时候，行灯电压不能超过12 V。

（5）电焊工作物和金属工作台同大地相隔的时候，都要有保护性接地。

（6）电动机械和电气照明设备拆除后，不能留有可能带电的电线。如果电线必须保留，应该将电源切断，并且将线头绝缘。

(7)电气设备和线路都必须符合规格,并且应该进行定期试验和检修。修理的时候,要先切断电源;如果必须带电工作,应该有确保安全的措施。

(8)焊接场所应该保持通风良好。进行电焊、电割和气焊、气割工作前,应该清除工作物和焊接处的易燃物,或者在焊接处所采用防护设施。

(9)一切机械和动力机的机座必须稳固;放置移动式机器的时候,应该防止它由于自重和外部荷重作用引起移动和倾倒。

(10)各种机电设备都应该由经过训练和考试合格的专职人员操纵、装拆或者检修。

(二)手持电动工具安全防护技术

作业前应重点检查下列项目,并应符合相应要求:外壳、手柄不得裂缝、破损;电缆软线及插头等应完好无损,保护接零连接应牢固可靠,开关动作应正常;各部防护罩装置应齐全牢固。

机具启动后,应空载运转,检查并确认机具转动应灵活无阻。作业时,加力应平稳,不得超载使用。作业中,不得用手触摸刃具、模具和砂轮,发现其有磨钝、破损情况时,应立即停机修整或更换。停止作业时,应关闭电动工具,切断电源,并收好工具。

(三)门式作业脚手架安全防护技术

当门式作业脚手架的内侧立杆离墙面净距大于150 mm时,应采取内设挑架板或其他隔离防护的安全措施。门式作业脚手架顶端防护栏杆宜高出女儿墙上端或檐口上端1.5 m。

门式作业脚手架的底层门架下端应设置纵横向扫地杆。纵向通长扫地杆应固定在距门架立杆底端不大于200 mm处的门架立杆上,横向扫地杆宜固定在紧靠纵向扫地杆下方的门架立杆上。

连墙件宜水平设置;当不能水平设置时,与门式作业脚手架连接的一端,应低于建筑结构连接的一端,连墙杆的坡度宜小于1:3。

门式作业脚手架通道口高度不宜大于2个门架高度,对门式作业脚手架通道口应采取加固措施。门式脚手架上下榀门架间应设置锁臂。当采用插销式或弹销式连接棒时,可不设锁臂。

链接

在门式脚手架的顶层门架上部、连墙件设置层、防护棚设置处必须设置水平架。当门架搭设高度小于45 m时,沿脚手架高度,水平架应至少两步一设;当门架搭设高度大于45 m时,水平架应每步一设;无论脚手架多高,均应在脚手架转角处、端部及间断处的一个跨距范围内每步一设。

考点四　装饰装修工程施工安全技术

(一)触电事故安全防护技术

开关箱与用电设备之间应实行"一机、一闸、一漏、一箱"制。

在潮湿场所或金属构架上严禁使用Ⅰ类手持式电动工具,必须选用Ⅱ类或由安全隔离变压器供电的Ⅲ类手持电工具。

室外220 V灯具距地面不得低于3 m,室内220 V灯具距地面不得低于2.5 m。

提示

关于触电事故安全防护技术相关内容还可参考《施工现场临时用电安全技术规范》进行学习，见“第三章　建筑施工临时用电安全”相关内容。

（二）高处坠落事故安全防护技术

高处作业施工前，应按类别对安全防护设施进行检查、验收，验收合格后方可进行作业，并应做验收记录。验收可分层或分阶段进行。

高处作业施工前，应对作业人员进行安全技术交底，并应记录。应对初次作业人员进行培训。

高处作业人员应根据作业的实际情况配备相应的高处作业安全防护用品，并应按规定正确佩戴和使用相应的安全防护用品、用具。

提示

关于高处坠落事故安全防护技术相关内容还可参考《建筑施工高处作业安全技术规范》进行学习，见“第四章　安全防护”相关内容。

（三）木工机械安全防护技术

整机应符合下列规定：机械安装应坚实稳固，保持水平位置；金属结构不应有开焊、裂纹、变形；机构应完整，零部件应齐全，连接应可靠；机械应保持清洁，安全防护装置应齐全可靠，工作台上不得放置杂物；传动系统运转应平稳；操作系统应灵敏可靠，配置操作按钮、手轮、手柄应齐全，反应应灵敏；各仪表指示数据应准确；刀具安装应牢固，定位应准确有效。

安全防护装置应符合下列规定：接零保护设置应正确，接地电阻应符合用电规定；短路保护、过载保护、失压保护装置动作应灵敏有效；漏电保护器参数应匹配，安装应正确，动作应灵敏可靠；外露传动部分防护罩壳应齐全完整，安装应牢靠；防护压板、护罩等安全防护装置应齐全、可靠、有效，指示标志应醒目。

机械操作人员应穿紧口衣裤，并束紧长发，不得系领带和戴手套。

机械安全装置应齐全有效，传动部位应安装防护罩，各部件应连接紧固。

作业后，应切断电源，锁好闸箱，并应进行清理、润滑。

手持电动工具的刀具应保持锋利，并应完好无损；砂轮不得受潮、变形、破裂或接触过油、碱类，受潮的砂轮片不得自行烘干，应使用专用机具烘干。手持电动工具的砂轮和刀具的安装应稳固、配套，安装砂轮的螺母不得过紧。

手持电动工具作业时，加力应平稳，不得超载使用。作业中应注意声响及温升，发现异常应立即停机检查。在作业时间过长，机具温升超过 60 ℃时，应停机冷却。作业中，不得用手触摸刃具、模具和砂轮，发现其有磨钝、破损情况时，应立即停机修整或更换。

使用射钉枪时，应符合下列规定：不得用手掌推压钉管和将枪口对准人；击发时，应将射钉枪垂直压紧在工作面上。当两次扣动扳机，子弹不击发时，应保持原射击位置数秒钟后，再退出射钉弹。

（四）涂装作业安全防护技术

涂装作业的主要安全防护技术措施：

（1）油漆与粉刷作业应制订安全操作规程。作业人员应按安全操作规程进行岗前安全确认，并按相关规定发放个人防护用具。对产生有害蒸气、气体和粉尘的场所或部位应保证通风良好,作业人员应配备防护用品。生石灰加水搅拌时应注意呼吸系统和眼睛的防护。

(2)涂料施工现场禁止明火,并应配备相应的消防设施。涂料库房与建筑物应保持一定的安全距离。

(3)油漆与粉刷作业人员饭前应洗手、洗脸、更衣,不应在作业场所进食。因操作不小心,涂料溅到皮肤上时,可用木屑加肥皂水擦洗。禁止用汽油或其他有机溶剂擦洗。

(4)涂漆施工场地要有良好的通风,如在通风条件不好的环境涂漆时,应安装通风设备。如发生头痛、恶心、心闷和心悸等,应停止作业,立即就诊,并向医护人员出示有关化学品标签。

(5)涂刷溶剂型耐酸、耐腐蚀、防水涂料或使用其他有毒涂料时,应戴防毒口罩。使用机械除锈工具(如钢丝刷、粗挫、风动或电动除锈工具)清除锈层、旧漆膜以及用砂纸打磨基层时应戴防尘口罩。

(6)配制、贮存、涂刷溶剂涂料的地点严禁烟火,进行电焊、气焊等明火作业时,30 m范围内进行严格清理。

(五)火灾事故安全防护技术

临时用电设备必须安装过载保护装置,电闸箱内不准使用易燃、可燃材料。严禁超负荷使用电气设备。施工现场存放易燃、可燃材料的库房、木材加工场所、油漆配料房及防水作业场所不得使用明露高热的强光源。

电焊工、气焊工从事电气设备安装和电、气焊切割作业时,要有操作证和动火证并配备看火人员和灭火器具,动火前,要清除周围的易燃、可燃物,必要时采取隔离等措施,作业后必须确认无火源隐患方可离去。动火证当日有效并按规定开具,动火地点变换,要重新办理动火证手续。

氧气瓶、乙炔瓶工作间距不小于 5 m,两瓶与明火作业距离不小于 10 m。气瓶应储存于库房内,易燃易爆品库房内应通风良好,满足防火防爆要求。

从事油漆或防火施工等危险作业时,要有具体的防火要求和措施,必要时派专人看护。

施工现场使用的大眼安全网、密目式安全网、密目式防尘网、保温材料,必须符合消防安全规定,不得使用易燃、可燃材料。

项目部应根据工程规模、施工人数,建立相应的消防组织,配备足够的义务消防人员。

施工现场动火作业必须执行动火审批制度。

链接

除了上述内容外,还需要掌握火灾事故安全防护技术的下列内容:

(1)现场应划分用火作业区,易燃、易爆材料区和生活区,保持应有的防火间距。

(2)吊顶易燃材料安装前应完成吊顶内管道安装的焊接作业。

(3)不准在工程内或库房内稀释易燃、易爆液体。

考点五　有限空间作业安全技术

(一)有限空间的定义、特点和分类

有限空间是指封闭或部分封闭、进出口受限但人员可以进入,未被设计为固定工作场所,通风不良,易造成有毒有害、易燃易爆物质积聚或氧含量不足的空间。有限空间一般具备以下特点:

(1)空间有限,与外界相对隔离。有限空间是一个有形的,与外界相对隔离的空间。有限空间既可以是全部封闭的,如各种检查井、反应釜,也可以是部分封闭的,如敞口的污水处理池等。

(2)进出口受限或进出不便,但人员能够进入开展有关工作。有限空间限于本身的体积、形状和构造,进出口一般与常规的人员进出通道不同,大多较为狭小,如直径80 cm的井口或直径60 cm的入孔;或进出口的设置不便于人员进出,如各种敞口池。虽然进出口受限或进出不便,但人员可以进入其中开展工作。如果开口尺寸或空间体积不足以让人进入,则不属于有限空间,如仅设有观察孔的储罐、安装在墙上的配电箱等。

(3)未按固定工作场所设计,人员只是在必要时进入有限空间进行临时性工作。有限空间在设计上未按照固定工作场所的相应标准和规范,考虑采光、照明、通风和新风量等要求,建成后内部的气体环境不能确保符合安全要求,人员只是在必要时进入进行临时性工作。

(4)通风不良,易造成有毒有害、易燃易爆物质积聚或氧含量不足。有限空间因封闭或部分封闭、进出口受限且未按固定工作场所设计,内部通风不良,容易造成有毒有害、易燃易爆物质积聚或氧含量不足,产生中毒、燃爆和缺氧风险。

有限空间分为地下有限空间、地上有限空间和密闭设备三类,其相应范围如表8-1所示。

表8-1 有限空间分类

类型	内容
地下有限空间	地下室、地下仓库、地下工程、地下管沟、暗沟、隧道、涵洞、地坑、深基坑、废井、地窖、检查井室、沼气池、化粪池、污水处理池等
地上有限空间	酒糟池、发酵池、腌渍池、纸浆池、粮仓、料仓等
密闭设备	船舱、贮(槽)罐、车载槽罐、反应塔(釜)、窑炉、炉膛、烟道、管道及锅炉等

(二)有限空间作业的定义、分类和危害特性

有限空间作业,是指人员进入有限空间实施作业。常见的有限空间作业主要有:清除、清理作业;设备设施的安装、更换、维修等作业;涂装、防腐、防水、焊接等作业;巡查、检修等作业。

有限空间作业按作业频次,可分为经常性作业和偶发性作业;按作业主体,可分为自行作业和发包作业。

有限空间作业危害特性,下面以典型例题的形式进行讲解。

典型例题

【单选题】某工程污水管井施工作业前,项目部对井内有毒有害气体进行检测,检测结果显示无危险。在作业过程中,井内瞬间涌出大量有毒气体,造成人员急性中毒。该起事故反映出有限空间作业危害的特性是(　　)。

A. 可预防性　　B. 多样性

C. 持续性　　D. 突发性

D。**【解析】**有限空间作业危害特性包括可预防性、多样性、突发性、隐蔽性等。开始进入有限空间检测时无危险,但是在作业过程中突然涌出大量的有毒气体,造成人员急性中毒,反映出有限空间作业危害的突发性。

（三）有限空间作业的主要安全风险

有限空间作业存在的主要安全风险包括中毒、缺氧窒息、燃爆以及淹溺、高处坠落、触电、物体打击、机械伤害、灼烫、坍塌、掩埋、高温高湿等。在某些环境下，上述风险可能共存，并具有隐蔽性和突发性。

1. 中毒

有限空间内存在或积聚有毒气体，作业人员吸入后会引起化学性中毒，甚至死亡。常见的有毒物质有硫化氢、一氧化碳、苯和苯系物、氰化氢、磷化氢、氨气、氮氧化物、二氧化硫等。常见的有毒物质特性如表 8-2 所示。

表 8-2　常见的有毒物质及其特性

中毒风险的典型物质	物质的特性
硫化氢	硫化氢是一种无色、剧毒气体，比空气重，易积聚在低洼处。硫化氢易燃，与空气混合能形成爆炸性混合气体，遇明火、高热等点火源将引发燃烧爆炸。低浓度的硫化氢有明显的臭鸡蛋气味，可被人敏感地发觉；浓度增高时，人会产生嗅觉疲劳或嗅神经麻痹而不能觉察硫化氢的存在；当浓度超过 1 000 mg/m^3 时，数秒内即可致人闪电型死亡
一氧化碳	一氧化碳是一种无色无味的气体，比重与空气相当。一氧化碳与血红蛋白的亲和力比氧与血红蛋白的亲和力高 200～300 倍，因此**一氧化碳极易与血红蛋白结合，形成碳氧血红蛋白，使血红蛋白丧失携氧的能力和作用，造成组织窒息，甚至导致人员死亡**。一氧化碳易燃，与空气混合能形成爆炸性混合气体，遇明火、高热等点火源将引发燃烧爆炸。含碳燃料的不完全燃烧和焊接作业是一氧化碳的主要来源
苯和苯系物	苯、甲苯、二甲苯都是无色透明、有芬芳气味、易挥发的有机溶剂；易燃，其蒸气与空气混合能形成爆炸性混合物。苯可引起各类型白血病，国际癌症研究中心已确认苯为人类致癌物。甲苯、二甲苯蒸气也均具有一定毒性，对黏膜有刺激性，对中枢神经系统有麻痹作用。短时间内吸入较高浓度的苯、甲苯和二甲苯，人体会出现头晕、头痛、恶心、呕吐、胸闷、四肢无力、步态蹒跚和意识模糊，严重者出现烦躁、抽搐、昏迷症状
氰化氢	氰化氢在常温下是一种无色、有苦杏仁味的液体，易在空气中挥发、弥散（沸点为 25.6 ℃），剧毒且具有爆炸性。氰化氢轻度中毒主要表现为胸闷、心悸、心率加快、头痛、恶心、呕吐、视物模糊；重度中毒主要表现为深昏迷状态，呼吸浅快，阵发性抽搐，甚至强直性痉挛
磷化氢	磷化氢是一种有类似大蒜气味的无色气体，剧毒且极易燃烧。磷化氢主要损害人体神经系统、呼吸系统及心脏、肾脏、肝脏。10 mg/m^3 接触 6 h，人体就会出现中毒症状

2. 缺氧窒息

空气中氧含量的体积分数约为 20.9%，氧含量低于 19.5% 时就是缺氧。缺氧会对人体多个系统及脏器造成影响，甚至使人致命。空气中氧气含量不同，对人体的影响也不同，不同氧气含量对人体的影响如表 8-3 所示。

表 8-3 不同氧气含量对人体的影响

氧气含量(体积浓度)/%	对人体的影响
15～19.5	体力下降，难以从事重体力劳动，动作协调性降低，易引发冠心病、肺病等
12～14	呼吸加重，频率加快，脉搏加快，动作协调性进一步降低，判断能力下降
10～12	呼吸加重、加快，几乎丧失判断能力，嘴唇发紫
8～10	精神失常，昏迷，失去知觉，呕吐，脸色死灰
6～8	4～5 min 通过治疗可恢复，6 min 后 50% 致命，8 min 后 100% 致命
4～6	40 s 内昏迷、痉挛，呼吸减缓、死亡

有限空间内缺氧主要有四种情形：一是由于生物的呼吸作用或物质的氧化作用，有限空间内的氧气被消耗导致缺氧；二是有限空间内长期通风不良，氧含量偏低；三是有限空间内存在二氧化碳、甲烷、氮气、氩气、水蒸气和六氟化硫等单纯性窒息气体，排挤氧空间，使空气中氧含量降低，造成缺氧；四是有限空间内存在的物质发生耗氧性化学反应，如燃烧、生物的有氧呼吸等。

二氧化碳是引发有限空间环境缺氧最常见的物质，其来源主要为空气中本身存在的二氧化碳，以及在生产过程中作为原料使用以及有机物分解、发酵等产生的二氧化碳。当二氧化碳含量超过一定浓度时，人的呼吸会受影响。**吸入高浓度二氧化碳时，几秒内人会迅速昏迷倒下，更严重者会出现呼吸、心跳停止及休克，甚至死亡。**

甲烷是天然气和沼气的主要成分，既是易燃易爆气体，也是一种单纯性窒息气体。甲烷的来源主要为有机物分解和天然气管道泄漏。甲烷的爆炸极限为 5.0%～15.0%。当空气中甲烷浓度达 25%～30% 时，可引起头痛、头晕、乏力、注意力不集中、呼吸和心跳加速等，若不及时远离，可致人窒息死亡。甲烷燃烧产物为一氧化碳和二氧化碳，也可引起中毒或缺氧。

氮气是空气的主要成分，其化学性质不活泼，常用作保护气防止物体暴露于空气中被氧化，或用作工业上的清洗剂置换设备中的危险有害气体等。常压下氮气无毒，当作业环境中氮气浓度增高，可引起单纯性缺氧窒息。吸入高浓度氮气，人会迅速昏迷、因呼吸和心跳停止而死亡。

氩气是一种无色无味的惰性气体，作为保护气被广泛用于工业生产领域，通常用于焊接过程中防止焊接件被空气氧化或氮化。常压下氩气无毒，当作业环境中氩气浓度增高，会引发人单纯性缺氧窒息。氩气含量达到 75% 以上时可在数分钟内导致人员窒息死亡。液态氩可致皮肤冻伤，眼部接触可引起炎症。

3. 燃爆

有限空间中积聚的易燃易爆物质与空气混合形成爆炸性混合物，若混合物浓度达到其爆炸极限，遇明火、化学反应放热、撞击或摩擦火花、电气火花、静电火花等点火源时，就会发生燃爆事故。有限空间作业中常见的易燃易爆物质有甲烷、氢气等可燃性气体以及铝粉、玉米淀粉、煤粉等可燃性粉尘。

链接

燃爆对人体的危害：

(1)燃烧，产生的高温致使皮肤和呼吸道灼伤；产生的有毒物质可致中毒(脏器和生理系统损伤)。

(2)爆炸，产生的冲击波引起冲击伤；冲击波产生的物体碎片或碎石可使人体刮伤。

4. 其他安全风险

有限空间内还可能存在淹溺、高处坠落、触电、物体打击、机械伤害、灼烫、坍塌、掩埋和高温高湿等安全风险。

(1)淹溺。作业过程中突然涌入大量液体,以及作业人员因发生中毒、窒息、受伤或不慎跌入液体中,都可能造成人员淹溺。发生淹溺后人体常见的表现有:面部和全身青紫、烦躁不安、抽筋、呼吸困难、吐带血的泡沫痰、昏迷、意识丧失、呼吸心搏停止。

(2)高处坠落。许多有限空间进出口距底部超过 2 m,一旦人员未佩戴有效坠落防护用品,在进出有限空间或作业时有发生高处坠落的风险。高处坠落可能导致四肢、躯干、腰椎等部位受冲击而造成重伤致残,或是因脑部或内脏损伤而致命。

(3)触电。有限空间作业过程中使用电钻、电焊等设备可能存在触电的危险。当通过人体的电流超过一定值(感知电流)时,人就会产生痉挛,不能自主脱离带电体;当通过人体的电流超过 50 mA,就会使人呼吸和心脏停止而死亡。

(4)物体打击。有限空间外部或上方物体掉入有限空间内,以及有限空间内部物体掉落,可能对作业人员造成人身伤害。

(5)机械伤害。有限空间作业过程中可能涉及机械运行,如未实施有效关停,人员可能因机械的意外启动而遭受伤害,造成外伤性骨折、出血、休克、昏迷,严重的会直接导致死亡。

(6)灼烫。有限空间内存在的燃烧体、高温物体、化学品(酸、碱及酸碱性物质等)、强光、放射性物质等因素可能造成人员烧伤、烫伤和灼伤。

(7)坍塌。有限空间在外力或重力作用下,可能因超过自身强度极限或因结构稳定性破坏而引发坍塌事故。人员被坍塌的结构体掩埋后,会因压迫导致伤亡。

(8)掩埋。当人员进入粮仓、料仓等有限空间后,可能因人员体重或所携带工具重量导致物料流动而掩埋人员,或者人员进入时未有效隔离,导致物料的意外注入而将人员掩埋。人员被物料掩埋后,会因呼吸系统阻塞而窒息死亡,或因压迫、碾压而导致死亡。

(9)高温高湿。长时间在温度过高、湿度很大的环境的作业,可能会导致人体机能严重下降。高温高湿环境可使作业人员感到热、渴、烦、头晕、心慌、无力、疲倦等不适感,甚至导致人员发生热衰竭、失去知觉或死亡。

(四)有限空间作业的安全管理措施

有限空间作业安全管理措施内容包括:

(1)建立健全有限空间作业安全管理制度。

安全管理制度主要包括安全责任制度、作业审批制度、作业现场安全管理制度、相关从业人员安全教育培训制度、应急管理制度等。有限空间作业安全管理制度应纳入单位安全管理制度体系统一管理,可单独建立也可与相应的安全管理制度进行有机融合。

(2)辨识有限空间并建立健全管理台账。

存在有限空间作业的单位应根据有限空间的定义,辨识本单位存在的有限空间及其安全风险,确定有限空间数量、位置、名称、主要危险有害因素、可能导致的事故及后果、防护要求、作业主体等情况,建立有限空间管理台账并及时更新。

(3)设置安全警示标志或安全告知牌。

对辨识出的有限空间作业场所,应在显著位置设置安全警示标志或安全告知牌,以提醒人员增强风险防控意识并采取相应的防护措施。

(4)**开展相关人员有限空间作业安全专项培训**。

单位应对有限空间作业分管负责人、安全管理人员、作业现场负责人、监护人员、作业人员、应急救援人员进行明确和专项安全培训。参加培训的人员应在培训记录上签字确认,单位应妥善保存培训相关材料。

培训内容主要包括:**有限空间作业安全基础知识,有限空间作业安全管理,有限空间作业危险有害因素和安全防范措施,有限空间作业安全操作规程,安全防护设备、个体防护用品及应急救援装备的正确使用,紧急情况下的应急处置措施等**。

企业分管负责人和安全管理人员应当具备相应的有限空间作业安全生产知识和管理能力。有限空间作业现场负责人、监护人员、作业人员和应急救援人员应当了解和掌握有限空间作业危险有害因素和安全防范措施,熟悉有限空间作业安全操作规程、设备使用方法、事故应急处置措施及自救和互救知识等。

(5)**配置有限空间作业安全防护设备设施**。

为确保有限空间作业安全,单位应根据有限空间作业环境和作业内容,配备气体检测设备、呼吸防护用品、坠落防护用品、其他个体防护用品和通风设备、照明设备、通信设备以及应急救援装备等。

(6)**制定应急救援预案并定期演练**。

单位应根据有限空间作业的特点,辨识可能的安全风险,明确救援工作分工及职责、现场处置程序等,制定科学合理、可行、有效的有限空间作业安全事故专项应急预案或现场处置方案,定期组织培训,确保有限空间作业现场负责人、监护人员、作业人员以及应急救援人员掌握应急预案内容。有限空间作业安全事故专项应急预案应每年至少组织1次演练,现场处置方案应至少每半年组织1次演练。

(7)**加强有限空间发包作业管理**。

将有限空间作业发包的,承包单位应具备相应的安全生产条件,即应满足有限空间作业安全所需的安全生产责任制、安全生产规章制度、安全操作规程、安全防护设备、应急救援装备、人员资质和应急处置能力等方面的要求。

发包单位对发包作业安全承担主体责任。发包单位应与承包单位签订安全生产管理协议,明确双方的安全管理职责,或在合同中明确约定各自的安全生产管理职责。发包单位应对承包单位的作业方案和实施的作业进行审批,对承包单位的安全生产工作统一协调、管理,定期进行安全检查,发现安全问题的,应当及时督促整改。

(五)有限空间作业安全规定

工贸企业主要负责人是有限空间作业安全第一责任人,应当组织制定有限空间作业安全管理制度,明确有限空间作业审批人、监护人员、作业人员的职责,以及安全培训、作业审批、防护用品、应急救援装备、操作规程和应急处置等方面的要求。

工贸企业应当实行有限空间作业监护制,明确专职或者兼职的监护人员,负责监督有限空间作业安全措施的落实。监护人员应当具备与监督有限空间作业相适应的安全知识和应急处置能力,能够正确使用气体检测、机械通风、呼吸防护、应急救援等用品、装备。

工贸企业应当对有限空间进行辨识,建立有限空间管理台账,明确有限空间数量、位置以及危险因素等信息,并及时更新。鼓励工贸企业采用信息化、数字化和智能化技术,提升有限空间作业安全风险管控水平。

工贸企业应当根据有限空间作业安全风险大小,明确审批要求。对于存在硫化氢、一氧化碳、二氧化碳等中毒和窒息等风险的有限空间作业，应当由工贸企业主要负责人或者其书面委托的人员进行审批，委托进行审批的，相关责任仍由工贸企业主要负责人承担。未经工贸企业确定的作业审批人批准，不得实施有限空间作业。

工贸企业应当每年至少组织一次有限空间作业专题安全培训，对作业审批人、监护人员、作业人员和应急救援人员培训有限空间作业安全知识和技能，并如实记录。未经培训合格不得参与有限空间作业。

工贸企业应当制定有限空间作业现场处置方案，按规定组织演练，并进行演练效果评估。

工贸企业应当在有限空间出入口等醒目位置设置明显的安全警示标志，并在具备条件的场所设置安全风险告知牌。

工贸企业应当对可能产生有毒物质的有限空间采取上锁、隔离栏、防护网或者其他物理隔离措施，防止人员未经审批进入。监护人员负责在作业前解除物理隔离措施。

工贸企业应当根据有限空间危险因素的特点，配备符合国家标准或者行业标准的气体检测报警仪器、机械通风设备、呼吸防护用品、全身式安全带等防护用品和应急救援装备，并对相关用品、装备进行经常性维护、保养和定期检测，确保能够正常使用。

有限空间作业应当严格遵守“先通风、再检测、后作业”要求。存在爆炸风险的，应当采取消除或者控制措施，相关电气设施设备、照明灯具、应急救援装备等应当符合防爆安全要求。作业前，应当组织对作业人员进行安全交底，监护人员应当对通风、检测和必要的隔断、清除、置换等风险管控措施逐项进行检查，确认防护用品能够正常使用且作业现场配备必要的应急救援装备，确保各项作业条件符合安全要求。有专业救援队伍的工贸企业，应急救援人员应当做好应急救援准备，确保及时有效处置突发情况。

监护人员应当全程进行监护，与作业人员保持实时联络，不得离开作业现场或者进入有限空间参与作业。发现异常情况时，监护人员应当立即组织作业人员撤离现场。发生有限空间作业事故后，应当立即按照现场处置方案进行应急处置，组织科学施救。未做好安全措施盲目施救的，监护人员应当予以制止。作业过程中，工贸企业应当安排专人对作业区域持续进行通风和气体浓度检测。作业中断的，作业人员再次进入有限空间作业前，应当重新通风、气体检测合格后方可进入。

考点六　拆除工程施工安全技术

（一）基本规定

拆除工程施工前，应签订施工合同和安全生产管理协议。

拆除工程施工前，应编制施工组织设计、安全专项施工方案和生产安全事故应急预案。

对危险性较大的拆除工程专项施工方案，应按相关规定组织专家论证。

拆除工程施工应先切断电源、水源和气源，再拆除设备管线设施及主体结构；主体结构拆除宜先拆除非承重结构及附属设施，再拆除承重结构。

拆除工程施工不得立体交叉作业。

当进入有限空间拆除作业时，应采取强制性持续通风措施，保持空气流通。严禁采用纯氧通风换气。

对生产、使用、储存危险品的拟拆除物，拆除施工前应先进行残留物的检测和处理，合格后方可进行施工。

(二)拆除施工

拆除工程分为人工拆除、机械拆除、爆破拆除和静力破碎拆除。具体内容见下文。

1. 人工拆除

拆除作业应符合下列规定:

(1)**拆除作业应从上至下逐层拆除,并应分段进行,不得垂直交叉作业。**

(2)**人工拆除作业时,作业人员应在稳定的结构或专用设备上操作,水平构件上严禁人员聚集或物料集中堆放;拆除建筑墙体时,严禁采用底部掏掘或推倒的方法。**

(3)拆除建筑时应先拆除非承重结构,再拆除承重结构。

(4)上部结构拆除过程中应保证剩余结构的稳定。

当拆除建筑的栏杆、楼梯、楼板等构件时,应与建筑结构整体拆除进度相配合,不得先行拆除。**建筑的承重梁柱,应在其所承载的全部构件拆除后,再进行拆除。**

对人工拆除施工作业面的孔洞,应采取防护措施。

2. 机械拆除

当采用机械拆除建筑时,机械设备前端工作装置的作业高度应超过拟拆除物的高度。

对拆除作业中较大尺寸的构件或沉重物料,应采用起重机具及时吊运。

当拆除作业采用双机同时起吊同一构件时,每台起重机载荷不得超过允许载荷的80%,且应对第一吊次进行试吊作业,施工中两台起重机应同步作业。

当机械拆除需人工拆除配合时,人员与机械不得在同一作业面上同时作业。

3. 爆破拆除

爆破拆除设计前,应对爆破对象进行勘测,对爆区影响范围内地上、地下建筑物、构筑物、管线等进行核实确认。

当爆破拆除施工时,应按设计要求进行防护和覆盖,起爆前应由现场负责人检查验收;防护材料应有一定的重量和抗冲击能力,应透气、易于悬挂并便于连接固定。

4. 静力破碎拆除

对建筑物、构筑物的整体拆除或承重构件拆除,均不得采用静力破碎的方法拆除。

当采用静力破碎剂作业时,施工人员必须佩戴防护手套和防护眼镜。

静力破碎剂严禁与其他材料混放,应存放在干燥场所,不得受潮。

(三)安全管理

拆除工程施工组织设计和安全专项施工方案,应经审批后实施;当施工过程中发生变更情况时,应履行相应的审批和论证程序。

拆除工程施工必须按施工组织设计、安全专项施工方案实施;在拆除施工现场划定危险区域,设置警戒线和相关的安全警示标志,并应由专人监护。

拆除工程使用的脚手架、安全网,必须由专业人员按专项施工方案搭设,经验收合格后方可使用。

安全防护设施验收时,应按类别逐项查验,并应有验收记录。

当遇大雨、大雪、大雾或六级及以上风力等影响施工安全的恶劣天气时,严禁进行露天拆除作业。

拆除工程施工必须建立消防管理制度。

考点七　装配式混凝土结构施工安全技术

(一)一般规定

装配式混凝土结构施工前,施工单位根据工程特点和设计文件,在装配式混凝土结构施工方案中编制装配式混凝土结构施工安全措施。

预制构件中的预埋件不宜兼用;确需兼用时,应同时满足各设计工况的计算要求;外防护架体用预埋件不得兼用;预埋件的材料性能及施工验算应符合国家现行相关标准的规定。

施工过程中模板系统、支撑系统承担的施工荷载不得超过设计值。已承受荷载的支架和附件,不得随意拆除或移动。

预制构件吊装安装施工应满足装配式混凝土结构施工方案的安全措施规定。

装配式结构外防护架宜选用工具式外防护架;防护架体形式不得随意更改,施工过程中的安全防护系统的实际荷载不得超过设计限值。

(二)材料性能

独立支撑及斜撑的主要构配件材质应符合相关规定。

受力预埋件的锚板和锚筋材料等应符合现行国家标准《混凝土结构设计规范》的规定。

预制构件宜采用内埋式螺母、内埋式螺杆或预留吊装孔,并采用配套的专用吊具实现吊装,也可采用吊环吊装;内埋式螺母或内埋式螺杆及配套的吊具应起吊方便,并应根据相应的产品标准选用。

吊环应采用 HPB300 钢筋或 Q235B 圆钢制作,锚入混凝土的深度不应小于 $30d$ 并应焊接或绑扎在钢筋骨架上,d 为吊环钢筋或圆钢的直径。在构件的自重标准值作用下,每个吊环应按 2 个截面计算。对于 HPB300 级钢筋,吊环应力不应大于 65 N/mm^2;对 Q235B 圆钢,吊环应力不应大于 50 N/mm^2。

(三)混凝土构件进场及存放

预制构件进场时应进行检查验收,检查验收应包括下列内容:

(1)构件产品质量证明文件。

(2)预埋件的定位尺寸、外观质量和留置数量,预埋件固定部位周围混凝土表观质量,预埋螺母内径尺寸和丝扣长度。

(3)构件上喷涂的产品标识应清晰、耐久。标识内容应包括生产厂标志、制作日期、品种、编码、检验状态等。

(4)吊点、塔式起重机和外脚手架附着点、临时支撑点的位置、数量等应符合设计要求。

(5)灌浆套筒、各类孔洞应清洁无杂物。

(6)梁板类简支受弯预制构件进场时应按规定进行结构性能检验。

预制构件装卸应符合下列规定:

(1)预制构件装卸时,应对称装卸;预制墙板宜直立装卸,不应翻转。

(2)装卸吊运应采用慢起、稳升、缓放的操作方式,吊运过程,应保持稳定,不得偏斜、摇摆和扭转,吊装构件不得长时间悬停在空中。

(3)预制构件装卸时,应设专人指挥,操作人员应位于安全位置,保持通信畅通。

(4)构件卸车摘挂吊钩时,均应设置专用登高工具,不得沿构件攀爬。

预制构件存放应符合下列规定:

(1)按使用部位、吊装顺序分区存放;按产品种类、规格型号、检验状态分类存放。

(2)存放库区宜实行分区和信息化台账管理。

(3)构件存放时,预埋吊件应朝上,标识宜朝向堆垛间的通道。

(4)应合理设置支垫位置,支垫件在构件下的位置宜与构件脱模、吊装时的起吊位置一致。

(5)构件叠放时,层与层之间应垫平、垫实,各层支垫应上下对齐,最下面一层支垫应通长设置;叠合板叠放层数不应大于6层且不宜超过1.5 m;带檐阳台板应单层存放;楼梯叠放层数不应超过4层;PCF板应立放或单层平放。

(6)预制柱、梁等宜采用平放且用不少于两道垫木支撑。

(7)预制墙板应采用工具式插放架饰面朝外、对称存放,并与地面应保证稳定角度,构件与地面倾斜角度宜大于80°,工具式插放架及特殊构件自稳角度应经计算确定;工具式插放架应有足够的刚度、抗倾覆性能并支垫稳固,操作面应设置行走通道。

(8)U形预制外墙存放时宜将较短侧墙放置在插放架中,固定木块应直接架设在内叶板截面上,不得架设在外叶板边缘。

(9)预应力构件存放时,应根据构件起拱值大小和存放时间采取相应措施。

相邻堆垛之间应有足够的作业空间和安全操作距离,通道宽度不宜小于1.6 m,宜有明确的安全通道线或围栏;构件存放时,不应超出存放区域范围。

(四)混凝土构件安装

混凝土预制构件吊装设施的位置应能保证构件在吊装、运输过程中平稳受力;设置预埋件、吊环、吊装孔及各种内埋式预留吊具时,应对构件在该处承受吊装荷载作用的效应进行承载力的验算,并应采取相应的构造措施。

预制构件安装作业开始前,已施工完成的混凝土结构内安装的竖向构件用临时支撑预埋件的材质、型号、规格、位置、数量等应符合要求并经验收合格,混凝土强度应符合设计要求。

预制墙板、预制柱等竖向构件的吊装应符合下列规定:

(1)吊装竖向构件时,应按施工方案规定的安装顺序进行吊装。

(2)预制墙板在吊装过程中宜采用模数化吊装梁,吊装时构件的吊索应顺直。

(3)根据竖向构件设计指定的吊点,用卸扣将钢丝绳与构件的预留吊环连接。

(4)预制柱吊装,将钢丝绳卡扣与预制柱的预制吊环连接紧固,柱子上固定好溜绳。

(5)构件起吊时,应做好边角防护并不得与存放架发生碰撞。

(6)预制墙板宜直立起吊。

(7)预制柱采用水平存放时,翻转起吊过程中应采取辅助措施防止构件滑动或倾覆,并应缓慢垂直提升,禁止摆动大臂,待构件翻转90°正位后再缓慢起吊。

叠合板、叠合梁、阳台板、空调板的吊装应符合下列规定:

(1)根据构件尺寸及吊点位置,选择合适的模数化吊装梁。

(2)吊点钢丝绳长度保持一致,起吊缓慢。**吊点超过4个时,宜采用带滑轮组的模数化吊装梁进行吊装。**

(3)应将钢丝绳卡扣与构件上的预制吊环连接,确认连接紧固后,方可缓慢起吊。

(4)构件应垂直下落安装就位,施工人员在保证安全操作前提下,通过牵引绳调整叠合板方向，将板的边线与墙上的安放位置线对准放下时应停稳慢放，不得快速猛放。

(5)构件两端应设置溜绳。

预制楼梯板的起吊与安装应符合下列规定：

(1)宜采用楼梯板预埋吊装内螺母进行连接吊装；起吊前，应检查吊环连接。

(2)预制楼梯吊装时，应使踏步平面呈水平状态。

(3)楼梯板就位时，应从上垂直向下安装，在作业层上空 600 mm 处略作停顿，施工人员在保证安全操作前提下，将楼梯板的边线与梯梁上的安装位置线对准，放下时应停稳慢放。

(4)楼梯构件安装前应确保预埋件安装位置准确、牢固。

(5)楼梯构件安装后应及时安装临边防护设施。

预制构件吊装就位后，应及时校准并采取临时固定措施。预制构件与吊具的分离应在校准定位及临时支撑安装完成后进行。

构件吊装、套筒灌浆施工等关键工序应有监理人员旁站；预制竖向构件连接部位灌浆同条件养护灌浆料试块强度达到 35 MPa 前，相关预制竖向构件不得受到扰动。竖向构件连接部位的灌浆料强度达到 35 MPa 后，且在装配式结构达到后续施工承载要求后，方可拆除临时支撑及固定措施。

竖向预制构件的临时支撑基础应坚固可靠，埋件安装在叠合板内并满足设计要求。

水平构件临时安装后，后浇混凝土浇筑前，水平构件上的施工荷载应均匀布置，不应超过模架体系的设计荷载。

底模及支架应在混凝土强度达到设计要求后再拆除；当设计无具体要求时，后浇混凝土强度应满足相关要求。

阳台板安装应符合下列规定：

(1)阳台板安装前搭设临时支撑，且应设置水平拉接与结构墙体形成可靠连接。

(2)阳台板安装时，外侧安全防护高度不应小于 1.2 m。

冬期施工期间应编制灌浆专项施工方案，经专家论证后方可实施。

(五)混凝土结构安全防护

外防护架与预制墙板附着锚固的预留孔洞应在外墙板深化设计时预留，应避开构件灌浆孔位、管线及带有减重块的非承重墙体区域等位置，且不宜在施工现场开孔。

外防护架附着于预制混凝土夹心保温外墙板的外叶墙板时，对拉杆件应具有足够的抗弯刚度和受弯承载力，使竖向荷载全部由内叶墙板承担；外防护架下部支撑产生的压力不应使外叶墙板混凝土发生开裂。

三角形防护架宜符合下列规定：

(1)宜采用双轴对称截面的型钢加工制作。

(2)采用螺栓进行附着固定，并设置可靠防松脱措施。

(3)飘窗、阳台、洞口及阴阳角部等特殊位置应进行专项设计。

(4)安装、拆除时应设置可靠吊点。

(5)设置安全保护绳，垂直、平稳、缓慢拆除及吊运。

(6)单层外防护宜采用组合式三角形榀架式防护架，标准单榀架体长度宜为 1～2 m，多榀组合使用总长度不宜超过 6 m，固定螺栓直径不宜小于 20 mm，螺栓固定点距构件边缘不应小于 150 mm。

(7)多层外防护宜采用三角桁架式脚手架，三角桁架上部脚手架搭设高度不宜超过

20 m,固定螺栓直径不宜小于 30 mm,螺栓固定点距构件边缘不应小于 150 mm。

悬挑脚手架型钢悬挑梁预留孔应在深化设计阶段予以考虑,在竖向构件加工阶段预留,其位置、尺寸、加强措施、封堵及构造要求应经设计单位确认。

附着式升降脚手架高度小于 3 层楼层高度时,宜符合下列规定:

(1)竖向主框架应沿架体高度通长布置,不得间断;与竖向主框架连接的附着支承装置不应少于两个。

(2)水平支承结构应在竖向主框架的节点处可靠连接,水平支承结构在单片架体内应连续设置。

(3)竖向主框架不应采用钢管扣件等临时搭设。

(4)单片架体竖向主框架的间距不宜小于架体长度 50%,且宜对称布置,当单片架体竖向桁架的间距小于架体长度 50%时,应采取稳定措施。

(5)采用液压系统提升时,液压油缸应具有自锁功能。

附着式升降脚手架高度大于等于 3 层,小于等于 5 层楼层高度时,应符合相关标准的规定。

装配式混凝土结构施工时,应核算塔式起重机附着装置附着建筑物锚固点的承载力是否满足塔式起重机技术要求,并经设计单位确认。

考点八 危险性较大的分部分项工程施工安全技术

危险性较大的分部分项工程(以下简称“危大工程”),是指房屋建筑和市政基础设施工程在施工过程中,容易导致人员群死群伤或者造成重大经济损失的分部分项工程。

(一)专项施工方案内容

危大工程专项施工方案的主要内容应当包括:

(1)工程概况,包括危大工程概况和特点、施工平面布置、施工要求和技术保证条件。

(2)编制依据,包括相关法律、法规、规范性文件、标准、规范及施工图设计文件、施工组织设计等。

(3)施工计划,包括施工进度计划、材料与设备计划。

(4)施工工艺技术,包括技术参数、工艺流程、施工方法、操作要求、检查要求等。

(5)施工安全保证措施,包括组织保障措施、技术措施、监测监控措施等。

(6)施工管理及作业人员配备和分工,包括施工管理人员、专职安全生产管理人员、特种作业人员、其他作业人员等。

(7)验收要求,包括验收标准、验收程序、验收内容、验收人员等。

(8)应急处置措施。

(9)计算书及相关施工图纸。

(二)专家论证会参会人员

超过一定规模的危大工程专项施工方案专家论证会的参会人员应当包括:

(1)专家。

(2)建设单位项目负责人。

(3)有关勘察、设计单位项目技术负责人及相关人员。

(4)总承包单位和分包单位技术负责人或授权委派的专业技术人员、项目负责人、项目技术负责人、专项施工方案编制人员、项目专职安全生产管理人员及相关人员。

(5)监理单位项目总监理工程师及专业监理工程师。

(三)专家论证内容

对于超过一定规模的危大工程专项施工方案,专家论证的主要内容应当包括:专项施工方案内容是否完整、可行;专项施工方案计算书和验算依据、施工图是否符合有关标准规范;专项施工方案是否满足现场实际情况,并能够确保施工安全。

(四)专项施工方案修改

超过一定规模的危大工程专项施工方案经专家论证后结论为“通过”的,施工单位可参考专家意见自行修改完善;结论为“修改后通过”的,专家意见要明确具体修改内容,施工单位应当按照专家意见进行修改,并履行有关审核和审查手续后方可实施,修改情况应及时告知专家。

(五)危大工程范围

1. 危险性较大的分部分项工程范围

危险性较大的分部分项工程范围应符合表 8-4 的规定。

表 8-4　危险性较大的分部分项工程范围

类别	范围
基坑工程	(1)开挖深度超过 3 m(含 3 m)的基坑(槽)的土方开挖、支护、降水工程。 (2)开挖深度虽未超过 3 m,但地质条件、周围环境和地下管线复杂,或影响毗邻建、构筑物安全的基坑(槽)的土方开挖、支护、降水工程
模板工程及支撑体系	(1)各类工具式模板工程:包括滑模、爬模、飞模、隧道模等工程。 (2)混凝土模板支撑工程:搭设高度 5 m 及以上,或搭设跨度 10 m 及以上,或施工总荷载(荷载效应基本组合的设计值,以下简称设计值)10 kN/m^2 及以上,或集中线荷载(设计值)15 kN/m 及以上,或高度大于支撑水平投影宽度且相对独立无联系构件的混凝土模板支撑工程。 (3)承重支撑体系:用于钢结构安装等满堂支撑体系
起重吊装及起重机械安装拆卸工程	(1)采用非常规起重设备、方法,且单件起吊重量在 10 kN 及以上的起重吊装工程。 (2)采用起重机械进行安装的工程。 (3)起重机械安装和拆卸工程
脚手架工程	(1)搭设高度 24 m 及以上的落地式钢管脚手架工程(包括采光井、电梯井脚手架)。 (2)附着式升降脚手架工程。 (3)悬挑式脚手架工程。 (4)高处作业吊篮。 (5)卸料平台、操作平台工程。 (6)异型脚手架工程
拆除工程	可能影响行人、交通、电力设施、通信设施或其他建、构筑物安全的拆除工程
暗挖工程	采用矿山法、盾构法、顶管法施工的隧道、洞室工程
其他	(1)建筑幕墙安装工程。 (2)钢结构、网架和索膜结构安装工程。 (3)人工挖孔桩工程。 (4)水下作业工程。 (5)装配式建筑混凝土预制构件安装工程。 (6)采用新技术、新工艺、新材料、新设备可能影响工程施工安全,尚无国家、行业及地方技术标准的分部分项工程

2. 超过一定规模的危险性较大的分部分项工程范围

超过一定规模的危险性较大的分部分项工程范围应符合表8-5的规定。

表8-5 超过一定规模的危险性较大的分部分项工程范围

类别	范围
深基坑工程	开挖深度超过5 m(含5 m)的基坑(槽)的土方开挖、支护、降水工程
模板工程及支撑体系	(1)各类工具式模板工程:包括滑模、爬模、飞模、隧道模等工程。 (2)混凝土模板支撑工程:搭设高度8 m及以上,或搭设跨度18 m及以上,或施工总荷载(设计值)15 kN/m^{2}及以上,或集中线荷载(设计值)20 kN/m及以上。 (3)承重支撑体系:用于钢结构安装等满堂支撑体系,承受单点集中荷载7 kN及以上
起重吊装及起重机械安装拆卸工程	(1)采用非常规起重设备、方法,且单件起吊重量在100 kN及以上的起重吊装工程。 (2)起重量300 kN及以上,或搭设总高度200 m及以上,或搭设基础标高在200 m及以上的起重机械安装和拆卸工程
脚手架工程	(1)搭设高度50 m及以上的落地式钢管脚手架工程。 (2)提升高度在150 m及以上的附着式升降脚手架工程或附着式升降操作平台工程。 (3)分段架体搭设高度20 m及以上的悬挑式脚手架工程
拆除工程	(1)码头、桥梁、高架、烟囱、水塔或拆除中容易引起有毒有害气(液)体或粉尘扩散、易燃易爆事故发生的特殊建、构筑物的拆除工程。 (2)文物保护建筑、优秀历史建筑或历史文化风貌区影响范围内的拆除工程
暗挖工程	采用矿山法、盾构法、顶管法施工的隧道、洞室工程
其他	(1)施工高度50 m及以上的建筑幕墙安装工程。 (2)跨度36 m及以上的钢结构安装工程,或跨度60 m及以上的网架和索膜结构安装工程。 (3)开挖深度16 m及以上的人工挖孔桩工程。 (4)水下作业工程。 (5)重量1 000 kN及以上的大型结构整体顶升、平移、转体等施工工艺。 (6)采用新技术、新工艺、新材料、新设备可能影响工程施工安全,尚无国家、行业及地方技术标准的分部分项工程

(六)监测方案内容

进行第三方监测的危大工程监测方案的主要内容应当包括工程概况、监测依据、监测内容、监测方法、人员及设备、测点布置与保护、监测频次、预警标准及监测成果报送等。

(七)验收人员

危大工程验收人员应当包括:

(1)总承包单位和分包单位技术负责人或授权委派的专业技术人员、项目负责人、项目技术负责人、专项施工方案编制人员、项目专职安全生产管理人员及相关人员。

(2)监理单位项目总监理工程师及专业监理工程师。

(3)有关勘察、设计和监测单位项目技术负责人。

(八)专家条件

设区的市级以上地方人民政府住房城乡建设主管部门建立的专家库专家应当具备以下基本条件:

(1)诚实守信、作风正派、学术严谨。

(2)从事相关专业工作15年以上或具有丰富的专业经验。

(3)具有高级专业技术职称。

(九)专家库管理

设区的市级以上地方人民政府住房城乡建设主管部门应当加强对专家库专家的管理,定期向社会公布专家业绩,对于专家不认真履行论证职责、工作失职等行为,记入不良信用记录,情节严重的,取消专家资格。

(十)安全管理规定

1. 前期保障

建设单位应当依法提供真实、准确、完整的工程地质、水文地质和工程周边环境等资料。

勘察单位应当根据工程实际及工程周边环境资料,在勘察文件中说明地质条件可能造成的工程风险。设计单位应当在设计文件中注明涉及危大工程的重点部位和环节,提出保障工程周边环境安全和工程施工安全的意见,必要时进行专项设计。

建设单位应当组织勘察、设计等单位在施工招标文件中列出危大工程清单,要求施工单位在投标时补充完善危大工程清单并明确相应的安全管理措施。建设单位应当按照施工合同约定及时支付危大工程施工技术措施费以及相应的安全防护文明施工措施费,保障危大工程施工安全。

建设单位在申请办理安全监督手续时,应当提交危大工程清单及其安全管理措施等资料。

2. 专项施工方案

施工单位应当在危大工程施工前组织工程技术人员编制专项施工方案。实行施工总承包的,专项施工方案应当由施工总承包单位组织编制。危大工程实行分包的,专项施工方案可以由相关专业分包单位组织编制。

专项施工方案应当由施工单位技术负责人审核签字、加盖单位公章,并由总监理工程师审查签字、加盖执业印章后方可实施。危大工程实行分包并由分包单位编制专项施工方案的,专项施工方案应当由总承包单位技术负责人及分包单位技术负责人共同审核签字并加盖单位公章。

对于超过一定规模的危大工程,施工单位应当组织召开专家论证会对专项施工方案进行论证。实行施工总承包的,由施工总承包单位组织召开专家论证会。专家论证前专项施工方案应当通过施工单位审核和总监理工程师审查。专家应当从地方人民政府住房城乡建设主管部门建立的专家库中选取,符合专业要求且人数不得少于5名。与本工程有利害关系的人员不得以专家身份参加专家论证会。

专家论证会后,应当形成论证报告,对专项施工方案提出通过、修改后通过或者不通过的一致意见。专家对论证报告负责并签字确认。专项施工方案经论证不通过的,施工单位修改后应当按照本规定的要求重新组织专家论证。

3. 现场安全管理

施工单位应当在施工现场显著位置公告危大工程名称、施工时间和具体责任人员，并在危险区域设置安全警示标志。

专项施工方案实施前，编制人员或者项目技术负责人应当向施工现场管理人员进行方案交底。施工现场管理人员应当向作业人员进行安全技术交底，并由双方和项目专职安全生产管理人员共同签字确认。

施工单位应当严格按照专项施工方案组织施工，不得擅自修改专项施工方案。因规划调整、设计变更等原因确需调整的，修改后的专项施工方案应当按照规定重新审核和论证。涉及资金或者工期调整的，建设单位应当按照约定予以调整。

施工单位应当对危大工程施工作业人员进行登记，项目负责人应当在施工现场履职。项目专职安全生产管理人员应当对专项施工方案实施情况进行现场监督，对未按照专项施工方案施工的，应当要求立即整改，并及时报告项目负责人，项目负责人应当及时组织限期整改。施工单位应当按照规定对危大工程进行施工监测和安全巡视，发现危及人身安全的紧急情况，应当立即组织作业人员撤离危险区域。

监理单位应当结合危大工程专项施工方案编制监理实施细则，并对危大工程施工实施专项巡视检查。

监理单位发现施工单位未按照专项施工方案施工的，应当要求其进行整改；情节严重的，应当要求其暂停施工，并及时报告建设单位。施工单位拒不整改或者不停止施工的，监理单位应当及时报告建设单位和工程所在地住房城乡建设主管部门。

对于按照规定需要进行第三方监测的危大工程，建设单位应当委托具有相应勘察资质的单位进行监测。监测单位应当编制监测方案。监测方案由监测单位技术负责人审核签字并加盖单位公章，报送监理单位后方可实施。监测单位应当按照监测方案开展监测，及时向建设单位报送监测成果，并对监测成果负责；发现异常时，及时向建设、设计、施工、监理单位报告，建设单位应当立即组织相关单位采取处置措施。

对于按照规定需要验收的危大工程，施工单位、监理单位应当组织相关人员进行验收。**验收合格的，经施工单位项目技术负责人及总监理工程师签字确认后，方可进入下一道工序。** 危大工程验收合格后，施工单位应当在施工现场明显位置设置验收标识牌，公示验收时间及责任人员。

危大工程发生险情或者事故时，施工单位应当立即采取应急处置措施，并报告工程所在地住房城乡建设主管部门。 建设、勘察、设计、监理等单位应当配合施工单位开展应急抢险工作。

危大工程应急抢险结束后，建设单位应当组织勘察、设计、施工、监理等单位制定工程恢复方案，并对应急抢险工作进行后评估。

施工、监理单位应当建立危大工程安全管理档案。**施工单位应当将专项施工方案及审核、专家论证、交底、现场检查、验收及整改等相关资料纳入档案管理。** 监理单位应当将监理实施细则、专项施工方案审查、专项巡视检查、验收及整改等相关资料纳入档案管理。

4. 监督管理

设区的市级以上地方人民政府住房城乡建设主管部门应当建立专家库，制定专家库管理制度，建立专家诚信档案，并向社会公布，接受社会监督。

县级以上地方人民政府住房城乡建设主管部门或者所属施工安全监督机构，应当根据监督工作计划对危大工程进行抽查。县级以上地方人民政府住房城乡建设主管部门或者所属施工安全监督机构，可以通过政府购买技术服务方式，聘请具有专业技术能力的单位和人员对危大工程进行检查，所需费用向本级财政申请予以保障。

县级以上地方人民政府住房城乡建设主管部门或者所属施工安全监督机构，在监督抽查中发现危大工程存在安全隐患的，应当责令施工单位整改；重大安全事故隐患排除前或者排除过程中无法保证安全的，责令从危险区域内撤出作业人员或者暂时停止施工；对依法应当给予行政处罚的行为，应当依法作出行政处罚决定。

县级以上地方人民政府住房城乡建设主管部门应当将单位和个人的处罚信息纳入建筑施工安全生产不良信用记录。

案例分析

经典案例

某医院门诊楼新建工程，建筑面积87 000 m^2，地下3层，地上22层，钢筋混凝土框架剪力墙结构，基坑开挖深度14.50 m，首层层高5.60 m，二层以上为标准层，层高4.20 m。施工总承包单位A公司，成立了工程项目部，任命甲为项目经理，乙为技术负责人。主体结构施工选择B公司作为劳务分包，并签订了劳务分包合同。

主体结构施工至二层时，工程项目部组织搭设悬挑式钢管脚手架。施工前，由乙组织编制了悬挑式钢管脚手架专项施工方案，方案编制完成后，由甲审核签字并报送监理单位审查后实施。方案规定每5层悬挑一次。在施工过程中，B公司从其他工程项目抽调1个木工班组进行脚手架搭设，工程项目部专职安全生产管理人员对该木工班组进行安全技术交底并签字后安排施工作业，工程项目部按规定组织了验收。

工程项目部编制了高处坠落事故专项应急预案，组织了应急演练，并对演练资料进行了归档。

常见考点

1. 工程项目部在悬挑式钢管脚手架施工管理过程中存在的问题如下：

(1)悬挑式钢管脚手架专项施工方案未组织专家论证。

(2)悬挑式钢管脚手架专项施工方案审核签字人员不符合要求。

(3)安全技术交底的程序不符合要求。

(4)未对搭设脚手架人员进行入场安全教育。

(5)木工搭设脚手架属违章作业。

2. 悬挑式钢管脚手架验收时应参加的人员：

(1)总承包单位和分包单位技术负责人或授权委派的专业技术人员、项目负责人、项目技术负责人、专项施工方案编制人员、项目专职安全生产管理人员及相关人员。

(2)监理单位项目总监理工程师及专业监理工程师。

(3)有关勘察、设计和监测单位项目技术负责人。

3. 工程项目部高处坠落应急演练结束后,应归档的资料包括应急演练工作方案、应急演练书面评估报告、应急演练总结报告文字资料,以及记录演练实施过程的相关图片、视频、音频资料。

提示

关于应急演练结束归档资料在后文“第九章　应急救援”中会详细叙述,可参考学习。

同步自测

一、单项选择题(每题的备选项中,只有1个最符合题意)

1. 下列属于危险性较大的分部分项工程的是(　　)。

A. 施工高度60 m的建筑幕墙安装工程

B. 搭设高度60 m的落地式钢管脚手架工程

C. 开挖深度6 m的基坑土方开挖工程

D. 用于钢结构安装的满堂支撑体系

2. 下列不属于超过一定规模的危险性较大的分部分项工程的是(　　)。

A. 附着式升降脚手架工程

B. 分段架体搭设高度20 m以上的悬挑式脚手架工程

C. 跨度为36 m的钢结构安装工程

D. 开挖深度为16 m的人工挖孔桩工程

3. 钢结构构件制作加工时,为预防触电伤害事故发生,下列安全技术措施说法中,错误的是(　　)。

A. 电焊机导线应具有良好的绝缘,绝缘电阻不得小于0.5 MΩ

B. 现场使用的电焊机,应设有防雨、防潮、防晒、防砸的机棚

C. 电焊机的二次线应采用防水橡皮护套铜芯软电缆,电缆长度不宜大于20 m

D. 漏电保护器参数应匹配,安装应正确,动作应灵敏可靠

4. 下列属于常见的单纯性窒息气体是(　　)。

A. 硫化氢　　　B. 一氧化碳

C. 氮气　　　D. 苯

二、案例分析题

某建筑公司承接某城市环境治理工程,新建一条污水管线。该污水管线土方开挖平均深度为6 m。施工前,该建筑公司组织工程技术人员编制了专项施工方案,并组织召开专家论证会对该专项施工方案进行论证。经专家论证后结论为“通过”。施工前,该建筑公司主要负责人按照规定程序,组织编制了该工程的应急预案。

2020年8月21日,该建筑公司项目部组织劳务班组,采用挖掘机对A－B段的污水管线沟槽开挖,沟槽开挖宽度为1.8 m,开挖平均深度为5.8 m,坡度为1%。挖到55 m长

时,作业结束。负责清土的领班带两名工人下沟槽清土,在清完沟槽底残土时,沟壁突然由西向东局部坍塌,领班被土压在沟内,另两名工人逃出。看到这种情况,现场负责人及几名工人先后跳下沟里救人,在挖土救人过程中,发生了二次坍塌。前后两次坍塌,共有5人被压在沟里,当场死亡1人,2人经医院抢救无效死亡,2人受轻伤。

事故调查结论表示,施工单位对地质情况未预先进行勘察,施工时,未严格执行施工方案,采用机械挖沟时没按规范要求放坡。挖沟槽作业后没做支撑,工人就下沟槽清土。

根据以上场景,回答下列问题:

1. 简述超过一定规模的危大工程专项施工方案专家论证的主要内容。
2. 工程项目部对有限空间作业人员安全培训的内容应有哪些?
3. 简述应急预案编制的基本要求。
4. 简述应急预案编制的基本程序。

答案详解 

一、单项选择题

1. D。【解析】施工高度超过50 m的建筑幕墙安装工程、搭设高度超过50 m的落地式钢管脚手架搭设工程、开挖深度超过5 m的基坑工程属于超过一定范围的危险性较大的分部分项工程。选项D属于具有危险性较大的分部分项工程。

提示

具体危险性较大的分部分项工程内容参见知识解读中的相关内容。

2. A。【解析】提升高度在150 m及以上的附着式升降脚手架工程或附着式升降操作平台工程属于超过一定规模的危险性较大的分部分项工程。

提示

具体超过一定规模的危险性较大的分部分项工程内容参见知识解读中的相关内容。

3. C。【解析】电焊机的二次线应采用防水橡皮护套铜芯软电缆,电缆长度不宜大于30 m,一次线长度不宜大于5 m,电焊机必须设单独的电源开关和自动断电装置,应配装二次侧空载降压器。两侧接线应压接牢固,必须安装可靠防护罩。
4. C。【解析】有限空间内缺氧主要有四种情形:一是由于生物的呼吸作用或物质的氧化作用,有限空间内的氧气被消耗导致缺氧;二是有限空间内长期通风不良,氧含量偏低;三是有限空间内存在二氧化碳、甲烷、氮气、氩气、水蒸气和六氟化硫等单纯性窒息气体,排挤氧空间,使空气中氧含量降低,造成缺氧;四是有限空间内存在的物质发生耗氧性化学反应,如燃烧、生物的有氧呼吸等。引发有限空间作业缺氧风险的典型物质有二氧化碳、甲烷、氮气、氩气等。

二、案例分析题

【答案】

1. 对于超过一定规模的危大工程专项施工方案,专家论证的主要内容应当包括:

(1)专项施工方案内容是否完整、可行。

(2)专项施工方案计算书和验算依据、施工图是否符合有关标准规范。

(3)专项施工方案是否满足现场实际情况,并能够确保施工安全。

2. 工程项目部对有限空间作业人员安全培训的内容具体如下:

(1)有限空间作业的危险有害因素和安全防范措施。

(2)有限空间作业的安全操作规程。

(3)检测仪器、劳动防护用品的正确使用。

(4)紧急情况下的应急处置措施。

3. 应急预案的编制应当符合下列基本要求:

(1)有关法律、法规、规章和标准的规定。

(2)本地区、本部门、本单位的安全生产实际情况。

(3)本地区、本部门、本单位的危险性分析情况。

(4)应急组织和人员的职责分工明确,并有具体的落实措施。

(5)有明确、具体的应急程序和处置措施,并与其应急能力相适应。

(6)有明确的应急保障措施,满足本地区、本部门、本单位的应急工作需要。

(7)应急预案基本要素齐全、完整,应急预案附件提供的信息准确。

(8)应急预案内容与相关应急预案相互衔接。

4. 生产经营单位应急预案编制程序包括成立应急预案编制工作组、资料收集、风险评估、应急资源调查、应急预案编制、桌面推演、应急预案评审和批准实施八个步骤。

提示

关于应急预案编制的基本要求和基本程序在后文“第九章　应急救援”中会详细叙述,可参考学习。

第九章　应急救援

考情解读 

考·纲·要·求

根据建筑施工存在的事故风险，编制专项应急救援预案并组织演练。

命·题·分·析

本章知识点主要以选择题形式进行考查，每年基本考查1道选择题。本章内容包括应急预案管理、应急预案体系和生产事故应急演练。

历年真题主要考查应急演练的相关内容等。

另外，需掌握应急预案编制的基本程序、应急预案体系类型以及各自使用条件，并熟知应急演练的基本流程。

考点解读

考点一　应急预案管理

应急预案是指针对可能发生的事故，为最大程度减少事故损害而预先制定的应急准备工作方案。一个完整的应急救援体系通常由组织机制、运作机制、法律基础、保障系统四个部分组成。

(一)《生产经营单位生产安全事故应急预案编制导则》有关规定

1. 应急预案编制程序

生产经营单位应急预案编制程序包括成立应急预案编制工作组、资料收集、风险评估、应急资源调查、应急预案编制、桌面推演、应急预案评审和批准实施八个步骤。 应急预案编制程序如表9-1所示。

表9-1　应急预案编制程序

编制步骤	内容
成立应急预案编制工作组	结合本单位职能和分工，成立以单位有关负责人为组长，单位相关部门人员(如生产、技术、设备安全、行政、人事、财务人员)参加的应急预案编制工作组，明确工作职责和任务分工，制订工作计划，组织开展应急预案编制工作。预案编制工作组中应邀请相关救援队伍以及周边相关企业、单位或社区代表参加
资料收集	应急预案编制工作组应收集下列相关资料： (1)适用的法律法规、部门规章、地方性法规和政府规章、技术标准及规范性文件。 (2)企业周边地质、地形、环境情况及气象、水文、交通资料。 (3)企业现场功能区划分、建(构)筑物平面布置及安全距离资料。 (4)企业工艺流程、工艺参数、作业条件、设备装置及风险评估资料。

（续表）

编制步骤	内容
资料收集	(5)本企业历史事故与隐患、国内外同行业事故资料。 (6)属地政府及周边企业、单位应急预案
风险评估	开展生产安全事故风险评估，撰写评估报告其内容包括但不限于： (1)辨识生产经营单位存在的危险有害因素，确定可能发生的生产安全事故类别。 (2)分析各种事故类别发生的可能性、危害后果和影响范围。 (3)评估确定相应事故类别的风险等级
应急资源调查	全面调查和客观分析本单位以及周边单位和政府部门可请求援助的应急资源状况，撰写应急资源调查报告，其内容包括但不限于： (1)本单位可调用的应急队伍、装备、物资、场所。 (2)针对生产过程及存在的风险可采取的监测、监控、报警手段。 (3)上级单位、当地政府及周边企业可提供的应急资源。 (4)可协调使用的医疗、消防、专业抢险救援机构及其他社会化应急救援力量
应急预案编制	应急预案编制工作包括但不限下列： (1)依据事故风险评估及应急资源调查结果，结合本单位组织管理体系、生产规模及处置特点，合理确立本单位应急预案体系。 (2)结合组织管理体系及部门业务职能划分，科学设定本单位应急组织机构及职责分工。 (3)依据事故可能的危害程度和区域范围，结合应急处置权限及能力，清晰界定本单位的响应分级标准，制定相应层级的应急处置措施。 (4)按照有关规定和要求，确定事故信息报告、响应分级与启动、指挥权移交、警戒疏散方面的内容，落实与相关部门和单位应急预案的衔接
桌面推演	按照应急预案明确的职责分工和应急响应程序，结合有关经验教训，相关部门及其人员可采取桌面演练的形式，模拟生产安全事故应对过程，逐步分析讨论并形成记录，检验应急预案的可行性，并进一步完善应急预案
应急预案评审	(1)评审形式。应急预案编制完成后，生产经营单位应按法律法规有关规定组织评审或论证。参加应急预案评审的人员可包括有关安全生产及应急管理方面的、有现场处置经验的专家。应急预案论证可通过推演的方式开展。 (2)评审内容。应急预案评审内容主要包括：风险评估和应急资源调查的全面性、应急预案体系设计的针对性、应急组织体系的合理性、应急响应程序和措施的科学性、应急保障措施的可行性、应急预案的衔接性。 (3)评审程序。应急预案评审程序包括下列步骤： ①评审准备。成立应急预案评审工作组，落实参加评审的专家，将应急预案、编制说明、风险评估、应急资源调查报告及其他有关资料在评审前送达参加评审的单位或人员。 ②组织评审。评审采取会议审查形式，企业主要负责人参加会议，会议由参加评审的专家共同推选出的组长主持，按照议程组织评审；表决时，应有不少于出席会议专家人数的三分之二同意方为通过；评审会议应形成评审意见（经评审组组长签字），附参加评审会议的专家签字表。表决的投票情况应以书面材料记录在案，并作为评审意见的附件。

（续表）

编制步骤	内容
应急预案评审	③修改完善。生产经营单位应认真分析研究，按照评审意见对应急预案进行修订和完善。评审表决不通过的，生产经营单位应修改完善后按评审程序重新组织专家评审，生产经营单位应写出根据专家评审意见的修改情况说明，并经专家组组长签字确认
批准实施	通过评审的应急预案，由生产经营单位主要负责人签发实施

2. 应急预案体系

生产经营单位应急预案分为综合应急预案、专项应急预案和现场处置方案。生产经营单位应根据有关法律、法规和相关标准，结合本单位组织管理体系、生产规模和可能发生的事故特点，科学合理确立本单位的应急预案体系，并注意与其他类别应急预案相衔接。

（1）综合应急预案。综合应急预案是生产经营单位为应对各种生产安全事故而制定的综合性工作方案，是本单位应对生产安全事故的总体工作程序、措施和应急预案体系的总纲。

（2）专项应急预案。专项应急预案是生产经营单位为应对某一种或者多种类型生产安全事故，或者针对重要生产设施、重大危险源、重大活动防止生产安全事故而制定的专项工作方案。专项应急预案与综合应急预案中的应急组织机构、应急响应程序相近时，可不编写专项应急预案，相应的应急处置措施并入综合应急预案。

（3）现场处置方案。现场处置方案是生产经营单位根据不同生产安全事故类型，针对具体场所、装置或者设施所制定的应急处置措施。现场处置方案重点规范事故风险描述、应急工作职责、应急处置措施和注意事项，应体现自救互救、信息报告和先期处置的特点。事故风险单一、危险性小的生产经营单位，可只编制现场处置方案。

提示

综合应急预案、专项应急预案和现场处置方案的具体内容在“考点二 应急预案体系”有详细叙述，可参考学习。

（二）《生产安全事故应急预案管理办法》有关规定

1. 总则

应急预案的管理实行属地为主、分级负责、分类指导、综合协调、动态管理的原则。

生产经营单位主要负责人负责组织编制和实施本单位的应急预案，并对应急预案的真实性和实用性负责；各分管负责人应当按照职责分工落实应急预案规定的职责。

2. 应急预案的编制

应急预案的编制应当遵循以人为本、依法依规、符合实际、注重实效的原则，以应急处置为核心，明确应急职责、规范应急程序、细化保障措施。

应急预案的编制应当符合下列基本要求：有关法律、法规、规章和标准的规定；本地区、本部门、本单位的安全生产实际情况；本地区、本部门、本单位的危险性分析情况；应急组织和人员的职责分工明确，并有具体的落实措施；有明确、具体的应急程序和处置措施，并与其应急能力相适应；有明确的应急保障措施，满足本地区、本部门、本单位的应急工作需要;应急预案基本要素齐全、完整,应急预案附件提供的信息准确;应急预案内容与相关应急预案相互衔接。

生产经营单位风险种类多、可能发生多种类型事故的,应当组织编制综合应急预案。

综合应急预案应当规定应急组织机构及其职责、应急预案体系、事故风险描述、预警及信息报告、应急响应、保障措施、应急预案管理等内容。

生产经营单位编制的各类应急预案之间应当相互衔接,并与相关人民政府及其部门、应急救援队伍和涉及的其他单位的应急预案相衔接。

生产经营单位应当在编制应急预案的基础上,针对工作场所、岗位的特点,编制简明、实用、有效的应急处置卡。应急处置卡应当规定重点岗位、人员的应急处置程序和措施,以及相关联络人员和联系方式,便于从业人员携带。

3. 应急预案的评审、公布和备案

参加应急预案评审的人员应当包括有关安全生产及应急管理方面的专家。评审人员与所评审应急预案的生产经营单位有利害关系的,应当回避。

生产经营单位的应急预案经评审或者论证后,由本单位主要负责人签署,向本单位从业人员公布,并及时发放到本单位有关部门、岗位和相关应急救援队伍。事故风险可能影响周边其他单位、人员的,生产经营单位应当将有关事故风险的性质、影响范围和应急防范措施告知周边的其他单位和人员。

易燃易爆物品、危险化学品等危险物品的生产、经营、储存、运输单位,矿山、金属冶炼、城市轨道交通运营、建筑施工单位,以及宾馆、商场、娱乐场所、旅游景区等人员密集场所经营单位,应当在应急预案公布之日起20个工作日内,按照分级属地原则,向县级以上人民政府应急管理部门和其他负有安全生产监督管理职责的部门进行备案,并依法向社会公布。上述所列单位属于中央企业的,其总部(上市公司)的应急预案,报国务院主管的负有安全生产监督管理职责的部门备案,并抄送应急管理部;其所属单位的应急预案报所在地的省、自治区、直辖市或者设区的市级人民政府主管的负有安全生产监督管理职责的部门备案,并抄送同级人民政府应急管理部门。

4. 应急预案的实施

各级人民政府应急管理部门应当至少每两年组织一次应急预案演练,提高本部门、本地区生产安全事故应急处置能力。

生产经营单位应当制定本单位的应急预案演练计划,根据本单位的事故风险特点,每年至少组织一次综合应急预案演练或者专项应急预案演练,每半年至少组织一次现场处置方案演练。

应急预案编制单位应当建立应急预案定期评估制度,对预案内容的针对性和实用性进行分析,并对应急预案是否需要修订做出结论。矿山、金属冶炼、建筑施工企业和易燃易爆物品、危险化学品等危险物品的生产、经营、储存、运输企业、使用危险化学品达到国家规定数量的化工企业、烟花爆竹生产、批发经营企业和中型规模以上的其他生产经营单位,应当每3年进行一次应急预案评估。应急预案评估可以邀请相关专业机构或者有关专家、有实际应急救援工作经验的人员参加,必要时可以委托安全生产技术服务机构实施。

有下列情形之一的，应急预案应当及时修订并归档：依据的法律、法规、规章、标准及上位预案中的有关规定发生重大变化的；应急指挥机构及其职责发生调整的；安全生产面临的风险发生重大变化的；重要应急资源发生重大变化的；在应急演练和事故应急救援中发现需要修订预案的重大问题的；编制单位认为应当修订的其他情况。

生产经营单位应当按照应急预案的规定，落实应急指挥体系、应急救援队伍、应急物资及装备，建立应急物资、装备配备及其使用档案，并对应急物资、装备进行定期检测和维护，使其处于适用状态。

生产经营单位发生事故时，应当第一时间启动应急响应，组织有关力量进行救援，并按照规定将事故信息及应急响应启动情况报告事故发生地县级以上人民政府应急管理部门和其他负有安全生产监督管理职责的部门。

生产安全事故应急处置和应急救援结束后，事故发生单位应当对应急预案实施情况进行总结评估。

考点二　应急预案体系

下面主要对应急预案体系（综合应急预案、专项应急预案和现场处置方案）的具体内容进行重点叙述。

（一）综合应急预案

1. 总则

（1）适用范围：说明应急预案适用的范围。

（2）响应分级：依据事故危害程度、影响范围和生产经营单位控制事态的能力，对事故应急响应进行分级，明确分级响应的基本原则。响应分级不必照搬事故分级。

2. 应急组织机构及职责

明确应急组织形式（可用图示）及构成单位（部门）的应急处置职责。应急组织机构可设置相应的工作小组，各小组具体构成、职责分工及行动任务以工作方案的形式作为附件。

3. 应急响应

应急响应包括以下内容：

（1）信息报告。信息报告主要包括以下内容：

①信息接报。明确应急值守电话、事故信息接收、内部通报程序、方式和责任人，向上级主管部门、上级单位报告事故信息的流程、内容、时限和责任人，以及向本单位以外的有关部门或单位通报事故信息的方法、程序和责任人。

②信息处置与研判。明确响应启动的程序和方式。根据事故性质、严重程度、影响范围和可控性，结合响应分级明确的条件，可由应急领导小组作出响应启动的决策并宣布，或者依据事故信息是否达到响应启动的条件自动启动。若未达到响应启动条件，应急领导小组可作出预警启动的决策，做好响应准备，实时跟踪事态发展。响应启动后，应注意跟踪事态发展，科学分析处置需求，及时调整响应级别，避免响应不足或过度响应。

（2）预警。预警主要包括以下内容：

①预警启动。明确预警信息发布渠道、方式和内容。

②响应准备。明确作出预警启动后应开展的响应准备工作，包括队伍、物资、装备、后

勤及通信。

③预警解除。明确预警解除的基本条件、要求及责任人。

(3)响应启动。确定响应级别,明确响应启动后的程序性工作,包括应急会议召开、信息上报、资源协调、信息公开、后勤及财力保障工作。

(4)应急处置。明确事故现场的警戒疏散、人员搜救、医疗救治、现场监测、技术支持、工程抢险及环境保护方面的应急处置措施,并明确人员防护的要求。

(5)应急支援。明确当事态无法控制情况下,向外部(救援)力量请求支援的程序及要求、联动程序及要求,以及外部(救援)力量到达后的指挥关系。

(6)响应终止。明确响应终止的基本条件、要求和责任人。

4. 后期处置

明确污染物处理、生产秩序恢复、人员安置方面的内容。

5. 应急保障

应急保障包括以下内容:

(1)通信与信息保障。明确应急保障的相关单位及人员通信联系方式和方法,以及备用方案和保障责任人。

(2)应急队伍保障。明确相关的应急人力资源,包括专家、专兼职应急救援队伍及协议应急救援队伍。

(3)物资装备保障。明确本单位的应急物资和装备的类型、数量、性能、存放位置、运输及使用条件、更新及补充时限、管理责任人及其联系方式,并建立台账。

(4)其他保障。根据应急工作需求而确定的其他相关保障措施(如能源保障、经费保障、交通运输保障、治安保障、技术保障、医疗保障及后勤保障)。

(二)专项应急预案

1. 适用范围

说明专项应急预案适用的范围,以及与综合应急预案的关系。

2. 应急组织机构及职责

明确应急组织形式(可用图示)及构成单位(部门)的应急处置职责。应急组织机构以及各成员单位或人员的具体职责。应急组织机构可以设置相应的应急工作小组,各小组具体构成、职责分工及行动任务建议以工作方案的形式作为附件。

3. 响应启动

明确响应启动后的程序性工作,包括应急会议召开、信息上报、资源协调、信息公开、后勤及财力保障工作。

4. 处置措施

针对可能发生的事故风险、危害程度和影响范围,明确应急处置指导原则,制定相应的应急处置措施。

5. 应急保障

根据应急工作需求明确保障的内容。

提示

专项应急预案包括但不限于上述内容,如还包括事故风险分析、处置程序。

（三）现场处置方案

1. 事故风险描述

简述事故风险评估的结果。

2. 应急工作职责

明确应急组织分工和职责。

3. 应急处置

主要包括以下内容：

（1）应急处置程序。根据可能发生的事故及现场情况，明确事故报警、各项应急措施启动、应急救护人员的引导、事故扩大及同生产经营单位应急预案的衔接程序。

（2）现场应急处置措施。针对可能发生的事故从人员救护、工艺操作、事故控制、消防、现场恢复等方面制定明确的应急处置措施。

（3）明确报警负责人以及报警电话及上级管理部门、相关应急救援单位联络方式和联系人员，事故报告基本要求和内容。

4. 注意事项

包括人员防护和自救互救、装备使用、现场安全方面的内容。

考点三　生产事故应急演练

该部分内容主要依据《生产安全事故应急演练基本规范》对生产事故应急演练进行详细叙述。

（一）术语和定义

应急演练是指针对可能发生的事故情景，依据应急预案而模拟开展的应急活动。

综合演练是指针对应急预案中多项或全部应急响应功能开展的演练活动。

单项演练是指针对应急预案中某一项应急响应功能开展的演练活动。

桌面演练是指针对事故情景，利用图纸、沙盘、流程图、计算机模拟、视频会议等辅助手段，进行交互式讨论和推演的应急演练活动。

实战演练是指针对事故情景，选择（或模拟）生产经营活动中的设备、设施、装置或场所，利用各类应急器材、装备、物资，通过决策行动、实际操作，完成真实应急响应的过程。

检验性演练是指为检验应急预案的可行性、应急准备的充分性、应急机制的协调性及相关人员的应急处置能力而组织的演练。

示范性演练是指为检验和展示综合应急救援能力，按照应急预案开展的具有较强指导宣教意义的规范性演练。

研究性演练是指为探讨和解决事故应急处置的重点、难点问题，试验新方案、新技术、新装备而组织的演练。

（二）应急演练目的

应急演练有以下目的：

（1）检验预案。发现应急预案中存在的问题，提高应急预案的针对性、实用性和可操作性。

（2）完善准备。完善应急管理标准制度，改进应急处置技术，补充应急装备和物资，提高应急能力。

(3)磨合机制。完善应急管理部门、相关单位和人员的工作职责,提高协调配合能力。

(4)宣传教育。普及应急管理知识,提高参演和观摩人员风险防范意识和自救互救能力。

(5)锻炼队伍。熟悉应急预案,提高应急人员在紧急情况下妥善处置事故的能力。

(三)应急演练分类

应急演练按照演练内容分为综合演练和单项演练,按照演练形式分为实战演练和桌面演练,按目的与作用分为检验性演练、示范性演练和研究性演练,不同类型的演练可相互组合。

(四)应急演练工作原则

应急演练应遵循以下原则:

(1)符合相关规定。按照国家相关法律法规、标准及有关规定组织开展演练。

(2)依据预案演练。结合生产面临的风险及事故特点,依据应急预案组织开展演练。

(3)注重能力提高。突出以提高指挥协调能力、应急处置能力和应急准备能力组织开展演练。

(4)确保安全有序。在保证参演人员、设备设施及演练场所安全的条件下组织开展演练。

(五)应急演练基本流程

应急演练实施基本流程包括计划、准备、实施、评估总结、持续改进五个阶段。

1. 计划

应急演练的计划包括以下内容:

(1)需求分析。全面分析和评估应急预案、应急职责、应急处置工作流程和指挥调度程序、应急技能和应急装备、物资的实际情况,提出需通过应急演练解决的内容,有针对性地确定应急演练目标,提出应急演练的初步内容和主要科目。

(2)明确任务。确定应急演练的事故情景类型、等级、发生地域,演练方式,参演单位,应急演练各阶段主要任务,应急演练实施的拟定日期。

(3)制订计划。根据需求分析及任务安排,组织人员编制演练计划文本。

链接

演练计划的内容主要有目的、类型、时间、地点、主要内容、参加单位以及预算经费等。

2. 准备

应急演练的准备包括以下内容:

(1)成立演练组织机构。综合演练通常应成立演练领导小组,负责演练活动筹备和实施过程中的组织领导工作,审定演练工作方案、演练工作经费、演练评估总结以及其他需要决定的重要事项。演练领导小组下设策划与导调组、宣传组、保障组、评估组。根据演练规模大小,其组织机构可进行调整。

①策划与导调组。负责编制演练工作方案、演练脚本、演练安全保障方案,负责演练活动筹备、事故场景布置、演练进程控制和参演人员调度以及与相关单位、工作组的联络和协调。

②宣传组。负责编制演练宣传方案,整理演练信息、组织新闻媒体和开展新闻发布。

③保障组。负责演练的物资装备、场地、经费、安全保卫及后勤保障。

④评估组。负责对演练准备、组织与实施进行全过程、全方位的跟踪评估；演练结束后，及时向演练单位或演练领导小组及其他相关专业组提出评估意见、建议，并撰写演练评估报告。

(2)编制文件。文件主要包括以下内容：

①工作方案。演练工作方案内容包括：目的及要求；事故情景；参与人员及范围；时间与地点；主要任务及职责；筹备工作内容；主要工作步骤；技术支撑及保障条件；评估与总结。

②脚本。演练一般按照应急预案进行，按照应急预案进行时，根据工作方案中设定的事故情景和应急预案中规定的程序开展演练工作。演练单位根据需要确定是否编制脚本，如编制脚本，一般采用表格形式，主要内容包括：模拟事故情景；处置行动与执行人员；指令与对白、步骤及时间安排；视频背景与字幕；演练解说词；其他。

③评估方案。演练评估方案内容包括：演练信息、评估内容、评估标准、评估程序、附件。

④保障方案。演练保障方案应包括应急演练可能发生的意外情况、应急处置措施及责任部门、应急演练意外情况中止条件与程序。

⑤观摩手册。根据演练规模和观摩需要，可编制演练观摩手册。演练观摩手册通常包括应急演练时间、地点、情景描述、主要环节及演练内容、安全注意事项。

⑥宣传方案。编制演练宣传方案，明确宣传目标、宣传方式、传播途径、主要任务及分工、技术支持。

(3)工作保障。根据演练工作需要，做好演练的组织与实施需要相关保障条件。保障条件主要包括以下内容：

①人员保障。按照演练方案和有关要求，确定演练总指挥、策划导调、宣传、保障、评估、参演人员参加演练活动，必要时设置替补人员。

②经费保障。明确演练工作经费及承担单位。

③物资和器材保障。明确各参演单位所准备的演练物资和器材。

④场地保障。根据演练方式和内容，选择合适的演练场地；演练场地应满足演练活动需要，应尽量避免影响企业和公众正常生产、生活。

⑤安全保障。采取必要安全防护措施，确保参演、观摩人员以及生产运行系统安全。

⑥通信保障。采用多种公用或专用通信系统，保证演练通信信息通畅。

⑦其他保障。提供其他保障措施。

3. 实施

应急演练的实施包括以下内容：

(1)现场检查。确认演练所需的工具、设备、设施、技术资料以及参演人员到位。对应急演练安全设备、设施进行检查确认，确保安全保障方案可行，所有设备、设施完好，电力、通信系统正常。

(2)演练简介。应急演练正式开始前，应对参演人员进行情况说明，使其了解应急演练规则、场景及主要内容、岗位职责和注意事项。

(3)启动。应急演练总指挥宣布开始应急演练，参演单位及人员按照设定的事故情景，参与应急响应行动，直至完成全部演练工作。演练总指挥可根据演练现场情况，决定是否继续或中止演练活动。

(4)执行。执行包括以下内容:

①桌面演练执行。在桌面演练过程中,演练执行人员按照应急预案或应急演练方案发出信息指令后,参演单位和人员依据接收到的信息,回答问题或模拟推演的形式,完成应急处置活动。通常按照四个环节循环往复进行:

a. 注入信息。执行人员通过多媒体文件、沙盘、消息单等多种形式向参演单位和人员展示应急演练场景,展现生产安全事故发生发展情况。

b. 提出问题。在每个演练场景中,由执行人员在场景展现完毕后根据应急演练方案提出一个或多个问题,或者在场景展现过程中自动呈现应急处置任务,供应急演练参与人员根据各自角色和职责分工展开讨论。

c. 分析决策。根据执行人员提出的问题或所展现的应急决策处置任务及场景信息,参演单位和人员分组开展思考讨论,形成处置决策意见。

d. 表达结果。在组内讨论结束后,各组代表按要求提交或口头阐述本组的分析决策结果,或者通过模拟操作与动作展示应急处置活动。

各组决策结果表达结束后,导调人员可对演练情况进行简要讲解,接着注入新的信息。

②实战演练执行。按照应急演练工作方案,开始应急演练,有序推进各个场景,开展现场点评,完成各项应急演练活动,妥善处理各类突发情况,宣布结束与意外终止应急演练。实战演练执行主要按照以下步骤进行:

a. 演练策划与导调组对应急演练实施全过程的指挥控制。

b. 演练策划与导调组按照应急演练工作方案(脚本)向参演单位和人员发出信息指令,传递相关信息,控制演练进程;信息指令可由人工传递,也可以用对讲机、电话、手机、传真机、网络方式传送,或者通过特定声音、标志与视频呈现。

c. 演练策划与导调组按照应急演练工作方案规定程序,熟练发布控制信息,调度参演单位和人员完成各项应急演练任务;应急演练过程中,执行人员应随时掌握应急演练进展情况,并向领导小组组长报告应急演练中出现的各种问题。

d. 各参演单位和人员,根据导调信息和指令,依据应急演练工作方案规定流程,按照发生真实事件时的应急处置程序,采取相应的应急处置行动。

e. 参演人员按照应急演练方案要求,做出信息反馈。

f. 演练评估组跟踪参演单位和人员的响应情况,进行成绩评定并作好记录。

(5)演练记录。演练实施过程中,安排专门人员采用文字、照片和音像手段记录演练过程。

(6)中断。在应急演练实施过程中,出现特殊或意外情况,短时间内不能妥善处理或解决时,应急演练总指挥按照事先规定的程序和指令中断应急演练。

(7)结束。完成各项演练内容后,参演人员进行人数清点和讲评,演练总指挥宣布演练结束。

4. 评估总结

评估包括以下内容:

(1)演练点评。演练结束后,可选派有关代表(演练组织人员、参演人员、评估人员或相关方人员)对演练中发现的问题及取得的成效进行现场点评。

(2)参演人员自评。演练结束后,演练单位应组织各参演小组或参演人员进行自评,总结演练中的优点和不足,介绍演练收获及体会。演练评估人员应参加参演人员自评会并做好记录。

(3)评估组评估。参演人员自评结束后,演练评估组负责人应组织召开专题评估工作会议。综合评估意见。评估人员应根据演练情况和演练评估记录发表建议并交换意见。分析相关信息资料。明确存在问题并提出整改要求和措施等。

(4)编制演练评估报告。包括:

①报告编写要求。演练现场评估工作结束后,评估组针对收集的各种信息资料,依据评估标准和相关文件资料对演练活动全过程进行科学分析和客观评价,并撰写演练评估报告,评估报告应向所有参演人员公示。

②报告主要内容。内容通常包括:演练基本情况;演练评估过程;演练情况分析;改进的意见和建议;评估结论等。

链接

评估报告应当对演练活动的组织和实施、演练目标的实现、参演人员的表现以及演练中暴露的问题三部分进行重点评估。

总结包括以下内容:

(1)撰写演练总结报告。应急演练结束后,演练组织单位应根据演练记录、演练评估报告、应急预案、现场总结材料,对演练进行全面总结,并形成演练书面总结报告。报告可对应急演练准备、策划工作进行简要总结分析。参与单位也可对本单位的演练情况进行总结。演练总结报告的主要内容:演练基本概要;演练发现的问题,取得的经验和教训;应急管理工作建议。

(2)演练资料归档。**应急演练活动结束后,演练组织单位应将应急演练工作方案、应急演练书面评估报告、应急演练总结报告文字资料,以及记录演练实施过程的相关图片、视频、音频资料归档保存。**

5. 持续改进

应急演练的持续改进包括以下内容:

(1)应急预案修订完善。根据演练评估报告中对应急预案的改进建议,按程序对预案进行修订完善。

(2)应急管理工作改进,包括以下内容:

①应急演练结束后,演练组织单位应根据应急演练评估报告、总结报告提出的问题和建议,对应急管理工作(包括应急演练工作)进行持续改进。

②演练组织单位应督促相关部门和人员,制订整改计划,明确整改目标,制定整改措施,落实整改资金,并跟踪督查整改情况。

同步自测

单项选择题(每题的备选项中,只有1个最符合题意)

1. 根据《生产经营单位生产安全事故应急预案编制导则》,生产经营单位应急预案分为(　　)。

A. 纲领性应急预案、详细性应急预案和现场处置方案

B. 整体应急预案、专项应急预案和现场处置方案

C. 整体应急预案、专项应急预案和施工方案

D. 综合应急预案、专项应急预案和现场处置方案

2. 根据《生产经营单位生产安全事故应急预案编制导则》，现场处置方案中的应急处置不包括的内容是(　　)。

A. 应急组织机构及职责　　B. 应急处置程序

C. 现场应急处置措施　　D. 明确事故报告基本要求和内容

3. 根据《生产安全事故应急演练基本规范》，应急演练按照演练内容分为(　　)。

A. 实战演练和桌面演练　　B. 综合演练和单项演练

C. 检验性演练、示范性演练和研究性演练　　D. 实战演练和综合演练

4. 根据《生产安全事故应急演练基本规范》，演练观摩手册通常不包括(　　)。

A. 主要任务及分工　　B. 主要环节

C. 应急演练时间、地点　　D. 安全注意事项

答案详解

单项选择题

1. D。**【解析】**《生产经营单位生产安全事故应急预案编制导则》规定，生产经营单位应急预案分为综合应急预案、专项应急预案和现场处置方案。生产经营单位应根据有关法律、法规和相关标准，结合本单位组织管理体系、生产规模和可能发生的事故特点，科学合理确立本单位的应急预案体系，并注意与其他类别应急预案相衔接。

2. A。**【解析】**《生产经营单位生产安全事故应急预案编制导则》规定，现场处置方案中的应急处置包括但不限于下列内容：(1)应急处置程序。根据可能发生的事故及现场情况，明确事故报警、各项应急措施启动、应急救护人员的引导、事故扩大及同生产经营单位应急预案的衔接程序。(2)现场应急处置措施。针对可能发生的事故从人员救护、工艺操作、事故控制、消防、现场恢复等方面制定明确的应急处置措施。(3)明确报警负责人以及报警电话及上级管理部门、相关应急救援单位联络方式和联系人员，事故报告基本要求和内容。

3. B。**【解析】**《生产安全事故应急演练基本规范》规定，应急演练是指针对可能发生的事故情景，依据应急预案而模拟开展的应急活动。应急演练按照演练内容分为综合演练和单项演练，按照演练形式分为实战演练和桌面演练，按目的与作用分为检验性演练、示范性演练和研究性演练，不同类型的演练可相互组合。

4. A。**【解析】**《生产安全事故应急演练基本规范》规定，根据演练规模和观摩需要，可编制演练观摩手册。演练观摩手册通常包括应急演练时间、地点、情景描述、主要环节及演练内容、安全注意事项。

附　录　考试涉及的规范、标准及法律法规文件

附录1　建设工程施工现场消防安全技术

为预防建设工程施工现场火灾,减少火灾危害,保护人身和财产安全,制定《建设工程施工现场消防安全技术标准》。

(一)建筑防火

宿舍、办公用房的防火设计应符合下列规定:

(1)建筑层数不应超过3层,任一层建筑面积不应大于300 m^2。

(2)层数为3层或建筑面积大于200 m^2 的楼层,应设置不少于2部疏散楼梯,房间疏散门至疏散楼梯的疏散距离不应大于25 m。

(3)单面布置用房时,疏散走道的净宽度不应小于1.0 m;双面布置用房时,疏散走道的净宽度不应小于1.5 m。

(4)疏散楼梯的净宽度不应小于疏散走道的净宽度。

(5)宿舍房间的建筑面积不应大于30 m^2,其他房间的建筑面积不宜大于100 m^2。

(6)房间内任一点至最近疏散门的距离不应大于15 m,房门的净宽度不应小于0.8 m;房间建筑面积超过50 m^2 时,房门的净宽度不应小于1.2 m。

(7)隔墙应从楼地面基层隔断至顶板基层底面。

(二)临时消防设施

保障施工现场消防供水的消防水泵供电电源应能在火灾时保持不间断供电,供配电线路应为专用消防配电线路。

高度超过100 m的在建工程,应在适当楼层增设临时转输水池(箱)及加压水泵。转输水池(箱)的有效容积不应少于10 m^3,上、下两个转输水池(箱)的高差不宜超过100 m,加压水泵的电气控制应满足消防连续供水要求。

(三)防火管理

1. 一般规定

建设单位、施工单位、监理单位及其他与建设工程安全生产有关的单位,应依法承担建设工程施工现场消防安全责任和义务。实行施工总承包时,分包单位应向总承包单位负责,并应服从总承包单位的管理。

施工单位应针对施工现场可能导致火灾发生的施工作业及其他活动,制订消防安全管理制度。消防安全管理制度应包括下列主要内容:消防安全教育与培训制度;可燃及易燃易爆危险品管理制度;用火、用电、用气管理制度;消防安全巡查、检查制度;应急消防预案演练制度;临时消防设施管理和维护制度。

施工过程中,施工现场的消防安全负责人应定期组织消防安全管理人员对施工现场

的消防安全进行检查。消防安全检查应包括下列主要内容：可燃物及易燃易爆危险品的管理措施；动火作业的审批和防火措施；用火、用电、用气操作规程；临时消防设施完好；临时消防车道及临时疏散设施畅通及有效。

2. 可燃物及易燃易爆危险品管理

可燃材料及易燃易爆危险品应按计划限量进场。进场后，可燃材料宜存放于库房内，露天存放时，应分类成垛堆放，垛高不应超过 2 m，单垛体积不应超过 50 m^3，垛与垛之间的最小间距不应小于 2 m，且应采用不燃或难燃材料覆盖；易燃易爆危险品应分类专库储存，库房内应通风良好，并应设置严禁明火标志。

3. 用火、用电、用气管理

施工现场用火作业应符合下列规定：

(1)建立动火作业安全管理制度，明确管理部门和管理责任人，严格动火作业内部审批。动火作业审批必须明确动火作业内容、作业风险、作业地点、作业时长、审批有效期、动火操作人员、监护人员、现场管控和应急处置措施等内容。

(2)动火操作人员应具有相应资格。

(3)施工作业安排时，应将动火作业安排在使用可燃建筑材料的施工作业前进行。确需在使用可燃建筑材料的施工作业之后进行动火作业时，应采取可靠的防火措施。

(4)动火作业场所应配备灭火器材，并应配备动火监护人进行现场监护，每个动火作业点均应配备 1 名监护人。

(5)五级(含五级)以上风力时，应停止焊接、切割等室外动火作业；确需动火作业时，应采取可靠的挡风措施。

(6)动火作业后，应对现场进行检查，并应在确认无火灾危险后，动火操作人员再离开，监护人员在动火作业结束后，应至少在现场监护 30 min。

(7)施工现场不应采用明火取暖。

(8)厨房操作间炉灶使用完毕后，应将炉火熄灭，排油烟机及油烟管道应定期清理油垢。

(9)焊接、切割、烘烤或加热等动火作业前，应对作业现场的可燃物进行清理；作业现场及其附近无法移走的可燃物应采用不燃材料对其覆盖或隔离。对于焊接、切割作业产生的火花、熔渣，应在作业点下方及周边设置不燃材料制作的接火装置。

(10)裸露的可燃材料上严禁直接进行动火作业。

(11)具有火灾、爆炸危险的场所严禁明火。

(12)施工现场动火作业时，宜设置视频监控和人员巡查相结合的监测预警措施。

施工现场动火作业除应符合相关规定外，还应满足以下要求：

(1)不得在人员密集场所营业期间进行动火作业。

(2)宾馆、医院、养老院等需要连续运营的场所确需动火作业的，应设置视频监控和人员巡查相结合的监测预警措施，并应采取更加严格的人员监护和应急处置措施。

(3)厂房和仓库内的动火作业应优先安排在不存放任何可燃物的固定动火作业场进行，确需在固定动火作业场外实施的，不应与具有火灾、爆炸风险的生产、储存作业产生交叉；需要实施动火作业的生产装置或系统、设备、储罐、管道应停车、停止使用，经清洗、置换、检测合格并采取安全隔离措施后，方可实施动火作业；动火点下方及附近如存在可燃物、管道、电缆桥架、孔洞、窨井、地沟等，应采取清理、封盖或隔离措施，严禁在未确认安全的情况下实施动火作业；动火作业应采取更加严格的人员监护和应急处置措施。

（4）冷库、室内冰雪活动场所施工现场动火作业前，应对进场保温材料以及动火作业点下方及附近的保温材料进行清理、覆盖或隔离。

（5）地下工程施工现场动火作业时，地下部分与地上部分应按照相关规定进行防火分隔，地下部分应设置临时应急照明和疏散指示标志。

施工现场用电应符合下列规定：

（1）施工现场供用电设施的设计、施工、运行和维护应符合现行国家标准《建设工程施工现场供用电安全规范》的有关规定。

（2）严禁使用绝缘老化或失去绝缘性能的电气线路，严禁在电气线路上悬挂物品。破损、烧焦的插座、插头应及时更换。

（3）电气设备与可燃、易燃易爆危险品和腐蚀性物品应保持一定的安全距离。

（4）有爆炸危险的场所，电气设备应符合现行国家标准《爆炸危险环境电力装置设计规范》的有关规定。

（5）距配电屏 2 m 范围内不应堆放可燃物，5 m 范围内不应设置可能产生较多易燃、易爆气体、粉尘的作业区。

（6）可燃材料库房不应使用高热灯具，易燃易爆危险品库房内应使用防爆灯具。

（7）普通灯具与易燃物的距离不宜小于 300 mm，高热灯具与易燃物的距离不宜小于 500 mm。

（8）电气设备不应超负荷运行或带故障使用。

（9）严禁擅自改装现场供用电设施。

（10）应定期对电气设备和线路的运行及维护情况进行检查。

施工现场用气应符合下列规定：

（1）气瓶运输、存放、使用时，应符合下列规定：气瓶应保持直立状态，并采取防倾倒措施，乙炔瓶严禁横躺卧放；严禁碰撞、敲打、抛掷、滚动气瓶；气瓶应远离火源，与火源的距离不应小于 10 m，并应采取避免高温和防止暴晒的措施；燃气储装瓶罐应设置防静电装置。

（2）气瓶应分类储存，库房内应通风良好；空瓶和实瓶同库存放时，应分开放置，空瓶和实瓶的间距不应小于 1.5 m。

（3）气瓶使用时，应符合下列规定：使用前，应检查气瓶及气瓶附件的完好性，检查连接气路的气密性，并采取避免气体泄漏的措施，严禁使用已老化的橡皮气管；**氧气瓶与乙炔瓶的工作间距不应小于 5 m，气瓶与明火作业点的距离不应小于 10 m**；冬季使用气瓶，气瓶的瓶阀、减压器等发生冻结时，严禁用火烘烤或用铁器敲击瓶阀，严禁猛拧减压器的调节螺丝；氧气瓶内剩余气体的压力不应小于 0.1 MPa；气瓶用后应及时归库。

附录 2　建筑施工安全检查标准

为科学评价建筑施工现场安全生产，预防生产安全事故的发生，保障施工人员的安全和健康，提高施工管理水平，实现安全检查工作的标准化，制定本标准。

(一)检查评定项目

1. 安全管理

安全管理检查评定保证项目应包括:安全生产责任制、施工组织设计及专项施工方案、安全技术交底、安全检查、安全教育、应急救援。一般项目应包括:分包单位安全管理、持证上岗、生产安全事故处理、安全标志。

安全教育的检查评定内容包括:工程项目部应建立安全教育培训制度;当施工人员入场时,工程项目部应组织进行以国家安全法律法规、企业安全制度、施工现场安全管理规定及各工种安全技术操作规程为主要内容的三级安全教育培训和考核;当施工人员变换工种或采用新技术、新工艺、新设备、新材料施工时,应进行安全教育培训;施工管理人员、专职安全员每年度应进行安全教育培训和考核。

应急救援的检查评定内容包括:工程项目部应针对工程特点,进行重大危险源的辨识;应制定防触电、防坍塌、防高处坠落、防起重及机械伤害、防火灾、防物体打击等主要内容的专项应急救援预案、并对施工现场易发生重大安全事故的部位、环节进行监控;施工现场应建立应急救援组织,培训、配备应急救援人员,定期组织员工进行应急救援演练;按应急救援预案要求,应配备应急救援器材和设备。

2. 文明施工

文明施工检查评定保证项目应包括:现场围挡、封闭管理、施工场地、材料管理、现场办公与住宿、现场防火。一般项目应包括:综合治理、公示标牌、生活设施、社区服务。

3. 扣件式钢管脚手架

扣件式钢管脚手架检查评定保证项目应包括:施工方案、立杆基础、架体与建筑结构拉结、杆件间距与剪刀撑、脚手板与防护栏杆、交底与验收。一般项目应包括:横向水平杆设置、杆件连接、层间防护、构配件材质、通道。

4. 高处作业吊篮

高处作业吊篮检查评定保证项目应包括:施工方案、安全装置、悬挂机构、钢丝绳、安装作业、升降作业。一般项目应包括:交底与验收、安全防护、吊篮稳定、荷载。

安全装置的检查评定内容包括:吊篮应安装防坠安全锁,并应灵敏有效;防坠安全锁不应超过标定期限;吊篮应设置为作业人员挂设安全带专用的安全绳和安全锁扣,安全绳应固定在建筑物可靠位置上,不得与吊篮上的任何部位连接;吊篮应安装上限位装置,并应保证限位装置灵敏可靠。

悬挂机构的检查评定内容包括:悬挂机构前支架不得支撑在女儿墙及建筑物外挑檐边缘等非承重结构上;悬挂机构前梁外伸长度应符合产品说明书规定;前支架应与支撑面垂直且脚轮不应受力;上支架应固定在前支架调节杆与悬挑梁连接的节点处;严禁使用破损的配重块或其他替代物;配重块应固定可靠,重量应符合设计规定。

升降作业的检查评定内容包括:必须由经过培训合格的人员操作吊篮升降;吊篮内的作业人员不应超过 2 人;吊篮内作业人员应将安全带用安全锁扣正确挂置在独立设置的专用安全绳上;作业人员应从地面进出吊篮。

5. 基坑工程

基坑工程检查评定保证项目应包括:施工方案、基坑支护、降排水、基坑开挖、坑边荷载、安全防护。一般项目应包括:基坑监测、支撑拆除、作业环境、应急预案。

6. 高处作业

高处作业检查评定项目应包括:安全帽、安全网、安全带、临边防护、洞口防护、通道口防护、攀登作业、悬空作业、移动式操作平台、悬挑式物料钢平台。

高处作业安全检查项目及说明:

(1)安全帽:安全帽是防冲击的主要防护用品,每顶安全帽上都应有制造厂名称、商标、型号、许可证号、检验部门批量验证及工厂检验合格证;佩戴安全帽时必须系紧下颚帽带,防止安全帽掉落。

(2)安全网:应重点检查安全网的材质及使用情况;每张安全网出厂前,必须有国家制定的监督检验部门批量验证和工厂检验合格证。

(3)安全带:安全带用于防止人体坠落发生,从事高处作业人员必须按规定正确佩戴使用;安全带的带体上缝有永久字样的商标、合格证和检验证,合格证上注有产品名称、生产年月、拉力试验、冲击试验、制造厂名、检验员姓名等信息。

(4)临边防护:临边防护栏杆应定型化、工具化、连续性;护栏的任何部位应能承受任何方向的 1 000 N 的外力。

(5)洞口防护:洞口的防护设施应定型化、工具化、严密性;不能出现作业人员随意找材料盖在预留洞口上的临时做法,防止发生坠落事故;楼梯口、电梯井口应设防护栏杆,井内每隔两层(不大于 10 m)设置一道安全平网或其他形式的水平防护,并不得留有杂物。

(6)通道口防护:通道口防护应具有严密性、牢固性的特点;为防止在进出施工区域的通道处发生物体打击事故,在出入口的物体坠落半径内搭设防护棚,顶部采用 50 mm 木脚手板铺设,两侧封闭密目式安全网;建筑物高度大于 24 m 或使用竹笆脚手板等低强度材料时,应采用双层防护棚,以提高防砸能力。

(7)攀登作业:使用梯子进行高处作业前,必须保证地面坚实平整,不得使用其他材料对梯脚进行加高处理。

(8)悬空作业:悬空作业应保证使用索具、吊具、料具等设备的合格可靠;悬空作业部位应有牢靠的立足点,并视具体环境配备相应的防护栏杆、防护网等安全措施。

(9)移动式操作平台:移动式操作平台应按方案设计要求进行组装使用,作业面的四周必须按临边作业要求设置防护栏杆,并应布置登高扶梯。

(10)悬挑式物料钢平台:悬挑式物料钢平台的制作、安装应编制专项施工方案,并应进行设计计算;悬挑式物料钢平台的下部支撑系统或上部拉结点。应设置在建筑结构上;斜拉杆或钢丝绳应按规范要求在平台两侧各设置前后两道;钢平台两侧必须安装固定的防护栏杆,并应在平台明显处设置荷载限定标牌;钢平台台面、钢平台与建筑结构间铺板应严密、牢固。

(二)检查评定等级

应按汇总表的总得分和分项检查评分表的得分,对建筑施工安全检查评定划分为优良、合格、不合格三个等级。

建筑施工安全检查评定的等级划分应符合下列规定:

(1)优良:分项检查评分表无零分,汇总表得分值应在 80 分及以上。

(2)合格:分项检查评分表无零分,汇总表得分值应在 80 分以下,70 分及以上。

(3)不合格:当汇总表得分值不足 70 分时;当有一分项检查评分表为零时。

附录3　企业职工伤亡事故经济损失统计标准

伤亡事故经济损失是指企业职工在劳动生产过程中发生事故所引起的一切经济损失,包括直接经济损失和间接经济损失。直接经济损失是指因事故造成人身伤亡及善后处理支出的费用和毁坏财产的价值。间接经济损失是指因事故导致产值减少、资源破坏和受事故影响而造成其他损失的价值。

直接经济损失的统计范围:

(1)人身伤亡后所支出的费用。包括:医疗费用(含护理费用);丧葬及抚恤费用;补助及救济费用;歇工工资。

(2)善后处理费用。包括:处理事故的事务性费用;现场抢救费用;清理现场费用;事故罚款和赔偿费用。

(3)财产损失价值。包括:固定资产损失价值;流动资产损失价值。

间接经济损失的统计范围:停产、减产损失价值;工作损失价值;资源损失价值;处理环境污染的费用;补充新职工的培训费用;其他损失费用。

附录4　房屋市政工程生产安全重大事故隐患判定标准

为准确认定、及时消除房屋建筑和市政基础设施工程(以下简称房屋市政工程)生产安全重大事故隐患,有效防范和遏制群死群伤事故发生,根据《中华人民共和国建筑法》《中华人民共和国安全生产法》《建设工程安全生产管理条例》等法律和行政法规,制定本标准。

本标准所称重大事故隐患,是指在房屋市政工程施工过程中,存在的危害程度较大、可能导致群死群伤或造成重大经济损失的生产安全事故隐患。

本标准适用于判定新建、扩建、改建、拆除房屋市政工程的生产安全重大事故隐患。

县级及以上人民政府住房和城乡建设主管部门和施工安全监督机构在监督检查过程中可依照本标准判定房屋市政工程生产安全重大事故隐患。

施工安全管理有下列情形之一的,应判定为重大事故隐患:

(1)建筑施工企业未取得安全生产许可证擅自从事建筑施工活动或超(无)资质承揽工程。

(2)建筑施工企业未按照规定要求足额配备安全生产管理人员,或其主要负责人、项目负责人、专职安全生产管理人员未取得有效安全生产考核合格证书从事相关工作。

(3)建筑施工特种作业人员未取得有效特种作业人员操作资格证书上岗作业。

(4)危险性较大的分部分项工程未编制、未审核专项施工方案,或专项施工方案存在严重缺陷的,或未按规定组织专家对“超过一定规模的危险性较大的分部分项工程范围”的专项施工方案进行论证。

(5)对于按照规定需要验收的危险性较大的分部分项工程,未经验收合格即进入下一道工序或投入使用。

基坑、边坡工程有下列情形之一的,应判定为重大事故隐患:

(1)未对因基坑、边坡工程施工可能造成损害的毗邻建筑物、构筑物和地下管线等,采取专项防护措施。

(2)基坑、边坡土方超挖且未采取有效措施。

(3)深基坑、高边坡(一级、二级)施工未进行第三方监测。

(4)有下列基坑、边坡坍塌风险预兆之一,且未及时处理:支护结构或周边建筑物变形值超过设计变形控制值；基坑侧壁出现大量漏水、流土；基坑底部出现管涌或突涌；桩间土流失孔洞深度超过桩径。

模板工程及支撑体系有下列情形之一的，应判定为重大事故隐患：

(1)模板支架的基础承载力和变形不满足设计要求。

(2)模板支架承受的施工荷载超过设计值。

(3)模板支架拆除及滑模、爬模爬升时，混凝土强度未达到设计或规范要求。

(4)危险性较大的混凝土模板支撑工程未按专项施工方案要求的顺序或分层厚度浇筑混凝土。

脚手架工程有下列情形之一的，应判定为重大事故隐患：

(1)脚手架工程的基础承载力和变形不满足设计要求。

(2)未设置连墙件或连墙件整层缺失。

(3)附着式升降脚手架的防倾覆、防坠落或同步升降控制装置不符合设计要求、失效或缺失。

建筑起重机械及吊装工程有下列情形之一的，应判定为重大事故隐患：

(1)塔式起重机、施工升降机、物料提升机等起重机械设备未经验收合格即投入使用，或未按规定办理使用登记。

(2)建筑起重机械的基础承载力和变形不满足设计要求。

(3)建筑起重机械安装、拆卸、爬升(降)以及附着前未对结构件、爬升装置和附着装置以及高强度螺栓、销轴、定位板等连接件及安全装置进行检查。

(4)建筑起重机械的安全装置不齐全、失效或者被违规拆除、破坏。

(5)建筑起重机械主要受力构件有可见裂纹、严重锈蚀、塑性变形、开焊，或其连接螺栓、销轴缺失或失效。

(6)施工升降机附着间距和最高附着以上的最大悬高及垂直度不符合规范要求。

(7)塔式起重机独立起升高度、附着间距和最高附着以上的最大悬高及垂直度不符合规范要求。

(8)塔式起重机与周边建(构)筑物或群塔作业未保持安全距离。

(9)使用达到报废标准的建筑起重机械，或使用达到报废标准的吊索具进行起重吊装作业。

高处作业有下列情形之一的，应判定为重大事故隐患：

(1)钢结构、网架安装用支撑结构基础承载力和变形不满足设计要求，钢结构、网架安装用支撑结构超过设计承载力或未按设计要求设置防倾覆装置。

(2)单榀钢桁架(屋架)等预制构件安装时未采取防失稳措施。

(3)悬挑式卸料平台的搁置点、拉结点、支撑点未设置在稳定的主体结构上，且未做可靠连接。

(4)脚手架与结构外表面之间贯通未采取水平防护措施，或电梯井道内贯通未采取水平防护措施且电梯井口未设置防护门。

(5)高处作业吊篮超载使用，或安全锁失效、安全绳(用于挂设安全带)未独立悬挂。

施工临时用电有下列情形之一的，应判定为重大事故隐患：

(1)特殊作业环境(通风不畅、高温、有导电灰尘、相对湿度长期超过75%、泥泞、存在积水或其他导电液体等不利作业环境)照明未按规定使用安全电压。

(2)在建工程及脚手架、机械设备、场内机动车道与外电架空线路之间的安全距离不符合规范要求且未采取防护措施。

有限空间作业有下列情形之一的,应判定为重大事故隐患:

(1)未辨识施工现场有限空间,且未在显著位置设置警示标志。

(2)有限空间作业未履行“作业审批制度”,未对施工人员进行专项安全教育培训,未执行“先通风、再检测、后作业”原则。

(3)有限空间作业时现场无专人负责监护工作,或无专职安全生产管理人员现场监督。

(4)有限空间作业现场未配备必要的气体检测、机械通风、呼吸防护及应急救援设施设备。

拆除工程有下列情形之一的,应判定为重大事故隐患:

(1)装饰装修工程拆除承重结构未经原设计单位或具有相应资质条件的设计单位进行结构复核。

(2)拆除施工作业顺序不符合规范和施工方案要求。

隧道工程有下列情形之一的,应判定为重大事故隐患:

(1)作业面带水施工未采取相关措施,或地下水控制措施失效且继续施工。

(2)施工时出现涌水、涌沙、局部坍塌,支护结构扭曲变形或出现裂缝,未及时采取措施。

(3)未按规范或施工方案要求选择开挖、支护方法,或未按规定开展超前地质预报、监控量测,或监测数据超过设计控制值且未及时采取措施。

(4)盾构机始发、接收端头未按设计进行加固,或加固效果未达到要求且未采取措施即开始施工。

(5)盾构机盾尾密封失效、铰链部位发生渗漏仍继续掘进作业,或盾构机带压开仓检查换刀未按有关规定实施。

(6)未对因施工可能造成损害的毗邻建筑物、构筑物和地下管线等,采取专项防护措施。

(7)未经批准,在轨道交通工程安全保护区范围内进行新(改、扩)建建(构)筑物、敷设管线、架空、挖掘、爆破等作业。

施工临时堆载有下列情形之一的,应判定为重大事故隐患:

(1)基坑周边堆载超过设计允许值。

(2)无支护基坑(槽)周边,在坑底边线周边与开挖深度相等范围内堆载。

(3)楼板、屋面和地下室顶板等结构构件或脚手架上堆载超过设计允许值。

存在以下冒险作业情形之一的,应判定为重大事故隐患:

(1)使用混凝土泵车、打桩设备、汽车起重机、履带起重机等大型机械设备,未校核其运行路线及作业位置承载能力。

(2)在雷雨、大雪、浓雾或大风等恶劣天气条件下违规进行吊装作业、设备安装、拆卸和高处作业。

(3)施工现场使用塔式起重机、汽车起重机、履带起重机或轮胎起重机等非载人设备吊运人员。

使用国家明令禁止和限制使用的危害程度较大、可能导致群死群伤或造成重大经济损失的施工工艺、设备和材料,应判定为重大事故隐患。

其他严重违反房屋市政工程安全生产法律法规、部门规章及强制性标准,且存在危害程度较大、可能导致群死群伤或造成重大经济损失的现实危险,应判定为重大事故隐患。

附录5 建筑与市政施工现场安全卫生与职业健康通用规范

应为从事放射性、高毒、高危粉尘等方面工作的作业人员,建立、健全职业卫生档案和健康监护档案,定期提供医疗咨询服务。

防水工配备劳动防护用品应符合下列规定:

(1)进行涂刷作业时,应配备防静电工作服、防静电鞋和鞋盖、防护手套、防毒口罩和防护眼镜。

(2)进行沥青熔化、运送作业时,应配备防烫工作服、高腰布面胶底防滑鞋和鞋盖、工作帽、耐高温长手套、防毒口罩和防护眼镜。

附录6 建设工程安全生产管理条例

施工单位对列入建设工程概算的安全作业环境及安全施工措施所需费用,应当用于施工安全防护用具及设施的采购和更新、安全施工措施的落实、安全生产条件的改善,不得挪作他用。

施工单位应当设立安全生产管理机构,配备专职安全生产管理人员。专职安全生产管理人员负责对安全生产进行现场监督检查。发现安全事故隐患,应当及时向项目负责人和安全生产管理机构报告;对违章指挥、违章操作的,应当立即制止。专职安全生产管理人员的配备办法由国务院建设行政主管部门会同国务院其他有关部门制定。

附录7 生产安全事故报告和调查处理条例

为了规范生产安全事故的报告和调查处理,落实生产安全事故责任追究制度,防止和减少生产安全事故,根据《中华人民共和国安全生产法》和有关法律,制定《生产安全事故报告和调查处理条例》。

根据生产安全事故(以下简称事故)造成的人员伤亡或者直接经济损失,事故一般分为以下等级:

(1)特别重大事故,是指造成30人以上死亡,或者100人以上重伤(包括急性工业中毒,下同),或者1亿元以上直接经济损失的事故。

(2)重大事故,是指造成10人以上30人以下死亡,或者50人以上100人以下重伤,或者5 000万元以上1亿元以下直接经济损失的事故。

(3)较大事故,是指造成3人以上10人以下死亡,或者10人以上50人以下重伤,或者1 000万元以上5 000万元以下直接经济损失的事故。

(4)一般事故,是指造成3人以下死亡,或者10人以下重伤,或者1 000万元以下直接经济损失的事故。

上述所称的“以上”包括本数,所称的“以下”不包括本数。

事故发生后,事故现场有关人员应当立即向本单位负责人报告;单位负责人接到报告后,应当于1 h内向事故发生地县级以上人民政府安全生产监督管理部门和负有安全生产监督管理职责的有关部门报告。情况紧急时,事故现场有关人员可以直接向事故发生地县级以上人民政府安全生产监督管理部门和负有安全生产监督管理职责的有关部门报告。

安全生产监督管理部门和负有安全生产监督管理职责的有关部门逐级上报事故情况,每级上报的时间不得超过2 h。

报告事故应当包括下列内容:事故发生单位概况;事故发生的时间、地点以及事故现场情况;事故的简要经过;事故已经造成或者可能造成的伤亡人数(包括下落不明的人数)和初步估计的直接经济损失;已经采取的措施;其他应当报告的情况。

事故报告后出现新情况的,应当及时补报。自事故发生之日起30日内,事故造成的伤亡人数发生变化的,应当及时补报。道路交通事故、火灾事故自发生之日起7日内,事故造成的伤亡人数发生变化的,应当及时补报。

附录8　企业安全生产费用提取和使用管理办法

建设工程是指土木工程、建筑工程、线路管道和设备安装及装修工程,包括新建、扩建、改建。井巷工程、矿山建设参照建设工程执行。

建设工程施工企业以建筑安装工程造价为依据,于月末按工程进度计算提取企业安全生产费用。提取标准如下:矿山工程3.5%;铁路工程、房屋建筑工程、城市轨道交通工程3%;水利水电工程、电力工程2.5%;冶炼工程、机电安装工程、化工石油工程、通信工程2%;市政公用工程、港口与航道工程、公路工程1.5%。

建设工程施工企业编制投标报价应当包含并单列企业安全生产费用,竞标时不得删减。国家对基本建设投资概算另有规定的,从其规定。本办法实施前建设工程项目已经完成招投标并签订合同的,企业安全生产费用按照原规定提取标准执行。

建设单位应当在合同中单独约定并于工程开工日1个月内向承包单位支付至少50%企业安全生产费用。总包单位应当在合同中单独约定并于分包工程开工日1个月内将至少50%企业安全生产费用直接支付分包单位并监督使用,分包单位不再重复提取。工程竣工决算后结余的企业安全生产费用,应当退回建设单位。

建设工程施工企业安全生产费用应当用于以下支出:

(1)完善、改造和维护安全防护设施设备支出(不含“三同时”要求初期投入的安全设施),包括施工现场临时用电系统、洞口或临边防护、高处作业或交叉作业防护、临时安全防护、支护及防治边坡滑坡、工程有害气体监测和通风、保障安全的机械设备、防火、防爆、防触电、防尘、防毒、防雷、防台风、防地质灾害等设施设备支出。

(2)应急救援技术装备、设施配置及维护保养支出,事故逃生和紧急避难设施设备的配置和应急救援队伍建设、应急预案制修订与应急演练支出。

(3)开展施工现场重大危险源检测、评估、监控支出,安全风险分级管控和事故隐患排查整改支出,工程项目安全生产信息化建设、运维和网络安全支出。

(4)安全生产检查、评估评价(不含新建、改建、扩建项目安全评价)、咨询和标准化建设支出。

(5)配备和更新现场作业人员安全防护用品支出。

(6)安全生产宣传、教育、培训和从业人员发现并报告事故隐患的奖励支出。

(7)安全生产适用的新技术、新标准、新工艺、新装备的推广应用支出。

(8)安全设施及特种设备检测检验、检定校准支出。

(9)安全生产责任保险支出。

(10)与安全生产直接相关的其他支出。

附录9　建筑施工企业负责人及项目负责人施工现场带班暂行办法

施工现场带班包括企业负责人带班检查和项目负责人带班生产。企业负责人带班检查是指由建筑施工企业负责人带队实施对工程项目质量安全生产状况及项目负责人带班生产情况的检查。项目负责人带班生产是指项目负责人在施工现场组织协调工程项目的质量安全生产活动。

建筑施工企业法定代表人是落实企业负责人及项目负责人施工现场带班制度的第一责任人,对落实带班制度全面负责。

建筑施工企业负责人要定期带班检查,每月检查时间不少于其工作日的25%。建筑施工企业负责人带班检查时,应认真做好检查记录,并分别在企业和工程项目存档备查。

工程项目进行超过一定规模的危险性较大的分部分项工程施工时,建筑施工企业负责人应到施工现场进行带班检查。对于有分公司(非独立法人)的企业集团,集团负责人因故不能到现场的,可书面委托工程所在地的分公司负责人对施工现场进行带班检查。

工程项目出现险情或发现重大隐患时,建筑施工企业负责人应到施工现场带班检查,督促工程项目进行整改,及时消除险情和隐患。

附录10　建筑施工企业安全生产管理机构设置及专职安全生产管理人员配备办法

建筑施工企业安全生产管理机构专职安全生产管理人员的配备应满足下列要求,并应根据企业经营规模、设备管理和生产需要予以增加:

(1)建筑施工总承包资质序列企业:特级资质不少于6人;一级资质不少于4人;二级和二级以下资质企业不少于3人。

(2)建筑施工专业承包资质序列企业:一级资质不少于3人;二级和二级以下资质企业不少于2人。

(3)建筑施工劳务分包资质序列企业:不少于2人。

(4)建筑施工企业的分公司、区域公司等较大的分支机构(以下简称分支机构)应依据实际生产情况配备不少于2人的专职安全生产管理人员。

总承包单位配备项目专职安全生产管理人员应当满足下列要求:

(1)建筑工程、装修工程按照建筑面积配备:1万平方米以下的工程不少于1人;1万~5万平方米的工程不少于2人;5万平方米及以上的工程不少于3人,且按专业配备专职安全生产管理人员。

(2)土木工程、线路管道、设备安装工程按照工程合同价配备:5 000万元以下的工程不少于1人;5 000万~1亿元的工程不少于2人;1亿元及以上的工程不少于3人,且按专业配备专职安全生产管理人员。

分包单位配备项目专职安全生产管理人员应当满足下列要求:

(1)专业承包单位应当配置至少1人,并根据所承担的分部分项工程的工程量和施工危险程度增加。

(2)劳务分包单位施工人员在50人以下的,应当配备1名专职安全生产管理人员;50~200人的,应当配备2名专职安全生产管理人员;200人及以上的,应当配备3名及以上专职安全生产管理人员,并根据所承担的分部分项工程施工危险实际情况增加,不得少于工程施工人员总人数的5‰。

附录 11　生产经营单位安全培训规定

加工、制造业等生产单位的其他从业人员，在上岗前必须经过厂(矿)、车间(工段、区、队)、班组三级安全培训教育。生产经营单位应当根据工作性质对其他从业人员进行安全培训，保证其具备本岗位安全操作、应急处置等知识和技能。

生产经营单位新上岗的从业人员，岗前安全培训时间不得少于 24 学时。煤矿、非煤矿山、危险化学品、烟花爆竹、金属冶炼等生产经营单位新上岗的从业人员安全培训时间不得少于 72 学时，每年再培训的时间不得少于 20 学时。

厂(矿)级岗前安全培训内容应当包括：本单位安全生产情况及安全生产基本知识；本单位安全生产规章制度和劳动纪律；从业人员安全生产权利和义务；有关事故案例等。

煤矿、非煤矿山、危险化学品、烟花爆竹、金属冶炼等生产经营单位厂(矿)级安全培训除包括上述内容外，应当增加事故应急救援、事故应急预案演练及防范措施等内容。

车间(工段、区、队)级岗前安全培训内容应当包括：工作环境及危险因素；所从事工种可能遭受的职业伤害和伤亡事故；所从事工种的安全职责、操作技能及强制性标准；自救互救、急救方法、疏散和现场紧急情况的处理；安全设备设施、个人防护用品的使用和维护；本车间(工段、区、队)安全生产状况及规章制度；预防事故和职业危害的措施及应注意的安全事项；有关事故案例；其他需要培训的内容。

班组级岗前安全培训内容应当包括：岗位安全操作规程；岗位之间工作衔接配合的安全与职业卫生事项；有关事故案例；其他需要培训的内容。

附录 12　城市轨道交通工程基坑、隧道施工坍塌防范导则

(一)总则与术语

城市轨道交通是采用专用轨道导向运行的城市公共客运交通系统，包括地铁、轻轨、单轨、有轨电车、磁浮、自动导向轨道、市域快速轨道系统。

基坑是为进行建(构)筑物地下部分的施工由地面向下开挖出的空间。

隧道是在地面下采用矿山法、盾构法、顶管法等方式按规定形状和尺寸修筑的地下通道。

矿山法是在岩土体内采用人工、机械或钻眼爆破等开挖岩土修筑隧道的施工方法。

盾构法是使用圆形钢壳结构保护、开挖、推进、拼装、衬砌和注浆等作业的暗挖施工方法。

坍塌是城市轨道交通基坑、隧道工程在施工过程中出现的岩土体、影响范围内建(构)筑物及工程本体失稳、倒塌现象。

(二)基本规定

1. 构建基坑、隧道防范坍塌体系

城市轨道交通工程基坑、隧道属于超过一定规模的危大工程，必须严格执行《危险性较大的分部分项工程安全管理规定》及相关要求。防范基坑、隧道施工坍塌是确保施工过程安全的主要内容。

建设单位牵头构建基坑、隧道防范坍塌体系，细化任务分工，认真组织实施，层层压实责任，强化各参建单位的责任落实。

组织开展重点项目科技攻坚，推广应用城市轨道交通工程创新技术；推动危险性较大

的分部分项工程和关键工序的机械化施工水平，促进“机械化换人、自动化减人”；新技术、新工艺、新材料、新设备的应用，应有认证、鉴定、评估或推广证书。

各地宜针对地质条件和工程特点，细化基坑、隧道防坍塌具体措施要求。

加强培训教育，将基坑、隧道防坍塌技术管理要求纳入培训内容，提升防范坍塌意识和技术管理水平。

严格执行地下水控制措施，落实控制效果，加强止水帷幕和帷幕注浆止水效果检测，避免带水作业，及时封堵涌水，必要时采用地层回灌、跟踪补偿注浆等措施，确保地下水控制处于安全状态。

应充分考虑各种非施工因素停工带来的不利影响，提前采取设计、施工应对措施。

建设单位应在基坑开挖前、盾构始发前，组织勘察、设计、施工、监理、第三方检测等单位，结合水文地质情况和周边建（构）筑物、管线情况进行现状调查，形成现状调查报告并分析评估，研究制定相关保护措施。

2. 完善基坑、隧道施工防范暴雨措施

暴雨易导致基坑、隧道积水，若疏浚不及时，易诱发坍塌风险。

施工现场应确保场地排水系统排水能力满足规范要求，定期检查，确保无淤积、堵塞等现象。抽排水设施管（孔）口应设置防水倒灌措施。雨季期间，通往基坑、隧道的所有可能进水管（口）应进行可靠封堵。并设专人检查，及时疏浚排水系统，确保施工现场排水畅通。

避免在汛期进行新建线与既有线相接部位的开洞连通施工；若必须在汛期施工，应制定汛期施工保障措施。

基坑（竖井、斜井）、车站出入口等周边挡水墙强度、相对高度应满足防汛要求，并定期检查挡水墙完好性，及时修补处理。

雨期开挖基坑（槽、沟）时，应注意边坡稳定，应加强对边坡坡脚、支撑等的处理，暴雨期间应停止土石方作业。

汛期前，应做好周边河流、管线渗漏情况摸排，对隐患部位及时进行处理。汛期施工时，应落实值班巡查制度，加强监测，与气象、防汛等部门建立防汛联动机制，及时掌握气象、水文等信息。根据当地防汛预警等级要求，及时启动防汛应急预案。

（三）管理行为

1. 监管部门

城市轨道交通工程质量安全监管部门应加强对基坑、隧道施工的监督管理，促进参建各方加强坍塌隐患排查治理，对发现的突出问题依法依规进行处理，对重大坍塌隐患挂牌督办，建立健全防坍塌工作机制。

质量安全监管部门要督促建设单位建立不良地质信息、应急及灾害事件信息库。可引入第三方作为监管辅助手段。

质量安全监管部门应创新监督方式，开发应用城市轨道交通工程质量安全监督管理平台，建立基坑、隧道防坍塌管理信息系统，实现互联互通；应加快智能化、信息化、网络化技术与城市轨道交通需求的深度融合，全面提高城市轨道交通工程勘察、设计、施工、监理等参建单位信息化管理水平。

2. 建设单位

建设单位落实质量安全首要责任，确保工期、造价合理，保障工程施工资金到位，安全文明费用专款专用,全面履行质量安全管理职责。

建设单位牵头构建勘察、设计、施工、监理、监测、检测等参建单位共同参与、各负其责的基坑、隧道防坍塌管理体系,明确参建各方管理责任,督促落实防坍塌措施,加强各阶段组织衔接与工作协调,加强对参建各方的履约管理。组织开展典型事故案例和工程风险技术分析。

建设单位及时提供真实、准确、完整的工程相关资料[气象水文和地形地貌资料,工程地质和水文地质资料,施工现场及毗邻区域内建(构)筑物、地下管线等周边环境资料],强化地质风险防控,提升信息化管理水平,逐步实现关键部位监测自动化,督促监测数据实时上传,关键工序管理数据实时记录。建设单位可委托第三方咨询机构进行风险评估。

3. 勘察、设计单位

勘察单位应完善不良地质地区勘察细则,建立地下水动态勘察机制;按照《城市轨道交通工程地质风险控制技术指南》要求做好断层及其破碎带、淤泥、流砂、孤石、水囊、岩溶(溶洞)、地下障碍物等不良地质探查评估,针对不良地质、地质变化复杂区段及坍塌风险较大的地区开展专项勘察;勘察报告中应揭示不良地质条件,对因故未能探明的地层区段或位置,应向设计、施工单位交底并说明对工程施工可能造成的影响。

勘察单位随工程进展和工程位置变更,结合现场条件,及时完成补勘工作,对无法实施的钻孔应采用物探等手段探测地层岩性、地质构造等地质条件;加强勘察钻孔封堵及标识检查验收,杜绝钻孔未封堵或封堵不密实现象。

设计单位应按照法律法规和工程建设强制性标准进行设计,开展风险辨识、分析、跟踪和设计服务。

设计单位应根据工程自身、不良地质、周边环境和自然灾害等坍塌风险,深化工程风险设计;加强基坑围护结构、隧道支护结构方案审查;完善动态设计及配合制度,研究工程应急设计。

设计应充分考虑工程地质和水文地质特性,在符合国家标准、行业标准和地方标准规定前提下,结合工程实际,科学合理地选择重要设计参数、计算方法和计算模型并严格复核,保证足够的结构强度安全系数和稳定性安全系数。

设计宜量化地面沉陷影响范围,结合实际情况制定合理的监测项目、频率和预警控制值;对于不良地质段及关键部位,应将深层沉降监测列为必测项目。

4. 施工单位

施工单位负责施工阶段的坍塌风险辨识、分析评价和动态管控,排查治理坍塌隐患,建立应急制度,完善应急措施。

施工单位应配备相关专业人员,对施工过程中的地质风险进行日常巡查,评估现场风险状况,及时采取处置措施。

施工单位应严格按照设计文件、施工方案及相关技术标准进行施工,深入辨识工程自身、不良地质、周边环境和自然灾害等可能造成的坍塌风险,明确风险等级和管控措施,形成风险分析报告并进行专家评审。

施工单位应当对工程周边环境进行核查。按照《城市轨道交通工程监测技术规范》有关规定,做好工程自身监测和地表水、地下水位监测工作。按照《危险性较大的分部分项工程安全管理规定》《关于实施<危险性较大的分部分项工程安全管理规定>有关问题的通知》编制施工监测方案并组织实施;做好施工场地地面硬化,完善排水设施;加强工程邻近海域、河流、湖泊、渡槽等巡视排查；对于不良地质段及有可能发生地质变化的区段，施工单位必须组织开展超前地质探测。

基坑、隧道工程施工方案的编制、审批、专家论证及实施、验收等应符合《危险性较大的分部分项工程安全管理规定》相关规定。施工方案的编制论证应将防坍塌作为重点内容之一。

开工前应详细核查施工区域周边地下管线情况，做好废弃管线排查并与管线产权单位会签确认。施工过程中应随时检查地下管线渗漏水情况，发现地面出现沉降、开裂、渗涌水等情况应及时启动应急预案并协调会商相关部门妥善处理。

施工单位应采用探地雷达法等先进适用方法对施工影响范围内的地下空洞及疏松体、管线渗漏等进行探测，由专业工程师对探测结果进行分析、验证、评估。

5. 监理单位

监理单位应按照法律法规、标准、设计文件和合同要求配备专业监理人员，应当结合危大工程专项施工方案编制监理实施细则，并对危大工程施工实施专项巡视检查。监理实施细则应包括基坑、隧道防坍塌有关内容，严格按监理规划及实施细则进行监理。

按照工程建设强制性标准要求，审查施工组织设计中的安全技术措施、专项施工方案，监督施工单位按施工方案组织施工，做好施工期间重要工序旁站、巡视等工作。

监理单位应检查施工监测点布置和保护情况，比对分析施工监测和第三方监测数据及巡视信息。发现异常及时向建设、施工单位反馈并督促施工单位采取应对措施。

监理过程中发现施工单位未按专项施工方案施工的，应当要求其进行整改；情节严重，可能存在坍塌风险的，应当要求其暂停施工并及时报告建设单位。

6. 咨询、监测、检测单位

第三方咨询机构出具的风险评估报告应真实准确，并根据工程进展及时修正或再评估；开展安全风险管理和现场巡查工作，按规定及时发布预警。

第三方监测单位应按相关规范和监测方案开展监测工作，并对监测成果负责，分析监测数据发现异常情况及时向建设单位报告，按规定发布预警；推进信息化管控，关键部位监测项目研究推动自动化监测，实时上传监测数据。

检测单位按照委托合同，采用适宜的检测设备，及时开展地层疏松、空洞等检测，发现问题及时上报。

（四）基坑工程施工坍塌防范

1. 一般规定

对围护结构侵限、止水帷幕渗漏、支撑或锚杆（索）轴力超标或松弛、监测值达到红色预警、地下水控制失效、周边建（构）筑物倾斜或产生裂缝等情况处置过程中，设计单位应参与并提出应急保障措施。

采用连续墙作为围护结构的，拐角处连续墙不得采用“一”字形结构，连续墙接缝处宜采用旋喷桩、预留注浆管等止水措施。连续墙接缝处宜“先探后挖”，发现渗漏及时注浆堵漏，连续墙接缝渗漏治理方案应纳入危大工程管理。

加强围护结构施工质量检测，采用声波透射法、钻芯法、低应变法等方法对围护桩、连续墙等围护结构进行完整性检测。

宜采用声呐、超声波、光纤维、电位差等方法对围护结构（含止水帷幕）进行渗漏水检测。

2. 施工准备阶段

基坑工程设计前必须调查地质水文、周边环境及地下管线等情况，严禁情况不明开展设计工作；基坑围护结构设计选型应与地质情况匹配；应保证围护结构坚固可靠，嵌入深度满足稳定性和强度要求，确保基坑围护结构止水措施到位。

基坑工程设计应进行坍塌风险辨识、分析，编制风险清单并制定相应措施，计算围护（支撑）体系内力和变形，结合当地工程经验判断设计成果合理性。

基坑施工必须有可靠的地下水控制方案，临河道、湖泊基坑应做好防汛措施，应在确保地下水得到有效控制的前提下开挖。

基坑施工前应按照相关规定编制专项施工方案并组织专家论证，确保按照经审查合格的设计文件和方案组织实施，做好方案交底，严禁擅自改变施工方法。

围护结构施工前，做好地上及地下建（构）筑物、管线等周边环境调查和变形监测点布设等工作。

3. 施工阶段

基坑开挖前应组织开展关键节点施工前安全条件核查，包括钻孔、成槽等动土作业和土方开挖施工，重点核查可能出现渗漏的围护体系施工质量。未经安全条件核查或条件核查不合格的，不得开挖施作。

土方开挖时严格遵循自上而下分层分段进行，严格控制开挖与支撑之间的时间、空间间隔，严禁超挖；软弱地层支撑应采用钢筋混凝土支撑等加强措施；应先撑后挖，采用换撑方案时应先撑后拆；支撑不到位严禁开挖土体；严格换撑、拆撑验收，严禁支撑架设滞后、违规换撑、拆撑。

基坑内土坡坡度和支护方法应符合施工方案规定，基坑开挖分层分段时，应做好超前降水、排水，确保坑内土体安全坡度，基坑分段分期开挖时，必须保证临时隔离结构及支护的工程质量。对周边环境要求严格的地区，可采用伺服式钢支撑。

钢支撑架设必须设置防坠落装置；钢支撑架设时严格按规范要求分级施加预应力，做好钢支撑预应力锁定，钢支撑出现应力损失应及时查明原因并进行应力补偿。

基坑分段开挖长度应符合施工方案要求。基坑开挖见底后尽早施作底板结构，确保基底及时封闭，严禁长距离、长时间暴露。

严格控制基坑边堆载，不得超过设计文件和施工方案规定允许值；加强设备、车辆管理，车辆通行尽量远离基坑，严禁重型机械在基坑边长时间停放；应对基坑两侧的不对称荷载进行专项风险分析。

基坑（槽）开挖后应及时进行地下结构和安装工程施工，基坑（槽）开挖或回填应连续进行。施工过程中应随时检查坑（槽）壁稳定情况。

应防止地表水流入基坑（槽）内造成边坡塌方或土体破坏，基坑施工时应做好坑内和地表排水组织，调查基坑周边的管网渗漏情况，避免地表水流入基坑或给排水管网渗漏、爆管。场地周围出现地表水汇流、排泄或地下水管渗漏时，应组织排水，对基坑采取保护措施。

采用爆破施工时，应编制专项方案，防止爆破震动影响边坡及周边建（构）筑物稳定，并符合当地管理部门要求。

基坑工程应按照设计文件规定进行支撑轴力、围护结构变形、地下水位、地面沉降等监控量测,监控量测数据超过预警值应科学分析并及时处置,超过控制值时应分析查明原因并制定有效处置措施,未采取处置措施前,严禁组织后续施工。

(五)矿山法隧道施工坍塌防范

1. 一般规定

矿山法隧道工程采用爆破法施工时应符合当地有关管理规定,建立严格的爆破专项方案并经专家评审论证,按规定报批后方可实施;爆破人员持证上岗;严格控制爆破装药量,当天剩余的爆破器材必须清点数量,及时退库;爆破时划定爆破警戒区,严禁人员进入。

调整设计文件和施工方案主要技术措施参数(如混凝土强度、配筋、结构尺寸等),应经设计专业负责人书面同意,并重新按规定审查。建设单位项目负责人、总监理工程师或总监理工程师代表、项目经理或项目总工程师、设计专业负责人等应参加涉及调整主要技术措施参数的四方会议,并在会议纪要上签字确认。开挖过程中采取的施工步序、超前加固、初期支护及拆除的范围和方式与设计文件及施工方案不符的,严禁开挖施工。

矿山法隧道施工应进行超前地质探测工作,进一步核查隧道开挖面前方的工程地质、水文地质条件,分析地质突变发生几率和危害程度,采取切实有效的防范措施指导工程施工。

施工单位应对重要管线核查清楚,针对可能的风险采取相应措施后,方可进行矿山法隧道施工。对施工影响范围内的燃气、给排水和雨污水等管线,未经核查或发现重要管线未采取相应措施的,严禁施工。管线核查主要包括管线的规格、材质、所处标高与工程位置关系、使用年限、现状等信息;相应措施主要是指重要管线的保护、加固等措施。

施工单位必须建立矿山法隧道掌子面与地面的通信联络机制;通信联络可采用有线电话、无线电话、网络通信等方式,确保两种以上联络方式畅通。

隧道施工完成后,应及时对隧道洞内(壁后)、施工影响区域上部空洞进行探测并处理。

2. 施工准备阶段

设计单位应进行隧道坍塌风险辨识、分析,并制定相应措施,开展隧道坍塌风险跟踪和设计服务。

设计应加强隧道工程整体方案把控,控制隧道尺寸和深度、选择合适的施工工法、增加与风险源建筑物的距离、合理确定隧道支护结构设计、采取与地质条件相符且足够的风险控制措施。

设计应采取适当的隧道超前支护方法(大管棚、双层小导管、深孔注浆等),对掌子面前方一定范围内的地层进行超前支护,避免掌子面变形过大导致失稳,以及前方地层及管线等构筑物变形过大或破坏。

设计应合理确定分部开挖各导洞的断面尺寸和施工步序,保证各导洞初期支护稳定并减小导洞间群洞效应,设计应明确临时支撑拆除施工步序、长度、范围,确保结构安全。

采用冻结法施工的通道,工程勘察应提供土层的热物理特性指标,应由有资质的单位进行专项设计;施工现场应有充足的物资、设备和配件储备,应有两路以上的电力供应,且有备用发电机。

设计单位必要时进行应急设计应参与初支结构侵限、土体超前加固不足、渗漏水、监测值达到红色预警等特殊情况下的应急设计方案制定。

矿山法施工方案中应包括掘进支护施工方案，工衬结构施工方案（拆换撑）、地下水控制施工方案等重要内容。施工工法、施工顺序、超前支护形式、临时支护拆除（拆除长度超过原设计要求 1/3）、地下水控制等因素发生变化的，应按要求重新编制、审批、论证施工方案。未按要求编制、审批、论证施工方案的，严禁施工。

矿山法隧道工程应严格按照关键节点施工前安全条件核查的管理规定组织条件核查。未经安全条件核查或核查主控项目不合格的，严禁后续施工。

3. 施工阶段

施工单位应按设计和施工方案要求进行降（止）水施工，确保矿山法隧道施工的安全作业条件。掌子面出现线状或股状的明流水，施工单位应查明水的来源，组织相关方会商，采取引排水、注浆止水等措施；应采取降（止）水的矿山法隧道工程，未按降（止）水设计图纸和降（止）水方案实施的，严禁开挖施工。

严格控制超前注浆量，超前支护效果达到安全作业条件时方可进行土方开挖。回填土、砂层等松散地层超前支护加固效果不能满足开挖安全需要的，或开挖后出现流砂、土体坍塌等现象，隐患未处理完成的，严禁继续开挖施工。注浆人员应经专业培训考核合格后上岗；加强格栅及丝头加工质量控制；格栅安装时，节点板及连接筋连接不满足要求应采用帮条焊补强。

矿山法隧道开挖进尺应严格执行相关规范、标准、规定及设计要求，严禁超挖，严禁仰挖，严禁以土柱代替格栅支护。

矿山法隧道（非爆破）掌子面应安装视频监控设备，全面记录掌子面围岩情况、地下水控制、超前支护、土方开挖、格栅钢架安装及喷射混凝土等施工全过程。

矿山法隧道格栅钢架、型钢及连接节点应逐榀进行隐蔽工程验收，并留存照片等影像资料。

矿山法隧道贯通、初期支护封闭成环后，结合监控量测资料拆除临时支撑，尽快施作二次衬砌，发挥二次衬砌承载力。

施工单位应严格按照设计图纸和方案开展监测工作。监测数据出现预警时，及时按方案要求及规定程序启动响应处置。未按设计和方案开展监测工作的，严禁开挖施工。

矿山法施工作业前，应确保主要人员、机械设备、物资到位，保持掌子面连续作业；机械设备（包括：注浆设备、喷射混凝土设备）能够保障超前支护注浆效果，开挖后及时喷射混凝土；开挖前，钢格栅（或型钢构件）、喷射混凝土所用的材料等物资准备齐全。分部施工的，格栅架设完成后应及时喷射混凝土；暂停开挖施工的应按要求及时封闭掌子面。

采用冻结法施工的通道，土方开挖前（积极冻结期结束）及停止冻结前应进行条件验收。

加强矿山法隧道施工期间上部道路管理，有条件时采取铺设钢板、车辆限重、限速等措施，确保隧道施工安全。

应对初期支护与围岩之间空隙进行检测，避免围岩松动，造成地表沉降等破坏。应对中隔壁及仰拱施工质量、垂直度进行验收，避免初支破坏。

开挖阶段隧道内应配置应急抢险物资（工字钢、小导管、加气块、钢筋网片等），根据工程进度就近放置。

(六)盾构法隧道施工坍塌防范

1. 一般规定

施工项目部应配备具有盾构施工经验且经过培训的土木、机电、测量等相关专业技术人员。盾构机操作工应经专业技能培训考试合格并具有一定操作经验持证上岗。

严格盾构选型程序;盾构机宜优先配备双闸门螺旋机及渣土自动计量装置、径向孔注入系统和超前注浆系统;施工单位必须建立盾构机安全技术档案并使用具备安全技术档案的盾构机。

施工单位应建立盾构机驾驶室与地面通信联络机制;通信联络可采用有线电话、无线电话、网络通信等方式,确保两种以上联络方式畅通。

隧道施工完成后,应及时对洞内(壁后)、盾构施工影响区域上部空洞进行探测并处理。

2. 施工准备阶段

盾构机在进场前应通过适应性评估,由建设(或监理)单位组织专家和相关人员验收合格后方可进场;严禁未经验收或验收不合格的盾构机进场。关键节点施工前应开展安全条件核查,未经安全条件核查或核查不合格的,严禁擅自施工。

盾构掘进施工前,施工单位应在具备条件时对地下空洞及易造成地面坍塌风险的不良地质(如上软下硬、孤石、岩溶、富水砂层及断裂带等)进行地面预处理。

针对工程地质、水文地质和周边环境情况,制定盾构始发、接收方案并经专家论证,强化盾构始发、接收土体加固、地下水控制措施;加强对地层加固效果的检测,确保始发、接收过程安全。

针对工程地质、水文地质和周边环境情况,合理选择联络通道辅助工法,制定地层加固方案,加强对地层加固效果的检测。

3. 施工阶段

施工单位应根据不同的掘进组段,确定合理的土压力、扭矩、刀盘转速、推力、推进速度、添加材料注入量、注浆压力等掘进参数,精确控制盾构掘进姿态,妥善处理轴线偏差,确保盾构匀速连续掘进;建立掘进参数动态调整机制,以出土量控制为核心,确保盾构姿态稳定。

施工单位应按照设计文件规定实施监控量测,监控量测数据超过预警值应科学分析并及时处置,超过控制值应分析查明原因并形成有效的处置措施。未明确处置措施严禁组织后续施工。

盾构穿越高风险区段前,必须保证盾构机运行状况良好,有条件的宜设置穿越试验段以检验并调整掘进参数。应按照注浆量及注浆压力双控要求掘进施工,并加强同步注浆,及时进行背后回填注浆。

施工单位应严格按照操作规程开展水平运输、垂直运输(起重吊装)作业,按规定对运输设备及轨道进行维修保养,保证运行状态良好;盾构机出现故障或其他异常情况时,应及时处置。

应准确控制渣土改良配合比;确保出土量计算准确;逐步推行盾构出土量数据自动计量和网络实时上传制度。

盾构掘进过程中出现参数异常突变、渣土改良效果变差、出土量异常和监测预警时,应及时组织召开专家分析会,并迅速采取有效措施进行处理。

对于复杂地质条件,应在风险较低的地段适当设置掘进试验段,调整、确定适合的掘进方式和掘进参数。

盾构开仓方案应综合考虑周围环境、地面条件、工程地质与水文地质条件、盾构设备状态和掘进参数特征等,选取合理开仓位置,制定有效的地层加固、降水止水、开挖面防坍塌等辅助措施,并经专家评审通过后实施。开仓前应进行安全条件核查,核查通过后现场严格组织,确保开仓作业安全。

(七)应急响应

各地城市轨道交通建设主管部门以及工程参建各方要根据险情类型、部位、级别、影响范围等实际情况,定期进行基坑、隧道防坍塌事故应急培训。

建设单位应组织勘察、设计、施工、监理、监测、检测等各方参与的基坑、隧道防坍塌演练,提高应急处置实效,完善应急联动机制,督促各方落实应急措施。

施工单位应建立健全生产安全事故应急工作责任制,根据自身工程特点和内容,编制基坑、隧道防坍塌专项应急预案和现场处置方案,建立应急抢险队伍,配备必要的应急救援装备和物资并进行经常性维护保养;作业人员进入有限空间作业应做好防范坍塌措施。

基坑、隧道防坍塌应急演练应突出重点、讲究实效,确保受训人员了解应急预案内容,明确个人职责,熟悉响应程序,掌握突发情况应急处置技能。

矿山法隧道及盾构施工一旦出现施工作业面坍塌、突泥、涌水,应采取有效措施科学处置,首先保证作业人员生命安全,并将情况反馈地面。施工过程中要加强洞内、洞外巡视和监测,设置专人值守和地面巡视,一旦地面发生开裂、隆起、坍塌等情况应及时通知地下人员,视情况及时撤离作业面,并做好地面交通管制和人流疏导。

矿山法隧道及盾构施工对应地面影响位置宜配备围蔽、隔离等应急物资,并随地下结构施工进展及时调整相应存放位置。

建设、施工单位建立与工程周边产权单位联动机制,发生坍塌事件,第一时间通知影响区范围内的房屋、管线产权单位,及时启动应急响应,保证社会人员安全。

险情发生后建设单位应按程序报告险情并组织现场抢险,协调有关工程专家及应急抢险队伍、设备进场。建设、施工单位应防止事态扩大,尽量避免事故次生灾害和衍生灾害发生。

勘察设计单位应配合做好地质水文勘察、险情分析,参与制定、优化重大险情应急抢险实施方案。第三方监测单位应配合做好抢险期间险情发生部位的加密监测工作。